高等职业教育“十四五”规划教材
辽宁省高水平特色专业群建设项目

农业投入品检测

白 鸥 侯绍春 主编

中国农业大学出版社
· 北京 ·

内 容 简 介

本教材分为农药质量检测、化肥质量检测、种子质量检测和饲料质量检测 4 部分，由 20 个项目、20 个任务组成。教材秉持绿色发展理念，倡导优质的种植从对农业投入品的严格检测开始，秉持认真负责的工作态度，关注国际和国内污染物限值和检测方法的变化，提供最完美的检测服务等理念开展检测工作。教材项目任务来源于真实生产项目，将四类投入品的检测方法与相关行业、职业、岗位的标准与要求融入教材，保持教学内容与行业企业的紧密性与同步性。配套数字化教学资源，提供丰富的学习内容，为适应学习方式转变，拓展学习领域，实现学习内容可选择性、便捷性、多样性提供保障。

图书在版编目(CIP)数据

农业投入品检测/白鸥，侯绍春主编. -- 北京：中国农业大学出版社，2023.5
ISBN 978-7-5655-2826-2

Ⅰ.①农…　Ⅱ.①白…　②侯…　Ⅲ.①农药-质量检验　②化学肥料-质量检验　③种子-质量检验　④饲料-质量检验　Ⅳ.①S48　②TQ44　③S339.3　④S816

中国版本图书馆 CIP 数据核字(2022)第 121364 号

书　　名　农业投入品检测
作　　者　白　鸥　侯绍春　主编

策划编辑　张　玉　　张　蕊　　　**责任编辑**　许晓婧
封面设计　郑　川
出版发行　中国农业大学出版社
社　　址　北京市海淀区圆明园西路 2 号　　　**邮政编码**　100193
电　　话　发行部 010-62733489，1190　　　读者服务部 010-62732336
　　　　　　编辑部 010-62732617，2618　　　出　版　部 010-62733440
网　　址　http://www.caupress.cn　　　**E-mail** cbsszs@cau.edu.cn
经　　销　新华书店
印　　刷　运河(唐山)印务有限公司
版　　次　2023 年 6 月第 1 版　　2023 年 6 月第 1 次印刷
规　　格　185 mm×260 mm　　16 开本　　18.5 印张　　465 千字
定　　价　55.00 元

辽宁省高水平特色专业群建设项目成果教材

编审委员会

本书编写人员

主　编　白　鸥（辽宁职业学院）

侯绍春（辽宁职业学院）

副主编　张　喆（辽宁职业学院）

刘　威（辽宁职业学院）

李　琰（河北化工医药职业技术学院）

王丽杰（辽宁职业学院）

参　编　程庆龙（辽宁职业学院）

曹忠君（铁岭市畜产品安全检测站）

吴　娜（铁岭市畜产品安全检测站）

聂远鹤（辽宁职业学院）

总　　序

《国家职业教育改革实施方案》指出，坚持以习近平新时代中国特色社会主义思想为指导，把职业教育摆在教育改革创新和经济社会发展中更加突出的位置，把发展高等职业教育作为优化高等教育结构和培养大国工匠、能工巧匠的重要方式，以学习者的职业道德、技术技能水平和就业质量，以及产教融合、校企合作水平为核心，建立职业教育质量评价体系，促进产教融合校企"双元"育人，坚持知行合一、工学结合。《职业教育提质培优行动计划(2020—2023年)》进一步指出，努力构建职业教育"三全育人"新格局，将思政教育全面融入人才培养方案和专业课程。大力加强职业教育教材建设，对接主流生产技术，注重吸收行业发展的新知识、新技术、新工艺、新方法，校企合作开发专业课教材。根据职业院校学生特点创新教材形态，推行科学严谨、深入浅出、图文并茂、形式多样的活页式、工作手册式、融媒体教材。引导地方建设国家规划教材领域以外的区域特色教材，在国家和省级规划教材不能满足的情况下，鼓励职业学校编写反映自身特色的校本专业教材。

辽宁职业学院园艺学院在共享国家骨干校建设成果的基础上，突出园艺技术辽宁省职业教育高水平特色专业群项目建设优势，以协同创新、协同育人为引领，深化产教融合，创新实施"双创引领，双线并行，双元共育，德技双馨"人才培养模式，构建了"人文素养与职业素质课程、专业核心课程、专业拓展课程"一体化课程体系；以岗位素质要求为引领，与行业、企业共建共享在线开放课程，培育"名师引领、素质优良、结构合理、专兼结合"特色鲜明的教学团队，从专业、课程、教师、学生不同层面建立完整且相对独立的质量保证机制。通过传统文化树人工程、专业文化育人工程、工匠精神培育工程、创客精英孵化工程，实现立德树人、全员育人、全过程育人、全方位育人。辽宁职业学院园艺学院经过数十年的持续探索和努力，在国家和辽宁省的大力支持下，在高等职业教育发展方面积累了一些经验、培养了一批人才、取得了一批成果。为在新的起点上，进一步深化教育教学改革，为提高人才培养质量奠定更好的基础，发挥教材在人才培养和推广教改成果上的基础作用，我们组织开展了辽宁职业学院园艺技术高水平特色专业群建设成果系列教材建设工作。

本套教材以习近平新时代中国特色社会主义思想为指导，以全面推动习近平新时代中国特色社会主义思想进教材、进课堂、进头脑为宗旨，全面贯彻党的教育方针，落实立德树人根本任务，积极培育和践行社会主义核心价值观，体现中华优秀传统文化和社会主义先进文化，弘扬劳动光荣、技能宝贵、创造伟大的时代风尚，突出职业教育类型特点，全面体现统筹推进"三教"改革和产教融合教育成果。在此基础上，本系列教材还具有以下 4 个方面的特点：

1.强化价值引领。将工匠精神、创新精神、质量意识、环境意识等有机融入具体教学项目，努力体现"课程思政"与专业教学的有机融合，突出人才培养的思想性和价值引领，为乡村振兴、区域经济社会发展蓄积高素质人才资源。

2.校企双元合作。教材建设实行校企双元合作的方式，企业参与人员根据生产实际需求提出人才培养有关具体要求，学校编写人员根据企业提出的具体要求，按照教学规律对技术内容进行转化和合理编排，努力实现人才供需双方在人才培养目标和培养方式上的高度契合。

3.体现学生本位。系统梳理岗位任务，通过任务单元的设计和工作任务的布置强化学生的问题意识、责任意识和质量意识；通过方案的设计与实施强化学生对技术知识的理解和工作过程的体验；通过对工作结果的检查和评价强化学生运用知识分析问题和解决问题的能力，促进学生实现知识和技能的有效迁移，体现以学生为中心的培养理念。

4.创新教材形态。教学资源实现线上线下有机衔接，通过二维码将纸质教材、精品在线课程网站线上线下教学资源有机衔接，有效弥补纸质教材难于承载的内容，实现教学内容的及时更新，助力教学教改，方便学生学习和个性化教学的推进。

系列教材凝聚了校企双方参与编写工作人员的智慧与心血，也体现了出版人的辛勤付出，希望系列教材的出版能够进一步推进辽宁职业学院教育教学改革和发展，促进辽宁职业学院国家骨干校示范引领和辐射作用的发挥，为推动高等职业教育高质量发展做出贡献。

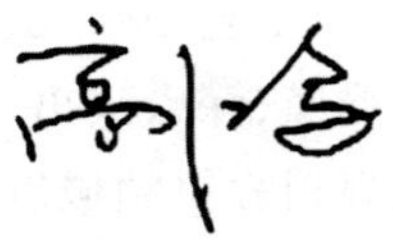

2020 年 5 月

前　言

本教材根据《国家职业教育改革实施方案》提出的“三教”改革任务，以培养适应行业企业需求的复合型、创新型高素质技术技能人才，以提升学生的综合职业能力为目的，并且从产教融合的角度找准突破口，统筹规划教材编写。

党的二十大报告指出：“教育、科技、人才是全面建设社会主义现代化国家的基础性、战略性支撑。必须坚持科技是第一生产力、人才是第一资源、创新是第一动力，深入实施科教兴国战略、人才强国战略、创新驱动发展战略，开辟发展新领域新赛道，不断塑造发展新动能新优势。”党的二十大报告给广大科技工作者以鼓舞，同时也提出了时代要求。只有将教育、科技、人才融为一体，才能形成“系统性硬实力”。习近平总书记提出，推动绿色发展，促进人与自然和谐共生，必须牢固树立和践行绿水青山就是金山银山的理念，站在人与自然和谐共生的高度谋划发展。检测技术是实现绿色发展的基础手段之一，投入品检测是从源头帮助控制食品安全，检测人才培养更是对我国检测行业发展提供不绝动力的源泉。因此，本教材本着立足教育根本，辐射行业企业发展的目标，将食品源头的农业投入品作为主要研究对象，从初始控制食品质量，融合农药、化肥、种子、饲料等农业投入品的质量安全检测技术，达到为农业投入品生产企业及检测企业提供相应的技术支持的良好目的。

《农业投入品检测》教材以保证农业生产投入品质量安全为主线，在介绍动植物生产和检验检测等相关基础理论知识的基础上，将新理念、新技术、新方法、新领域融入教材，围绕“严格把控投入品质量，保证农产品健康生产”这一中心任务，设计了农药质量检测、化肥质量检测、种子质量检测和饲料质量检测等诸多内容，主要体现以下特色：

1.教材秉持绿色发展理念，倡导优质的种植从对农业投入品的严格检测开始，秉持认真负责的工作态度，关注国际和国内污染物限值和检测方法的变化，提供最完美的检测服务等理念开展检测工作。提升学习者环境保护意识，强化价值引领，教学目标突出思想性和目的性。

2.教材项目任务来源于真实生产项目，坚持目标导向、问题导向、任务导向，注重解决实际问题的可教性、检验质量的可评价性与便于组织运行的可操作性，从而全面提升学生职业素养。

3.教材将四类投入品的检测方法与相关行业、职业、岗位的标准与要求融入教材，保持教学内容与行业企业的紧密性与同步性。

4.教材配套数字化教学资源，提供丰富的学习内容，为适应学习方式转变，拓展学习领域，实现学习内容可选择性、便捷性、多样性提供保障。

本教材分为农药质量检测、化肥质量检测、种子质量检测和饲料质量检测4部分，由20个项目、20个任务组成。

本教材由白鸥、侯绍春担任主编，张喆、刘威、李琰、王丽杰担任副主编，程庆龙、曹忠君、吴娜、聂远鹤参编。具体编写分工：第一部分项目一到项目三由程庆龙编写；第二部分项目一到项目五由张喆编写；第三部分项目一到项目四由刘威编写；第四部分项目一任务二和项目二、项目四、项目五、项目六由白鸥编写，项目一任务一和项目三由李琰编写，项目七由吴娜编写，项目八由多人编写完成，其中加工品质指标介绍由聂远鹤编写，饲料混合均匀度的测定由侯绍春编写，配合饲料粉碎粒度的测定由曹忠君编写，技能训练由王丽杰编写。全书由白鸥、侯绍春统稿。教材的编写过程中得到了铁岭市畜产品安全检测站、广电计量检测(沈阳)有限公司等单位的大力支持，在此一并表示感谢。

由于编者水平有限，加之编写时间仓促，如有错误和遗漏，敬请各位同行和广大读者批评指正，并诚恳欢迎提出宝贵建议。编者 E-mail：baiou1981@126.com。

编　者

2022年10月

目 录

第一部分

农药质量检测

项目一　农药原药全分析

项目二　农药制剂质量分析

项目三　农药残留分析

项目一

农药原药全分析

【项目分析】

本项目通过农药原药有效成分分析及理化性质测定两个任务的学习，让学生掌握农药原药有效成分分析及理化性质测定等理论知识，并通过农药原药有效成分分析及理化性质测定的实训让学生掌握不同检测方法之间的区别，辨别农药，最终达到从测定结果认识农药优劣，为学习农药质量检测打下良好基础。

任务一　农药原药有效成分分析

【技能目标】

能说出农药原药有效成分分析的方法。

【知识目标】

1. 了解农药原药有效成分分析的有关知识；
2. 掌握农药原药有效成分分析的仪器设备和分析方法。

【素质目标】

1. 培养学生热爱科学的品质；
2. 培养学生认识问题、分析问题的能力。

【知识学习】

一、农药原药的定量分析

农药原药全分析包括定量分析和定性分析两部分内容。对农药原药中有效成分的定量分析相对比较简单，只要根据各生产单位制定的符合要求的企业标准中所选定的农药原药定量分析方法进行测定，即可得到明确的结果。目前农药原药中有效成分的定量分析已基本上不用化学法，而采用色谱分析法。对易汽化的样品(包括杂质)，一般可采用气相色谱法(GC)，而对那些难于汽化或遇热不稳定的样品，则几乎全部采用液相色谱法(LC)，现在几乎所有农药品种均采用高效液相色谱法(HPLC)。由于大部分农药结构中均含有苯环或杂环，因此紫外(UV)检测器可满足要求。然而对杂质的定量分析，由于难以得到全部杂质的纯品作为标样，因此通过常规的定量分析方法进行分析是不现实的。通常是在对有效成分进行分析的同时，利用面积归一数据，得出各杂质的含量。此时，可能会有两种情况对分析结果带来误差：

(1)由于有效成分的结构不同，其最大吸收波长不同，因此面积归一时会造成测量结果与实际结果不一致。在农药原药的定量分析时，所选定的检测波长肯定是有效成分的最大吸收波长，在此波长下测定的杂质含量可能会低于实际含量。对含量在1%以下的杂质，这种误差应在允许范围内(即使存在10%的误差，结果也仅仅相差0.1%)，但当杂质含量超过1%时，应尽量得到该杂质的标样进行分析，否则将会对最终结果造成较大影响。

(2)当存在无紫外吸收的杂质时，HPLC结果中，杂质的含量将会出现较大的误差，此时必须通过其他方法确定无紫外吸收的杂质含量后，再对其他杂质进行分析。

另外，企业标准中基本上均规定了水分、不溶物(有机溶剂中一般为无机盐或机械杂质)的量及分析方法，分析时必须严格按照企业标准规定的内容进行。

二、农药原药的定性分析

与其他有机化学品的剖析相比，农药原药的全分析工作难度更大，其难点主要在于样品的分离和纯化。对于含量较高的组分，总能较容易地实现样品的分离和富集，进而通过各种分析方法确定其结构和含量，而对农药原药全分析，由于要求必须将含量在0.1%以上及微量对哺乳动物、环境有明显危害的杂质全部鉴定出来，而且对一个原药品种，往往有一个甚至几个组分，其含量在千分之几，这样通过常规的分离方法得到适于鉴定化合物结构的用量及含量的纯化合物是非常困难的。

目前在农药原药的定性分析中，常用的方法可以总结为传统剖析法、直接分析法和合成验证法。

(一)传统剖析法

传统剖析法即利用各种分离手段对农药原药中所有组分进行分离和富集，得到足够量和纯度的样品后，对所得到的各组分进行结构鉴定。

一般情况下，农药的最后一步合成通常是缩合反应，由于反应的不彻底，可能会残存一个或两个反应中间体。对于这些杂质，可以不用分离而直接将中间体的色谱图与原药的色谱图进行比较，即可以知道哪些杂质是中间体(不用分离)，哪些杂质是需要分离、鉴定的化合物。这是在进行分离前必须要做的一个工作，它可能会节省很多的工作量。

常见的用于分离各组分的方法有重结晶、萃取、柱色谱、薄层层析、制备色谱等。目前由于条件的限制，国内利用制备色谱进行全分析的还不是很多，主要还采用一些常规的方法，但国外已有一些全分析工作采用制备色谱等现代分离手段，并取得较好的效果。Oka等利用高速逆流色谱法(HSCCC)成功分离了生物农药伊维菌素中包括伊维菌素B1a在内的三个组分。

(二)直接分析法

直接分析法是指不经分离而直接确定杂质结构的方法,它主要利用的是一些仪器联用的分析技术,如气相色谱-质谱(GC-MS)联用技术、液相色谱-质谱(LC-MS)联用技术、液相色谱-核磁共振(LC-NMR)联用技术等。目前联用技术,尤其是 GC-MS 联用技术或 LC-MS 联用技术已成为农药全分析最常用的方法,已报道的关于农药全分析的几篇文献均采用 LC-MS 联用的方法,如文献介绍了利用 LC-MS 联用技术对甲磺隆进行全分析的方法,雷荣等利用高效 LC-MC 联用技术鉴定了伊维菌素中的组分。

(三)合成验证法

合成验证法是从其他渠道获得有关杂质的大体情况,但由于对所掌握的杂质结构等不能准确确定,比如可以通过对工艺进行分析,猜测可能有的杂质,也可以通过诸如 LC-MS 结果等推测一些杂质,此时可以合成所猜测的化合物,再与农药原药进行对照,从而确定相应的杂质。

三、紫外吸收光谱法定性分析

紫外吸收光谱法是基于分子内电子跃迁产生的吸收光谱进行分析测定的常用的光谱方法。这种吸收光谱是价电子和分子轨道上的电子在电子能级间的跃迁产生的。该方法具有灵敏度高、准确度好、操作简便、应用广泛等特点,通常用于有机物质的定性和定量分析。

(一)目的

利用紫外吸收光谱法对原药化合物进行定性分析。

(二)原理

利用农药标样和原药的紫外光谱图及紫外吸收光谱与化合物电子结构的关系,对农药原药进行定性鉴定。首先将样品和标样用一定的有机溶剂溶解,配成稀溶液,然后利用紫外分光光度计进行全波长扫描,得到以波长作横坐标、吸光度作纵坐标的紫外光谱图(图 1-1-1)。

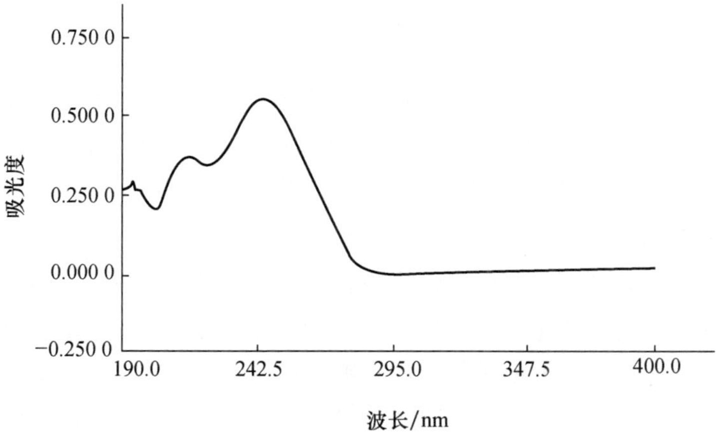

图 1-1-1　啶虫脒紫外吸收光谱图

(三)仪器与材料

(1)仪器　紫外分光光度计。

(2)材料　标样;原药。

(四)操作步骤

(1)溶液的配制　称取 0.05 g(精确至 0.000 2 g)样品于 100 mL 容量瓶中,用适宜、适量的溶剂超声溶解完全,再用水稀释,定容至刻度,摇匀。再从中移取 1～10 mL(根据样品的紫外吸收值的大小而定,保证溶液浓度应至少使一个最大吸收值在 0.5～1.5 之间)至 100 mL 容量瓶中,再用水稀释,并分别采用 HCl 或 NaOH 溶液稀释,定容至刻度,摇匀,配制成酸性(pH<2)、中性(pH=7)和碱性(pH>10)溶液。同时配制空白溶液。

(2)测定　吸收池应先用空白溶液润洗,以所需的波长和分辨率扫描测定空白溶液。再分别用 pH<2、pH=7、pH>10 三种条件下的样品溶液润洗吸收池,用所需的波长和分辨率扫描测定样品溶液,同时记录三个 pH 条件下样品的吸收谱图。以空白溶液作参比进行扫描。

(3)数据记录　紫外吸收光谱法定性分析数据记录于表 1-1-1。

表 1-1-1　紫外吸收光谱法定性分析数据记录

pH 范围	pH<2	pH=7	pH>10
样品取样量/mL			
吸光度 A			

(4)结果计算　根据样品吸收谱图确定最大吸收波长(λ),并计算摩尔吸光系数(ε)。摩尔吸光系数(ε)按下式计算:

$$\varepsilon=\frac{A}{bc} \tag{1-1-1}$$

式中:ε——样品的摩尔吸光系数,L/(cm·mol);

A——样品在测定最大吸收波长时的吸光度;

b——液层的厚度,cm;

c——样品溶液的浓度,mol/L。

(五)结果分析

列表对比农药标样和原药在不同 pH 的紫外光谱图形状、紫外最大吸收峰位置和强度及摩尔吸光系数,利用紫外光谱与化合物结构之间的对应关系,对原药进行定性分析。如果无法采用水或有机溶液进行试验,则只需进行一次测定,无须调整 pH。

(六)基本理论点

紫外吸收光谱属于电子光谱。化合物分子的电子能级、振动能级都是量子化的,只有当辐射光子的能量恰好等于两电子能级间的能量差(两能级间的能量差与分子中价电子的结构有关)时,分子才能吸收能量。某种分子的结构是确定的,所以一种分子只能吸收波长在一定范围内的光子。通过测量分子对其所吸收的光子的波长范围,可以确定分子的结构。

用紫外分光光度法对化合物进行定性时,主要根据其光谱特征,如将吸收峰数目、位置、形状与标准光谱比较,确定某些基团的存在。一般含有双键及共轭系统的化合物会产生明显的吸收光谱。应用紫外可见分光光度法可以鉴定一些化合物的纯度、判断混合物中有无杂质或在结构研究中鉴别化合物的官能基团及结构变化(如顺式、反式等),以及判定化合物中是否含有共轭系统和芳香结构。但是，大多数情况下不能单独使用这种方法确定一个未知化合物，还要与红外光谱、质谱或其他光谱及波谱方法相互配合、相互补充，才能实现准确地定性分析。

四、干燥减量测定法

干燥减量也称为加热减量，是指在规定温度和时间条件下，加热后所损失的质量分数。通常以质量百分数表示试样的干燥减量。本实验参照国际农药分析协作委员会(CIPAC)方法MT17 干燥减量，介绍在室温减压条件下(MT17.3)和在 100 ℃加热 4 h(MT17.4)的干燥减量测定方法；参照《农药干燥减量的测定方法》(GB/T 30361—2013)中的干燥减量测定方法。

(一)目的

掌握农药原药干燥减量的测定方法。

(二)在室温减压条件下的干燥减量

(1)原理　在五氧化二磷作为干燥剂存在的情况下，将样品置于一定真空度室温下放置一段时间，测定减重。

(2)设备及试剂　带磨口塞的称量瓶；干燥器；有新鲜干燥剂的有盖培养皿；天平；五氧化二磷干燥剂。

(3)操作步骤　将称量瓶和盖子在 100 ℃烘干，置于干燥器中。准确称量空瓶和盖子的质量(m_0,g)。将 5 g 样品放入称量瓶中，并称量样品和称量瓶的总质量(m_1,g)。将称量瓶和盖子分开，都放入装有新鲜干燥剂的干燥器中，使干燥器密封，抽真空。在整个干燥过程中使真空度不超过 1.0 torr(约 133.322 Pa)。慢慢恢复压力至大气压，打开干燥器盖子，迅速盖上称量瓶的盖子，取出称量瓶，重新称量(m_2,g)。干燥减量按下式计算：

$$X=\frac{m_1-m_2}{m_1-m_0}\times 100\% \tag{1-1-2}$$

(4)数据记录　室温减压条件下干燥称量数据记录于表 1-1-2。

表 1-1-2　室温减压条件下干燥称量数据记录表

项目	1	2	3
空瓶和盖子的质量 m_0/g			
样品和称量瓶总质量 m_1/g			
重新称量 m_2/g			

(三)在 100 ℃加热 4 h 的干燥减量

(1)原理　样品在 100 ℃加热 4 h，测定减重。

(2)设备　带磨口塞的称量瓶；恒温箱；干燥器；天平。

(3)操作步骤　将称量瓶置于(100±1)℃恒温箱中加热 1 h，在干燥器中冷却，称重(m_0,g)。称取约 5 g 样品，平铺在称量瓶中(样品与称量瓶共重 m_1,g)。将称量瓶(不盖盖子)置于恒温箱中在(100±1)℃加热 4 h。取出后置于干燥器中冷却，盖上盖子重新称重(m_2,g)。按式(1-1-2)计算干燥减量。

(4)数据记录　100 ℃加热 4 h 干燥称量数据记录于表 1-1-3。

表 1-1-3 100 ℃加热 4 h 干燥称量数据记录表

项目	1	2	3
空瓶和盖子的质量 m_0/g			
样品与称量瓶总质量 m_1/g			
重新称量 m_2/g			

注:(1)如果没有指明干燥时间,样品要干燥 24 h,或者至恒重。如果样品有效成分的蒸气压较低,则不能采用干燥至恒重的方法,而是需要设定一定的干燥时间。

(2)平行测定两个结果的差不大于 0.05,以平行测定两个结果的算术平均值作为该试样的加热减量。

(四)在(105±2)℃下加热至恒重的干燥减量

(1)原理　样品在(105±2)℃加热烘干至恒重,测定减重。

(2)设备　带磨口塞的称量瓶;恒温箱;天平;干燥器。

(3)操作步骤　将称量瓶置于(105±2)℃恒温箱中加热干燥,取出后在干燥器中冷却,冷却时间一般为 20～40 min,重复操作的冷却时间应一致,称重(m_0,g),重复操作至恒重。称取 5 g 样品,平铺在称量瓶中,表面轻轻压平(称量瓶与样品共重 m_1,g)。放入恒温箱中,于(105±2)℃加热,此时,称量瓶的盖子应稍微错开或取下与试样同时加热干燥。干燥 2～4 h 后,将称量瓶及盖子迅速移至干燥器中冷却,至室温时盖上盖子称重(m_2,g)。重复操作至恒重,重复干燥时间约 1 h,按式(1-1-2)计算干燥减量(均准确至 0.1 mg)。

(4)数据记录　(105±2)℃下加热至恒重的干燥减量数据记录于表 1-1-4。

表 1-1-4 (105±2)℃下加热至恒重的干燥减量数据记录表

项目	1	2	3
空瓶和盖子的质量 m_0/g			
样品与称量瓶总质量 m_1/g			
重新称量 m_2/g			

注:(1)如试样为块状或大的结晶,应粉碎至粒径小于 2 mm 以下,充分混匀。操作中应避免试样中的水分损失或从空气中吸收水分。

(2)两次称量值的质量差不大于 0.000 3 g 时,视为恒重。

(3)除另有规定外,试样的烘干温度一般规定为(105±2)℃。对于特殊性质的产品,试样在 105 ℃条件下熔化时,可在比熔化温度低 10 ℃的温度下加热 1～2 h 后,再在(105±2)℃下加热干燥。也可根据产品性质确定烘干温度。

(五)基本理论点

干燥减量在一定程度上反映了原药产品中的水分含量,可以作为水分含量的测定方法。但是,在干燥或加热过程中,除了水分含量的丢失外,也会有原药产品中残存的溶剂、副产物等低沸点杂质的挥发丢失,因此干燥减量反映的是原药产品中水分和低沸点杂质的量的总和。

●思政花园

志不立,天下无可成之事。

——明·王守仁《教条示龙场诸生》

释义:志向不确定,则什么事情也干不成功。

实训 高效液相色谱法测定恶霉灵原药有效成分含量

(一)目的

掌握 HPLC 测定原药中有效成分含量的方法。

(二)原理

用农药标样配制成一系列浓度梯度进行色谱分析。同时配制原药样品,对其进行定量测定。

原药的纯度即原药中有效成分的含量,以质量百分数表示。纯度是原药质量的主要指标。

(三)仪器与材料

(1)仪器 Agilent HPLC1100(紫外检测器)。

(2)材料 甲醇,色谱纯;恶霉灵标样,纯度为 99.5%;恶霉灵原药,纯度不小于 99.0%。

(四)操作条件

色谱柱:Agilent Eclipse XDB-C_{18}(150 mm×4.6 mm×5 μm);流动相:$V_{甲醇}:V_{水}=40:60$;流速:1.0 mL/min;检测器波长:235 nm;进样量:5 μL。

(五)操作步骤

(1)标准溶液的配制 称取 0.1 g(准确到 0.000 1 g)恶霉灵标样于 50 mL 容量瓶中,用甲醇溶解并定容。充分摇匀后,分别移取一定体积标准溶液于 10 mL 容量瓶中,用甲醇稀释并定容(标准溶液的浓度分别为 600 mg/L、500 mg/L、400 mg/L、300 mg/L、200 mg/L)。充分摇匀后备用。

(2)样品溶液的配制 称取恶霉灵原药样品 4 mg(准确到 0.01 mg)于 10 mL 容量瓶中,用甲醇稀释并定容,充分摇匀后备用。

(3)分析测定 待仪器稳定后重复进样,直到相邻两针的峰面积相差小于 2%时进行定量分析。

(4)方法的线性范围 测定一系列不同浓度的标准溶液中恶霉灵的峰面积,确定方法的线性范围。

(5)计算 样品中恶霉灵含量(X)按下式计算:

$$X=\frac{A_{样品}\times m_{标样}\times p}{A_{标样}\times m_{样品}}\times 100\% \qquad (1\text{-}1\text{-}3)$$

式中:$A_{标样}$——标样的峰面积;

$A_{样品}$——样品的峰面积;

$m_{标样}$——标样的质量,g;

$m_{样品}$——样品的质量,g;

p——恶霉灵标样的纯度,%。

(6)数据记录 高效液相色谱法测定恶霉灵原药有效成分含量的数据记录于表 1-1-5。

(六)基本理论点

(1)原药中杂质的害处 纯度低的农药原药中杂质的含量较高,过多的杂质会产生以下危害:

表 1-1-5 高效液相色谱法测定恶霉灵原药有效成分含量数据记录表

项目	1	2	3
$A_{标样}$			
$A_{样品}$			
$m_{标样}$/g			
$m_{样品}$/g			
p			

①可能对作物产生药害。

②增加原药对人的毒性。

③原药中杂质对以有效成分分子含有某元素或某原子团的量计算有效成分含量的化学分析法失去原有的准确度。由于杂质中同样含有与有效成分相同的元素或原子团,使测定的结果产生偏差,不能反映原药及其制剂中有效成分的真实含量。

④原药中的杂质给加工粉剂带来困难,因为杂质的存在使原药的凝固点下降,不易粉碎。

⑤原药的杂质能降低有效成分的稳定性,而且随着农药的使用,杂质会进入环境中,造成污染。

因此,要尽可能提高原药的纯度,减少杂质的含量。

(2)原药有效成分定量分析　原药有效成分的定量分析属于化学常量分析,通常采用色谱法进行,包括气相色谱法和液相色谱法。

①利用气相色谱法分析时,由于样品浓度较高,通常采用分流进样模式、通用型火焰离子化检测器(FID)检测、内标法定量。

②利用液相色谱法分析时,通常采用紫外检测器检测、外标法定量。

常量分析对方法的精密度和准确度要求都很高,对灵敏度要求不高。因此,在进行原药有效成分定量测定时,所采用的分析方法都要首先进行精密度和准确度的评价。

对于样品的分析也要求至少两个重复,进样要采用标样、样品、样品、标样的顺序进行。

【任务成果】

1. 知识测试

(1)农药原药的定性分析方法可以分成哪几类?依据是什么?

(2)农药原药的定量分析都有什么特点?能否采用化学分析法,说一说理由?

2. 实训成果

检测恶霉灵原药有效成分含量,填写记录表。

任务二　农药原药的理化性质测定

【技能目标】

1. 能说出农药原药的理化性质测定项目名称;

2. 能说出农药原药的理化性质测定的方法。

【知识目标】

1. 掌握农药原药的理化性质测定的国家标准；
2. 了解各测定项目的仪器使用知识；
3. 掌握常见农药原药的理化性质的定义。

【素质目标】

1. 培养学生对检测技能学习的兴趣；
2. 培养学生团结合作的能力；
3. 培养学生的安全意识。

【知识学习】

农药原药作为一种农用化工产品，其质量控制指标包括其相关的物理化学性能指标，即需要对其相关的理化性能进行测定，主要包括原药的酸度(pH)、熔点、沸点、溶解度、辛醇-水分配系数、密度、折射率、腐蚀性、爆炸性、闪点等。

另外，原药的爆炸性测定部分，测定热敏感性按《危险品　克南试验方法》(GB/T 21578—2008)进行，测定撞击感度按《危险品　爆炸品撞击感度试验方法》(GB/T 21567—2008)进行，测定摩擦感度按《危险品　爆炸品摩擦感度试验方法》(GB/T 21566—2008)进行。饱和蒸气压的测定按《用液体蒸气压力计测定液体的蒸气压力和温度关系及初始分解温度的方法》(GB/T 22052—2008)、《工业用化学品　固体及液体的蒸气压在 10^{-1} 至 10^{5} Pa 范围内的测定　静态法》(GB/T 22228—2008)和《工业用化学品　固体及液体的蒸气压在 10^{-3} 至 1 Pa 范围内的测定　蒸气压平衡法》(GB/T 22229—2008)进行。

农药原药的理化性质测定项目较多，我们只选择几种常见的项目进行测定。

一、熔点的测定

熔点的测定常用方法有毛细管法和微量熔点测定法。实际操作时，常利用专业的熔点测定仪测定物质的熔点。本实验参考《农药熔点测定方法》(GB/T 1602—2001)介绍农药原药熔点的测定方法。

(一)目的

学习固体农药原药及固体农药标准样品的熔点测定方法(毛细管油浴法)。

(二)原理

将被测样品装入毛细管中，在带搅拌的硅酮(聚硅氧烷)液浴中，以控制的速率加热，观察样品生成弯月面和(或)样品全部液化的温度，以确定样品的熔点范围。熔点范围是指用毛细管法测定的从该物质开始熔化至全部熔化时的温度范围。

(三)仪器与材料

(1)仪器　熔点测定仪，其部件有以下几部分：

①U 形管：硼硅玻璃或类似材质的 U 形硬质玻璃管，上部有横接管连接两根支管，直径为 2.5 cm。

②加热装置：可以使热浴升温速率控制在 1～10 ℃/min 的可调加热装置。例如，材料为一组镍铬合金丝(约含 80％镍、20％铬)，其直径为 0.274 mm，电阻率为 109 μΩ/cm³，电阻约

为 7Ω/m，金属丝总电阻为 25Ω。

③照明装置：可以保证清晰地观察到加热时样品和温度的变化情况。

④搅拌装置：混合并推动液体沿着 U 形管循环。

⑤温度计：校正过的温度计，分度为 0.5 ℃。

⑥辅助温度计：分度为 1 ℃。

⑦(干燥的)毛细管：一端封闭，内径约为 1 mm，壁厚为 0.10～0.15 mm，长度至少 12 cm，且保证开口的一端在加热管的液面上。

⑧放大镜。

U 形管的右侧支管的外部，绕有电加热线圈，用以加热传热液体；管内装有玻璃搅拌棒，以混合并推动液体沿着 U 形管循环。另一支管中装有温度计。要使装有样品的毛细管紧贴着温度计水银球，与毛细管并排在液浴中，处于供观察的固定位置上。当测定样品时，用灯泡照明。电路是为了控制加热速度和循环传热液体的。

如图 1-1-2 所示，将 U 形管、加热装置、照明装置、搅拌装置、温度计用胶塞连接在一起。在 U 形管的右侧支管的下部包上一层石棉纸(带)并缠绕加热装置的电阻丝。缠绕电阻丝部分总长度为 4 cm，将 U 形管固定在一个 15 cm×10 cm×5 cm 的金属箱内，用硬质绝缘物——皱石棉或玻璃棉填紧。在箱子的旁边安装一个电灯泡，通过一个孔口照亮试样及整个金属箱。从箱子正面的第二个孔可以观察熔点测定的全过程。在 U 形管缠有电阻丝的支管上部安装搅拌装置。U 形管中插入玻璃搅拌棒，并用一个橡皮套管将玻璃搅拌套紧固在电动机轴上，通过 U 形管支管上的软木塞中玻璃套管进行搅拌。温度计用左侧支管的软木塞固定，毛细管紧贴在温度计上，灯泡安装在左侧支管的可见部分，辅助温度计依附在温度计上，使其水银球在温度计露出胶塞的水银柱的中部。

(2)试剂 硅酮液。

(四)操作步骤

(1)仪器的校准 用硅酮液充满 U 形管到横管的顶面。装好玻璃搅拌棒和温度计，开动搅拌马达，并使流过加热线圈的电流为 0.1 A。按一定的时间间隔，记录水浴温度，改变电流可得到一系列加热曲线。这些加热曲线显示了每一个加热电流对应的温度范围。在该范围内，升温是有规律的。

注：如果未规定升温速率，则采用 2 ℃/min。

(2)测定 在研钵中研磨样品，进行干燥。放入一根毛细管中，加以振动，使样品粉末掉入封闭端，将毛细管在一硬表面上轻敲，使粉末填紧，并形成 3～5 mm 长的样品柱。用橡皮筋将毛细管套在温度计上，使毛细管底对准温度计水银球的中部，将此温度计插入 U 形管左边支管，使液面刚好浸没刻度线。接通总电源，

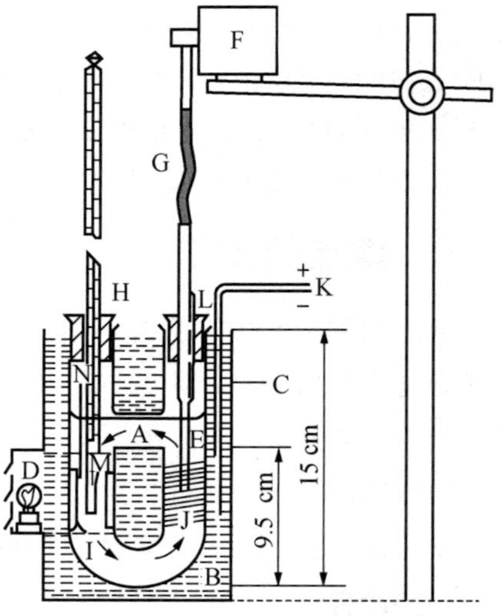

图 1-1-2 熔点测定仪示意图

A—充满硅酮液的 U 形管；B—坚硬的绝缘物；C—铜片或铝片盒；D—6 V/0.3 A 灯泡(在金属盒边留 40 mm×5 mm 缝，以照亮样品)；E—玻璃搅拌器(柄长 6 mm)；F—传动马达(220 V AC，375 r/min)；G—弹性橡皮套管；H—温度计；I—玻璃套管(长 38 mm，距壁约 0.3 mm)；J—固定在热阻纸上的电阻加热器；K—可变电压传输装置；L—搅拌的玻璃套管；M—金属盒的观察窗；N—装样品的毛细管(用橡皮筋固定在温度计上)

启动搅拌马达，接通加热线圈，并打开照明样品的灯泡。

先测定样品的近似熔点，当温度升至样品熔点前 10 ℃时，控制升温速度为 2 ℃/min。用手持或固定的放大镜，观察试样在熔化过程中的变化情况，记录弯月面点和（或）液化点的温度。

(3)熔点的校正 温度计水银柱露出部分的温度与熔点测定时的温度之差。水银柱露出部分的温度用辅助温度计将其水银球部分置于温度计水银柱露出部分的中部。校正值 t_c 按下式计算：

$$t_c = 0.000\,16\,h(t_s - t_d) \tag{1-1-4}$$

式中：t_c——温度的校正值，℃；

h——温度计露出胶塞上部的水银柱高度，℃；

t_s——观测到的熔点，℃；

t_d——辅助温度计的读数，℃；

0.000 16——水银体积的表观膨胀系数。

样品的熔点 t 按下式计算：

$$t = t_s + t_d \tag{1-1-5}$$

注：除非另有说明，应把弯月面点当作样品的熔点。

(4)允许使用精度相当的熔点测定仪。

(5)数据记录 农药原药熔点测定数据记录于表 1-1-6。

表 1-1-6 农药原药熔点测定数据记录表

项目	1	2	3
h/℃			
t_s/℃			
t_d/℃			

(五)基本理论点

物体由固态转变(熔化)为液态的温度称为熔点。相反过程，即由液态转为固态时的温度称为凝固点。熔点是一种物质的物理性质，实质上是该物质固、液两相可以共存并处于平衡的温度。物质的熔点并不是固定不变的，有两个因素对熔点影响很大：一个是压强，如果压强变化，熔点也会发生变化，通常所说的物质的熔点是指在一个大气压时的情况；另一个就是物质中的杂质，某些物质的熔点通常是指纯净物质的。

在有机化学领域中，一般纯粹的有机化合物都有固定熔点，即在一定压力下，固、液两相之间的变化都是非常敏锐的，初熔至全熔的温度不超过 0.5～1 ℃(熔点范围或称熔距、熔程)。但如混有杂质则其熔点下降，且熔距也较长。因此熔点测定是辨认物质性质的基本手段，也是纯度测定的重要方法之一。

农药纯品和原药的熔点测定应采用以下适当的方法进行。

(1)熔点在 0～300 ℃宜采用 GB/T 1602—2001 中毛细管油浴法(即本实验方法) 该方法是测定在样品生成弯月面和(或)样品全部液化时的温度，即为该样品的熔点。

(2)熔点在 20～300 ℃宜采用金属块毛细管法或熔点显微镜法 前者是把毛细管固定于可加热的金属块中间后，观察样品熔化时的温度以确定熔点；后者是通过加热玻片上的样品，通过显微镜观察其相变过程以确定熔点。

(3)熔点在 20～1 000 ℃宜采用差热分析仪(DTA)法　该方法是将试样和一种参考物质按照同样的温度控制程序加热或冷却。通过记录温度基线上试样发生相转变时，其熵变造成吸热(熔化)或放热(凝结)峰时的温度，即为熔点。

(4)熔点在－100～1 000 ℃宜采用差示扫描量热仪(DSC)法　该方法是将试样和标准物质按照同样的温度控制程序加热。通过记录能量基线上试样发生相转变时，其熵变造成吸热(熔化)或放热(凝结)峰时的温度即为试样的熔点。

在《化学试剂　熔点范围测定通用方法》(GB/T 617—2006)中，对化学试剂熔点范围测定的通用方法进行了介绍，包括目视法和仪器法。

二、沸点的测定

(一)目的

学习农药原药沸点测定的通用方法。

(二)原理

当液体温度升高时，其蒸气压随之增加，当液体的蒸气压与大气压相等时开始沸腾，在标准状态下(1 atm 或 1 013.25 hPa，0 ℃)液体的沸腾温度即为该液体的沸点。

本实验参考《化学试剂　沸点的测定通用方法》(GB/T 616—2006)。

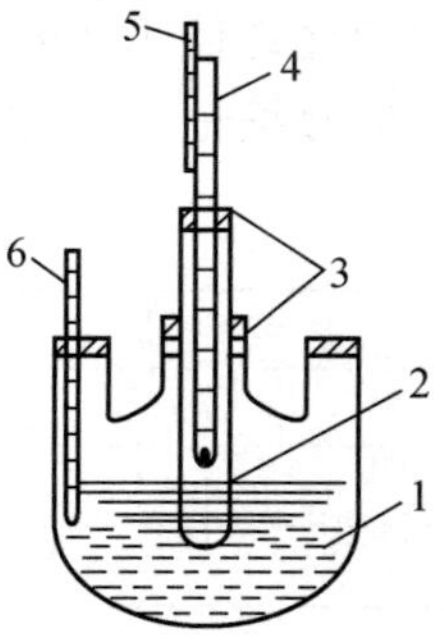

图 1-1-3　沸点测定装置示意图

1—三口圆底烧瓶；2—试管；3 —胶塞；4—测量温度计；5—辅助温度计；6—温度计

(三)仪器与材料

(1)仪器

①测定装置如图 1-1-3 所示。

②三口圆底烧瓶 500 mL。

③试管长 190～200 mm，距离试管口约 15 mm 处有一直径为 2 mm 的侧孔。

④测量温度计用胶塞(外侧有出气槽)连接，其下端与试管液面相距 20 mm。

⑤辅助温度计温度范围为 0～50 ℃，分度值为 1 ℃。将辅助温度计附在测量温度计上，使其水银球在测量温度计露出胶塞外的水银柱中部。

注：测量温度计应选用分度值为 0.1 ℃的全浸式水银温度计，示值范围适合于所测样品的沸点温度，用辅助温度计对测量温度计在蒸馏过程中露出塞外部分的水银柱进行校正。

⑥气压计。

(2)试剂　硅油。

(四)操作步骤

量取适量样品，注入试管中，其液面略低于烧瓶中硅油的液面(烧瓶中事先注入约为其体积 1/2 的硅油)，加热，当温度上升到某一定值并在一段时间内保持不变时，此温度即为待测样品的沸点。同时记录室温及气压。

(五)结果计算

(1)气压的校正

①温度校正:0 ℃时的气压值等于测定时室温的气压计读数减去气压计读数的校正值(25 ℃、气压计读数为 1 025 hPa 时的校正值为 4.17 hPa),其他校正值见 GB/T 615—2006 中附录 B 表 B.1。

②纬度校正:将 0 ℃时气压值加上纬度校正值(北京的纬度为 40°N,气压计读数为 1025 hPa 时,纬度校正值为−0.52 hPa),其他校正值见 GB/T 615—2006 附录 B 表 B.2。

(2)沸点随气压的变化值　沸点随气压的变化值 ΔT_P,数值以℃表示,按下式计算:

$$\Delta T_P = K(1013.25 - P) \tag{1-1-6}$$

式中:K——沸点随气压的变化率(沸程在 190～210 ℃时的校正值为 0.041 ℃/hPa,其他见 GB/T 615—2006 中附录 B 表 B.3),℃/hPa;

P——经纬度校正后的 0 ℃时气压值,hPa。

(3)测量温度计读数的校正　温度计露出塞外部分水银柱读数的校正值 ΔT 按下式计算:

$$\Delta T = 0.000\,16(T_P - T_a)(T_P - T_b) \tag{1-1-7}$$

式中:T_P——观测气压下的沸点温度,℃;

T_a——露出塞外部分的水银柱的平均温度(该温度由辅助温度计测得),℃;

T_b——胶塞上沿处水银柱读数,℃。

(4)沸点　沸点 T 按下式计算:

$$T = T_P + \Delta T_P + \Delta T \tag{1-1-8}$$

式中:T_P——观测气压下的沸点温度,℃;

ΔT_P——沸点随气压的变化值,℃;

ΔT——温度计露出塞外部分的水银柱读数的校正值,℃。

(5)数据记录。

(六)基本理论点

沸腾是在一定温度下液体内部和表面同时发生的剧烈汽化现象。液体沸腾时的温度被称为沸点。当液体沸腾时,其内部所形成的气泡中的饱和蒸气压必须与外界施予的压强相等,气泡才有可能长大并上升,所以沸点也就是液体的饱和蒸气压等于外界压强时的温度。液体的沸点与外部压强有关。当液体所受的压强增大时,它的沸点升高;压强减小时,沸点降低。

在相同的大气压下,不同液体的沸点亦不相同,这是因为饱和蒸气压和液体种类有关。在一定的温度下,各种液体的饱和蒸气压是固定的,乙醚在 20 ℃时饱和蒸气压为 5 865.2 Pa(44 mmHg),低于大气压,升高温度,使乙醚的饱和蒸气压与大气压强相等,35 ℃即可沸腾。液体中若含有杂质,则对液体的沸点有影响。液体中含有溶质后它的沸点要比纯净的液体高,这是由于存在溶质时,液体分子之间的引力增加了,液体不易汽化,饱和蒸气压也较小。要使饱和蒸气压与大气压相同,必须提高沸点。不同液体在同一外界压强下,沸点不同。因此沸点在一定程度上也可反映液体物质的纯度,是化合物定性判定的一个参考指标。

注:一定温度下,与液体或固体处于相平衡的蒸气所具有的压力称为饱和蒸气压。

三、折射率的测定

本实验参考《化学试剂　折光率测定通用方法》(GB/T 614—2021),介绍浅色、透明、折射率范围在 1.300 0～1.700 0 的液体农药样品的测定方法。

(一)目的

了解用阿贝折射仪测定液体农药样品折射率的方法。

(二)原理

当光从折射率为 n 的被测物质进入折射率为 N 的棱镜时，入射角为 i，折射角为 α，则

$$\frac{\sin i}{\sin\alpha}=\frac{N}{n}$$

在阿贝折射仪中，入射角 $i=90°$，代入上式得

$$\frac{1}{\sin\alpha}=\frac{N}{n}$$

$$n=N\sin\alpha$$

棱镜的折射率 N 为已知值，则通过测量折射角 α 即可求出被测物质的折射率 n。

(三)仪器

阿贝折射仪；恒温水浴及循环泵，应能向棱镜提供(20.0±0.1)℃的循环水。

(四)操作步骤

(1)将恒温水浴与棱镜相接，调节水浴温度，使棱镜温度保持在(20.0±0.1)℃。

(2)用二级水或标准工作块校正阿贝折射仪。二级水的折射率 $n_D^{20}=1.333\,0$，工作样块的折射率及仪器校正方法见说明书。

(3)测定前需清洗棱镜表面，可用乙醇、乙醚或乙醇和乙醚的混合液，再用镜头纸或医药棉将溶剂吸干。

(4)用滴管向棱镜表面滴加数滴 20 ℃左右的样品，立即闭合棱镜并旋紧，应使液体农药样品均匀、无气泡并充满视场，待棱镜温度计读数恢复到(20.0±0.1)℃进行下一步。

(5)调节反光镜使视场明亮。旋转读数手轮，使视场中出现明暗界线，同时旋转色散棱镜手轮，使界线处所呈彩色完全消失；再旋转读数手轮，使明暗界线在十字线中心，观察读数镜视场右边所指示的刻度值，即为所测折射率值。

(6)读出折射率值(估读至小数点后第四位)。

(7)数据记录。

(五)基本理论点

在钠光谱 D 线、20 ℃的条件下，空气中的光速与被测物中的光速的比值或光自空气通过被测物时的入射角的正弦与折射角的正弦的比值即为折射率。折射率的计算公式为 $n=c_1/c_2$，其中 c_1 和 c_2 表示在不同介质里的光速。如光在玻璃中的速度是在真空中的 0.5 倍，那么玻璃相对真空的折射率为 2。物质的折射率因温度或光线波长的不同而不同：透光物质的温度升高，折射率变小；光线的波长越短，折射率越大。作为液体农药纯度的标准，折射率比沸点更为可靠。利用测得的折射率数据，与文献数据或标样的折射率数据进行对比，可以对化合物进行鉴定。

折射率是有机化合物最重要的物理常数之一，也可用于确定液体混合物的组成。

实训　敌敌畏农药原药理化特性的测定

对供试的敌敌畏农药原药理化特性进行测定，填写下列原始记录表单(表 1-1-7 至表 1-1-9)。

表 1-1-7 熔点测定原始记录表

日期：　　　　　　　　　　　温度/℃：　　　　　　　　　　　湿度/%：

样品编号		样品名称		
批　号				
检验依据				
仪器型号		仪器编号		
检验方法	□ 中国药典 2020 年版四部第一法 □ 中国药典 2020 年版四部第二法 □ 中国药典 2020 年版四部第三法 □ 其他方法			
升温速率				
仪器校正	校正方法：　□一点校正　　□其他：			
	熔点标准品名称		熔点理论值	
	□一点校正：　熔点实测值/℃： (1)________(2)________(3)________ 平均：________校正值________ □其他：________			
样品处理				
样品实测结果	编号	实测值/℃	校正值/℃	平均值/℃
标准结论规定	□(均)符合规定　□(均)不符合规定			

检验者：　　　　　　　　校对者：　　　　　　　　审核者：

表 1-1-8 沸点测定原始记录表

项目	1	2	3
室温/℃			
气压/hPa			
沸点/℃			
结论	□(均)符合规定　□(均)不符合规定		

检验者：　　　　　　　　校对者：　　　　　　　　审核者：

表 1-1-9 折射率测定原始记录表

项目	1	2	3
温度/℃			
折射率			
结论	□(均)符合规定　□(均)不符合规定		

检验者：　　　　　　　　校对者：　　　　　　　　审核者：

【任务成果】

1. 知识测试

(1)农药原药的理化性质测定指标有哪些？说一说常见的指标测定方法。

(2)原药的爆炸性测定部分依据哪些标准进行测定？说一说参照标准。

2. 实训成果

检测敌敌畏农药原药理化特性，填写测定报告单。

●思政花园

天行健，君子以自强不息。

——《周易·乾卦·象传》

释义：宇宙不停运转，人应效法天地，永远不断地前进。

项目二

农药制剂质量分析

【项目分析】

农药原药中除少数挥发性强的和水中溶解度大的原药可以直接使用外，绝大多数原药必须加工成各种剂型方可使用，在原药中加入适当的辅助剂，制成便于使用的形态，这一过程叫作农药加工。加工后的农药叫作制剂，制剂的形态叫作剂型。

目前农药剂型有多种分类方法，常用的是按照农药剂型物态和施用方法来分。按农药剂型物态分类，可分为固态、半固态、液态。固态的剂型有粉剂、粗粉剂、粒剂、细粒剂、大粒剂、拌种剂、毒饵、大多数物理型缓释剂和化学缓释剂、可湿性粉剂、干悬乳剂、微囊粉、烟剂等；半固态有烟剂悬浮剂、油悬剂等；液态有乳油、油剂、水剂、浓乳剂、超低容量油剂、压缩气体、气雾剂等。按施用方法分类，可分为直接施用、兑水稀释后施用和特殊施用（分为供加水稀释使用的浓缩剂型、供加有机溶剂稀释使用的浓缩剂型、供直接使用的剂型、种子处理剂型、特殊用途的剂型）。

为了保证农药施用后的效果，需要对农药制剂进行质量分析和检测。农药制剂的质量分析包括两方面的内容：有效成分含量分析和理化性能测定；不同的剂型需要对不同的理化性质参数进行测定。

任务一　农药制剂定量分析

【技能目标】

1. 能根据农药制剂的类型选择适当的定量分析方法；
2. 能运用先进的分析仪器进行正确的农药制剂定量分析。

【知识目标】

1. 了解农药制剂定量分析方法；
2. 掌握农药制剂定量分析技术及仪器使用知识。

【素质目标】

1. 培养学生树立全局观念，团结协作，维护集体荣誉的品质；
2. 培养学生谦虚谨慎、尊重他人的品质；
3. 培养学生求真务实的观念。

【知识学习】

农药制剂的定量分析主要是指对制剂中的有效成分含量进行测定。由于制剂中有效成分的含量一般都比较高，因此农药制剂有效成分的含量分析属于农药常量分析，通常大部分农药的常量分析都可以采用色谱法，此外，有些农药还可以用滴定分析、光度分析等方法。我们将以一些农药化合物为例，介绍这些分析方法，并阐述相关的实验技术。

一、辛硫磷乳油薄层色谱法定性分析

薄层色谱法是利用色谱原理在薄层板上对混合物中各组分进行分离、纯化和分析的方法。其过程一般是把吸附剂或载体均匀地铺在玻璃板上，形成厚度一致的薄层，在其下端点加试样溶液后，放入底部带有溶剂（展开剂或移动相）的层析缸中，展开剂在薄层板上移动至一定高度，使样品各组分得到分离。分离无色物质的混合试样时，展开后还需对待测成分确认和检出。薄层色谱法通常用于难挥发的、可溶于一定溶剂中的样品组分的分离。薄层色谱法作为一种简单的分离手段，可用于定性和半定量分析。

比移值（R_f 值）是试样移动的速度与展开剂移动速度之比，用来衡量薄层色谱法的分离效率。在相同展开剂、吸附剂和相同环境条件下，同一农药的比移值不变。因此，比移值可以作为样品定性的依据。将薄层色谱法与其他检测方法（如滴定法、极谱法、紫外-可见分光光度法、薄层扫描仪等）联用，可用于半定量分析。

（一）目的

（1）熟悉薄层色谱定性分析的操作方法。

（2）掌握薄层板的制备方法。

（3）学会如何选择展开剂。

（4）掌握 R_f 值的计算方法。

（二）原理

根据样品各组分在吸附剂或固定相中的吸附作用以及在展开剂中的溶解度不同，各组分随展开剂的移动在两相间反复进行吸附和解吸附，样品中被固定相吸附强的组分移动较慢，而被固定相吸附弱的组分移动较快，从而达到分离的目的。

（三）仪器与材料

（1）仪器　玻璃板，18 cm×18 cm；点样器，微量注射器或毛细管；层析缸；烘箱；喷雾器。

（2）试剂　硅胶 G；0.1%氯化钯溶液，称取 0.1 g 氯化钯，溶解于 1 mL 浓盐酸中，加水稀释至 100 mL；展开剂，石油醚：乙酸乙酯＝90：10，石油醚：乙醚＝19：1，石油醚：丙酮＝19：1（均为体积比）。

（3）辛硫磷 50%乳油；标样（纯度＞90%）。取乳油 0.2 g，标样 0.1 g，分别放入 25 mL 棕色容量瓶中，用丙酮溶解并稀释到刻度。

(四)操作步骤

(1)薄层板制备　用肥皂水洗刷玻璃板,蒸馏水冲洗,晾干,用乙醇再擦洗玻璃板,晾干,备用。

称取 12 g 硅胶 G 于小烧杯中,加入约 25 mL 水,用玻璃棒迅速搅拌混匀,倒在上述玻璃板上,并轻轻振动赶除气泡,同时使吸附剂糊状物均匀分布在薄层板上。将涂好的薄层板放在水平处自然晾干后,在 120 ℃烘箱中活化 0.5 h,取出后在干燥器中放冷备用。

(2)点样　用点样器将 0.05～0.1 mL 样品溶液点在上述已活化好的薄层板上,使样点距薄层板底边 2.5 cm,两侧各留出 2 cm,尽量将样品点成一条细直线,并用少量乙醇洗涤点样器的尖端,冲洗液也点在线上。在样品带的一侧,另外再点一个标样点。

(3)展开　点样后等溶剂挥发,将薄层板倾斜立于盛有 100 mL 展开剂液的层析缸中,使薄层板点样一端进入展开剂中但不能没过样点。层析缸四周衬上滤纸,以使缸内空间被展开剂饱和,然后盖上缸盖,等溶剂上升到离板上端 2～3 cm 处取出,晾干。

(4)显色　直接喷洒 0.1%氯化钯溶液于薄层板即可。

注:含硫农药均可用此法显色,谱带呈棕黄色。

(5)定性　量出谱带中心到原点的距离、展开剂前沿到原点的距离,计算样品的 R_f 值。

(6)数据记录。

(五)基本理论点

(1)吸附剂和展开剂的选择　薄层吸附色谱法主要是利用样品各组分在展开剂中的可逆平衡及吸附剂对不同物质吸附力不同而实现分离的。吸附剂和展开剂的选择是吸附色谱成败的关键。常用的吸附剂有硅胶和氧化铝,吸附剂细度要求在 30～70 μm(200～300 目)。选择展开剂时,应从被测物质性质、吸附剂的活性和溶剂的极性三方面考虑。三者的关系可按图 1-2-1 来确定。

图 1-2-1 中的黑三角是可以旋转的,当一角对准样品时,其他两角分别指出应选用的吸附剂活性级别和展开剂极性强弱。也可以简单地采用“相似相溶”原则进行选择,即待分离农药化合物的极性要与展开剂的极性相似。农药化合物极性高时,要采用高极性的展开剂。但在实际工作中,极性是不容易度量的,需根据实验情况选择合适的展开剂。

如果展开剂展开太快,组分之间会分离不好或者不能完全分开;展开太慢,容易造成谱带展宽,而且更为耗时。因此只要选择合适的展开时间,达到组分分离目的就可以了。一般选择组分的 R_f 值为 0.3～0.7。

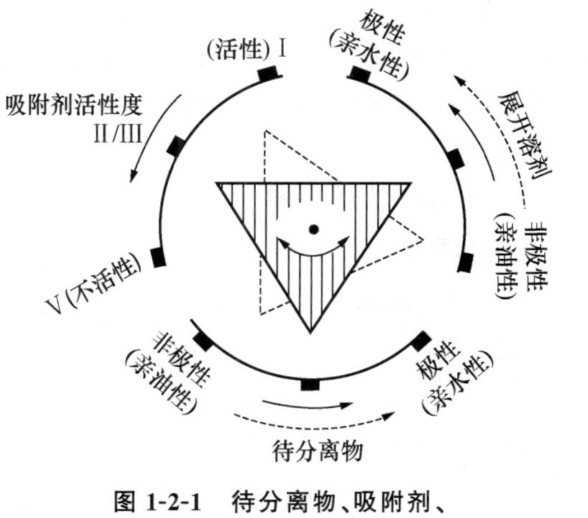

图 1-2-1　待分离物、吸附剂、展开剂之间关系示意图

(2)边缘效应　在薄层色谱分析中,薄层的两侧边缘处样品斑点走得快,而薄层中间的斑点走得慢,形成一个弧,这种现象称为边缘效应。边缘效应是由溶剂的挥发造成的。展开剂一般是由几种有机溶剂混合而成的,而在薄层板边缘上的展开剂较容易挥发。如果这几种有机溶剂的挥发性能差异比较大，那么就会造成薄层板上边缘和中间展开剂比例的差异而产生展开速度不一致的现象。如果展开前能充分饱和，那么展开过程中展开剂挥发就会减少，边缘效应也会减小。为了避免边缘效应，可以采取以下措施：

①在层析缸四周围一圈滤纸，展开剂在滤纸上挥发，从而保持缸内的气体饱和。

②点样时，避免点在太靠边缘的地方。

③必要时，需要和标准样品比对，而不是仅仅通过计算 R_f 值进行定性分析。

二、分光光度法测定甲萘威粉剂有效成分含量

(一)目的

(1)掌握分光光度计的使用方法。

(2)学会用分光光度法测定甲萘威制剂的含量。

(二)原理

甲萘威的结构式如图 1-2-2 所示。

甲萘威是一种典型的氨基甲酸酯类杀虫剂，在碱性条件下分解生成α-萘酚。可以与对硝基苯重氮氟硼酸盐发生偶合反应而显色，在波长 475 nm 下测定样品中甲萘威含量。

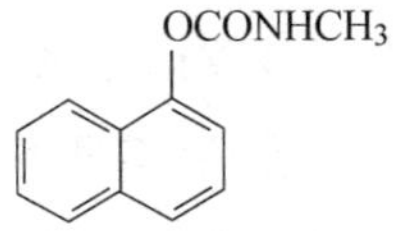

图 1-2-2　甲萘威结构式

分光光度法定量分析的基本原理是根据溶液中各组分对透过光的吸光度不同，在一定范围内，吸光度(或者透过率)与溶质的浓度成正比(比尔定律)。用准确浓度的标样对应其吸光度作图，可以得到一条标准曲线。待测样品的吸光度与标准曲线相比可以计算出待测样品浓度。

(三)仪器与材料

(1)试剂　冰醋酸：分析纯；0.2%磷酸溶液：取 2 mL 磷酸于 1 000 mL 容量瓶中，用冰醋酸稀释至刻度，混匀；显色剂：称取 0.025 g 对硝基苯重氮氟硼酸盐，加入 25 mL 冰醋酸二甲基甲酰胺溶液(体积比为 1∶1)中，摇匀，现用现配；氢氧化钾：分析纯；0.5 mol/L 甲醇溶液；甲醇：分析纯。

(2)仪器　分光光度计。

(四)操作步骤

(1)标准溶液的制备　称取(0.04±0.01)g 甲萘威标样(准确至 0.2 mg)于 100 mL 容量瓶中，加约 80 mL 甲醇振荡使全部溶解，再用甲醇稀释至刻度，摇匀备用。

(2)样品溶液的制备　称取含(0.04±0.01)g 甲萘威有效成分的粉剂样品(准确至 0.2 mg)于烧杯中，加适量甲醇溶解，过滤，然后用适量甲醇洗涤残渣三次，滤液全部转移至 100 mL 容量瓶中，用甲醇稀释至刻度。

(3)中性稀释溶液　分别准确移取 2 mL 样品溶液和标准溶液于 100 mL 容量瓶中，用甲醇稀释至刻度并摇匀。

(4)碱性稀释溶液　分别准确移取 2 mL 样品溶液和标准溶液于 100 mL 容量瓶中，向每个容量瓶中各加入 20 mL 的 0.2 mol/L 氢氧化钾溶液，加甲醇稀释并摇匀。

准确移取 5 mL 上述中性及碱性稀释溶液分别于 125 mL 锥形瓶中，每个锥形瓶中准确加

入 15 mL 磷酸-乙酸溶液并振荡使之混匀，在振荡状态下准确加入 1 mL 显色剂，将各溶液放入 1 cm 吸收池中并在 475 nm 处测其吸光度，用中性稀释液做对照。在加入显色剂后（10±1）min 内读数。

（5）数据记录。

（五）结果计算

甲萘威的含量（X）按下式计算：

$$X=\frac{A_{样品}\times m_{标样}}{A_{标样}\times m_{样品}}\times 100\% \qquad (1\text{-}2\text{-}1)$$

式中：$A_{样品}$——样品溶液的吸光度；

$A_{标样}$——标准溶液的吸光度；

$m_{样品}$——样品质量，g；

$m_{标样}$——标准样品质量，g。

注：本方法标准偏差为±1.8%。

（六）基本理论点

1. 分光光度法在农药定量分析中应用的特点

（1）测量范围广。大多数农药都是芳香族化合物，农药本身或其衍生物在紫外可见光区都有吸收。

（2）分光光度法与薄层色谱净化手段联用，常用于农药原药和制剂分析。

（3）有较好的准确度，相对误差为 1%～3%。

（4）快速，简便。

（5）既可用于定量分析又可用于定性分析。

2. 利用分光光度法分析农药的两种情况

（1）农药有效成分本身有颜色，可直接比色分析。例如，敌可松原药呈黄棕色，用适当的溶剂溶解后在波长为 435 nm 处直接比色。

（2）农药本身无色，需进行"显色"，即通过化学反应生成或引入一个显色基团而生成有颜色的化合物，然后采用分光光度法分析。

3. 某些农药的颜色反应

（1）含磷农药的颜色反应

$$含磷农药\xrightarrow{高氯酸、硫酸}消化分解无机磷\xrightarrow{酸性条件，钼酸铵、偏钒酸铵}磷钼杂多酸（黄色，420\ nm）$$

$$PO_4^{3-}+12MoO_4^{2-}+3NH_4^{+}+24H^{+}\longrightarrow[(NH_4)_3\cdot PO_4\cdot 12MoO_3]+12H_2O$$

含磷农药用高氯酸及硫酸混合液消化分解成无机磷，在酸性条件下与钼酸铵及偏钒酸铵反应生成磷钼杂多酸，显黄色，在波长为 420 nm 处有吸收。如在钼酸铵中加的是 1-氨基-2-萘酚-4-磺酸试剂或二氯亚锡，则显蓝色，在波长为 735 nm 处有吸收。所有有机磷农药均可用此法测定全磷含量。

（2）氨基甲酸酯类农药的比色反应

$$氨基甲酸酯类农药\xrightarrow{碱解}酚类\xrightarrow{偶氮试剂}重氮盐$$

例如，甲萘威、克百威在碱性溶液中水解生成 α-萘酚，之后与对硝基氯化重氮苯反应生成黄色重氮盐。

(3)其他农药的颜色反应

①酚类的颜色反应。

$$\text{酚类}\xrightarrow{\text{碱性溶液中，4-氨替吡啉、氧化剂}}\text{红色产物}$$

酚类化合物在微碱性溶液中、4-氨替吡啉和氧化剂的作用下，生成红色物质，在波长 510～520 nm 处有吸收。具有卤素、羧基、甲氧基等取代基的酚类物质能发生上述反应。五氯酚常用此法测定。

②福美双的颜色反应。

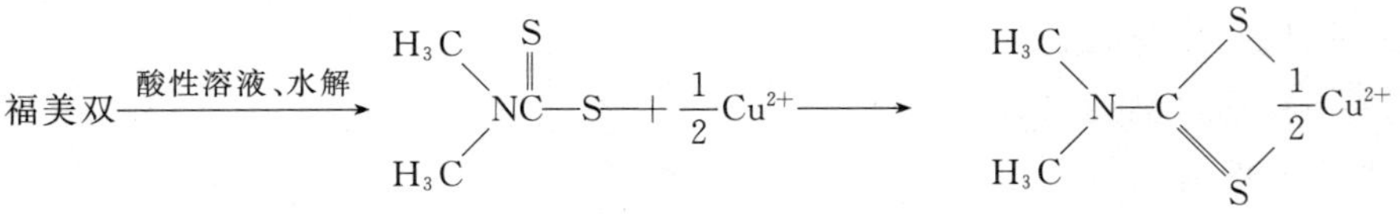

福美双在酸性溶液中分解后，与 Cu^{2+} 定量生成黄绿色铜的配合物，在波长 430 mm 处有吸收。

三、气相色谱法测定杀螟硫磷乳油有效成分的含量

有效成分含量的测定大多采用色谱法。本实验以杀螟硫磷乳油为例介绍气相色谱测定有效成分含量的方法。

(一)目的

利用气相色谱法测定杀螟硫磷乳油中有效成分的含量。

(二)原理

杀螟硫磷样品用含癸二酸二丙酯的内标溶液溶解后，用带氢火焰离子化检测器的气相色谱仪检测，采用内标法定量。

(三)仪器与材料

(1)仪器　气相色谱仪：带氢火焰离子化检测器；色谱柱：HP-5 熔融石英毛细管柱。

(2)试剂　氯仿：分析纯；癸二酸二丙酯内标溶液：称取 1.4 g(准确至 0.2 mg)癸二酸二丙酯于 100 mL 容量瓶中，用氯仿溶解并定容。

(3)标样　杀螟硫磷标样：纯度大于 99%，准确称取 50.0 mg 于 50 mL 容量瓶中，用氯仿溶解并定容。

(四)操作条件

柱温：170 ℃；汽化室温度：210 ℃；检测器温度：210 ℃；载气(氮气)：1 mL/min；氢气：30 mL/min；空气：300 mL/min。

(五)操作步骤

(1)标准曲线的绘制　准确称取 5 mL、10 mL、20 mL、30 mL、40 mL 杀螟硫磷标样溶液，分别置于 50 mL 具塞容量瓶中，各准确加入 5 mL 内标溶液，摇匀，用氯仿定容。分别进样，在

上述色谱条件下作出色谱图，并计算杀螟硫磷峰面积与内标物峰面积，以杀螟硫磷和内标物的峰面积比作纵坐标，杀螟硫磷和内标物质量比作横坐标，绘制标准曲线图。

(2)样品的测定　准确称取约含 0.025 g 杀螟硫磷的乳油样品，置于 50 mL 具塞容量瓶中，准确加入 5 mL 内标溶液溶解，摇匀，用氯仿定容。

取杀螟硫磷标准溶液进样，直至两次连续进样杀螟硫磷和内标物的峰面积比变化小于1%。在同样条件下检测样品溶液。

(3)数据记录。

(六)结果计算

杀螟硫磷的百分含量(X)按下式计算：

$$X=\frac{R_2\times m_1\times p}{R_1\times m_2}\times 100\% \tag{1-2-2}$$

式中：R_1——测定标样时杀螟硫磷与内标物峰面积之比；

R_2——测定样品时杀螟硫磷与内标物峰面积之比；

m_1——标样质量，g；

m_2——样品质量，g；

p——标样纯度，%。

(七)基本理论点

有效成分含量是农药制剂最重要的指标，以质量浓度(g/kg 或 g/L)表示。农药制剂的有效成分含量允许在标明含量上下一定范围内变化。

色谱定量分析可以采用内标法和外标法进行。

内标法是选择适当的物质作为内标，定量加入被测样品中，根据被测组分和内标物质的峰面积之比正比于两者的质量进行含量测定的方法。内标法的优点是色谱条件对结果影响不大，准确度、精度较高；缺点是选择合适的内标物质比较困难。

外标法又称标准曲线法，依照测量标样所绘制的曲线计量被测样品的含量的方法。也可以采用单点对照法。外标法的优点是简单，适合大量样品分析；缺点是每次色谱条件很难相同，可能会由于仪器波动造成误差。

根据仪器状态和分析要求可选择使用。一般用气相色谱进行常量分析时要采用内标法定量，以消除温度、载气等波动造成的误差；用液相色谱进行分析时，可以采用外标法定量。

农药品种多，剂型也多，成分复杂。在进行色谱定量分析之前，需要制成可以进样分析的样品溶液。

对于粉剂、可湿性粉剂、毒饵、颗粒剂等剂型，制剂中的填料或辅助剂都有很强的吸附性，要选用合适的提取溶剂，把有效成分从检测对象中完全提取出来。提取溶剂的选择非常重要，一般使用乙酸乙酯、石油醚或丙酮，若使用 FID，也可使用二氯甲烷、三氯甲烷等为提取溶剂，具体操作时可根据有效成分的溶解度情况进行选择。为了提取充分，可采用超声波辅助提取3～5 min，但一般不用加热的方法，以免农药分解。

对于乳剂、油剂、超低容量油剂等剂型，需要选择合适的稀释溶剂。选用的稀释溶剂要保证与有效成分能充分溶解，并且在气谱上出峰快，返回基线快。例如，乳剂常用二氯甲烷，油剂常用正己烷。

无论是提取溶剂还是稀释溶剂，都要注意溶剂的化学性质要稳定，不应与制剂中的成分反应而影响测定结果。在试剂规格方面，应尽量选用杂峰干扰小且纯度较高的溶剂。

实训 薄层色谱法测定辛硫磷乳油中有效成分含量

请根据辛硫磷乳油薄层色谱法定性分析中的检验步骤，对供试辛硫磷乳油进行测定，填写下列原始记录表(表 1-2-1)。

表 1-2-1 辛硫磷乳油薄层色谱法分析原始记录表

温度/℃： 相对湿度/%：

<table>
<tr><td>样品编号</td><td></td><td>样品名称</td><td></td></tr>
<tr><td>批　号</td><td colspan="3"></td></tr>
<tr><td>检验项目</td><td colspan="3">□鉴别 □检查(项目名称：　　　　　　) □含量测定</td></tr>
<tr><td>检验依据</td><td colspan="3">□ 中国药典 2020 年版四部
□ 其他</td></tr>
<tr><td>展开剂</td><td></td><td>固定相</td><td></td></tr>
<tr><td>天平型号</td><td></td><td>仪器编号</td><td></td></tr>
<tr><td>供试品溶液的制备</td><td colspan="3"></td></tr>
<tr><td>对照品/药材
溶液的制备</td><td colspan="3"></td></tr>
<tr><td>点样量</td><td colspan="3"></td></tr>
<tr><td>检出条件</td><td colspan="3">□ 日光下
□ 紫外光下　　nm
□ 碘蒸气熏蒸
□ 其他</td></tr>
<tr><td>标准规定</td><td colspan="3"></td></tr>
</table>

结果	
结论	□ (均)符合规定　　□ (均)不符合规定

检验者：　　　　校对者：　　　　审核者：

日　期：　　　　日　期：　　　　日　期

【任务成果】

1. 知识测试

(1)农药制剂定量分析有哪些方法？依据什么进行定量？

(2)如何进行吸附剂和展开剂的选择，说一说理由？

2. 实训成果

检测辛硫磷乳油中有效成分含量，填写测定报告单。

●思政花园

法者，治之端也；君子者，法之原也。故有君子，则法虽省，足以遍矣；无君子，则法虽具，失先后之施，不能应事之变，足以乱矣。不知法之义而正法之数者，虽博，临事必乱。

——荀况《荀子·君道》

释义：良法已备，是国家治理的开端；道德与智慧兼具的君子，是国家治理的根本。因此，有了这种君子，律法虽然简略，但足以处理国家方方面面的事务；少了这种人，律法即使条目众多，也往往不能恰如其分地适用，难以应对现实中各种挑战，从而给国家埋下隐患。不懂律法的原则和精神，而只注重律法的条文数目多少，遇到变动的现实肯定手足无措。

任务二　农药制剂理化指标测定

【技能目标】

1. 能对部分农药制剂理化指标进行测定；
2. 能正确操作农药制剂理化指标测定仪器。

【知识目标】

1. 了解农药制剂理化指标测定的相关知识；
2. 掌握农药制剂理化指标测定的相关理论。

【素质目标】

1. 培养学生一丝不苟、实事求是的工作态度；
2. 培养学生的组织协调能力。

【知识学习】

农药制剂的理化性能是农药产品的重要质量指标，不同的农药剂型，其质量分析要求检测的理化性质不完全相同。例如，粉剂要对其润湿性进行测定，悬浮剂则要求测定其悬浮率，乳油则要求测定其乳液稳定性等。我们仅对常见农药制剂的理化性质部分参数测定方法进行介绍。

一、酸度的测定

酸碱度既是原药的质量指标也是制剂的质量指标。农药制剂的酸碱度或 pH 测定所用仪器、试剂等与原药基本相同，这里只介绍某些剂型的 pH 测定方法。

(一)粉剂与可湿性粉剂

在 100 mL 烧杯中，加入 1 g 样品、50 mL 水，充分搅拌混合，稀释至 100 mL。静置，待沉淀完全后，将洗干净的玻璃电极和饱和甘汞电极插入上清液中测定。

(二)乳油

在 100 mL 烧杯中，加入 1 mL 乳油、99 mL 水，充分搅拌混合，然后将冲洗干净的玻璃电极和饱和甘汞电极插入其中，进行测定。

(三)数据记录

2 min 内 pH 变化不超过 0.1 时，将读数记为样品的 pH。

(四)基本理论点

粉剂、乳油、可湿性粉剂、颗粒剂、悬浮剂、水剂、可溶粉剂、可溶粒剂、可溶片剂、油剂、超低容量液剂、烟片、烟剂、烟粉粒剂、水乳剂、微乳剂、悬乳剂、微囊悬浮剂、水分散粒剂、可分散片剂、可溶液剂、悬浮种衣剂、水基气雾剂等均对酸碱度或 pH 范围进行了指标要求。

二、冷储稳定性的测定

对于农药产品中 0 ℃稳定性的测定，国际农药分析协作委员会采用 MT39 液体制剂在 0 ℃的稳定性方法，我国在此基础上制定了《农药低温稳定性测定方法》(GB/T 19137—2003)。本实验参考此标准中介绍乳剂、均相液体制剂和悬浮剂的冷储稳定性的测定方法。

(一)目的

掌握不同液体制剂的冷储稳定性测定方法。

(二)原理

对于乳剂和均相液体制剂，试样在 0 ℃保持 1 h，记录有无固体或油状物析出，继续在 0 ℃储存 7 d，离心分离，将固体析出物沉降，记录其体积。

对于悬浮剂，试样在 0 ℃保持 1 h，观察外观有无变化。继续在 0 ℃储存 7 d，测试其理化指标。

(三)乳剂和均相液体制剂

(1)仪器　制冷器：能够保持(0±2)℃；锥形离心管：100 mL，管底刻度精确至 0.1 mL；离心机：与离心管配套；移液管：100 mL。

(2)操作步骤　移取 100 mL 的样品于离心管中，在制冷器中冷却至(0±2)℃，保持 1 h，并每间隔 15 min 搅拌一次，每次 15 s。检查并记录有无固体物或油状物析出。将离心管放回制冷器，在(0±2)℃继续放置 7 d。7 d 后，将离心管取出，室温(不超过 20 ℃)下静置 3 h，离心分离 15 min(离心管顶部相对离心力为 $500g \sim 600g$，g 为重力加速度)。记录底部离析物的体积(精确至 0.05 mL)。

(四)悬浮剂

(1)仪器 制冷器:能够保持(0±2)℃;烧杯:100 mL。

(2)操作步骤 取 80 mL 的试样于 100 mL 烧杯中,在制冷器中冷却至(0±2)℃,保持 1 h,每间隔 15 min 搅拌一次,每次 15 s,观察外观有无变化。将烧杯放回制冷器,在(0±2)℃继续放置 7 d。7 d 后,将烧杯取出,恢复至室温,测试筛析、悬浮率或其他必要的理化指标。

(五)基本理论点

(1)低温稳定性 也称为冷储稳定性、0 ℃稳定性,是为保证在低温储存期间,制剂的物理性质及相关的分散性和微粒都无不良的变化而设定的指标,适用于所有液体制剂。一般要求储存在(0±2)℃、7 d 后,制剂仍能满足初始分散性、乳液稳定性或悬浮液的稳定性和湿筛实验。FAO/WHO 标准要求在测定试样中分离出的固体或液体物应不大于 0.3 mL,我国在产品标准中有限定指标要求。

(2)低温储存的主要问题 在低温储存时,有时会发生沉淀或液相分层,恢复至室温和搅拌后,其初始性质还能再现,否则不适宜在田间使用。如果需要,可以在更低的温度进行实验。某些情况下(如微囊悬浮剂,因为胶囊吸附有效成分的能力经过低温后可能受到不良影响),经过冷冻融化循环,并使之均匀后的稳定性也是很重要的。

三、可湿性粉剂润湿性测定

(一)目的

掌握农药可湿性粉剂润湿性的测定方法。

(二)原理

将一定量的可湿性粉剂从规定的高度倾入盛有一定量标准硬水的烧杯中,测定其完全润湿的时间。

对于农药产品中润湿性的测定,国际农药分析协作委员会采用 MT53.3 可湿性粉剂的润湿性方法,我国采用《农药可湿性粉剂润湿性测定方法》(GB/T 5451—2001),本实验参照此标准中介绍可湿性粉剂润湿性的测定方法。

(三)仪器与材料

(1)仪器 恒温水浴;pH 计。

(2)试剂 碳酸钙,使用前在 400 ℃烘 2 h;氧化镁,使用前在 105 ℃烘 2 h;无水氯化钙;带结晶水的氯化镁($MgCl\cdot6H_2O$);氨水,1 mol/L 溶液;盐酸,2.0 mol/L、1.0 mol/L、0.1 mol/L 溶液;甲基红,密度为 5 g/L 的溶液;氢氧化钠,0.1 mol/L 溶液。

(四)标准硬水的制备

标准硬水中 Ca^{2+} 和 Mg^{2+} 的总密度为 0.342 g/L,可选择下列三种方法之一进行制备。

方法一 称取 0.304 g 无水氯化钙和 0.139 g 带结晶水的氯化镁于 1 000 mL 容量瓶中,用蒸馏水溶解稀释至刻度。

方法二 称取 2.740 g 碳酸钙和 0.276 g 氧化镁,用少量 2 mol/L 盐酸溶解,用水浴蒸发至干以除去多余的盐酸。然后用蒸馏水将残留物完全转移至 100 mL 容量瓶中,并用蒸馏水稀释至刻度,再用移液管准确吸取 10 mL 该溶液于 1 000 mL 的容量瓶中,用蒸馏水稀释至刻度。

方法三

(1)A 溶液——0.04 mol/L 钙离子溶液的配制　准确称取 4.00 g 碳酸钙于 800 mL 烧杯中,加入少量水润湿,然后缓缓加入 1.0 mol/L 盐酸 82 mL,充分搅拌混合,待碳酸钙全部溶解后,加 400 mL 水,煮沸除去二氧化碳,冷却至室温,加入两滴甲基红指示液,用 1 mol/L 氨水中和至橙色,将此溶液转移到 1 000 mL 容量瓶中,用水定容后摇匀,备用。

(2)B 溶液——0.04 mol/L 镁离子溶液的配制　准确称取 1.631 g 氧化镁于 800 mL 烧杯中,加少量水润湿,然后缓缓加入 1.0 mol/L 盐酸 82 mL,充分搅拌混合并缓慢加热,待氧化镁全部溶解后,加 400 mL 蒸馏水,煮沸除去二氧化碳,冷却至室温,加入两滴甲基红溶液,用 1.0 mol/L 氨水中和至橙色,将此溶液转移到 1 000 mL 容量瓶中,用水定容后摇匀,备用。

(3)标准硬水的配制　移取 68.5 mL 溶液 A 和 17.0 mL 溶液 B 于 1 000 mL 烧杯中,加入 800 mL 水,滴加 0.1 mol/L 氢氧化钠溶液或 0.1 mol/L 盐酸,调节溶液 pH 为 6.0～7.0,将溶液转移到 1 000 mL 容量瓶中,用水定容后摇匀,备用。

(五)操作步骤

取标准硬水(100±1)mL,注入 250 mL 烧杯中,将此烧杯置于(25±1)℃的恒温水浴中,使其液面与水浴的水平面平齐。待硬水至(25±1)℃时,称取(5±0.1)g 的试样(试样应为有代表性的均匀粉末,而且不允许成团、结块),置于表面皿上,将全部试样从与烧杯口齐平的位置一次性均匀地倾倒在该烧杯的液面上,但不要过分地扰动液面。加试样时立即用秒表计时,直至试样全部润湿为止(留在液面上的细粉末可忽略不计)。记下润湿时间(精确至秒)。如此重复 5 次,取其平均值,作为该样品的润湿时间。

(六)基本理论点

润湿性是固体界面由固-气界面转变为固-液界面的现象。可湿性粉剂、可溶性粉剂、水分散粒剂等对润湿时间给出了指标限制。固体的润湿性用接触角表示,当液滴滴在固体表面时,润湿性不同可出现不同形状。液滴在固液接触边缘的切线与固体平面间的夹角称为接触角。润湿性是为保证可分散(或可溶)及可乳化粉剂或粒剂产品,在喷雾器械中用水稀释时,能够迅速润湿而设定的指标,适用于所有用水分散或溶解的固体制剂。FAO/WHO 标准通常要求在不搅拌情况下,产品应在 1 min 内被完全润湿。

实训　农药制剂理化性状测定

农药制剂理化性状测定数据记录于表 1-2-2 至表 1-2-4。

表 1-2-2　农药制剂酸度测定原始数据表

农药制剂名称	项目名称	测定数值		
		1	2	3
	粉剂与可湿性粉剂 pH			
	乳油 pH			

检验者：　　　　　　校对者：　　　　　　审核者：

日　期：　　　　　　日　期：　　　　　　日　期：

表 1-2-3　农药制剂冷储稳定性测定原始数据表

农药制剂名称	项目名称	测定数值		
		1	2	3
	开始时间			
	结束时间			
	离析物的体积/mL			
	均值			
	开始时间			
	结束时间			
	筛析			
	悬浮率			
	均值			

检验者：　　　　校对者：　　　　审核者：
日　期：　　　　日　期：　　　　日　期：

表 1-2-4　农药制剂润湿性测定原始数据表

农药制剂名称	项目名称	测定数值		
		1	2	3
	次数			
	润湿时间/s			

检验者：　　　　校对者：　　　　审核者：
日　期：　　　　日　期：　　　　日　期：

【任务成果】

1. 知识测试

(1)农药制剂理化指标有哪些？为什么要进行测定？

(2)说一说冷储稳定性的测定方法及测定的意义。

2. 实训成果

检测当地农药制剂理化性状，填写测定报告单。

●思政花园

积力之所举，则无不胜也；众智之所为，则无不成也。

——汉·刘安《淮南子·主术训》

释义：全力积累的力量没有战胜不了的(困难)，集思广益的方法没有不成功的。这句话着重强调了“积力”与“众智”的重要性——善于积累众人的力量，就没有什么困难不能战胜；能够集中大众的智慧，就没有什么事情不能成功。

项目三

农药残留分析

【项目分析】

农药残留分析是指对待测样品中微量的农药残留进行定性和定量分析，通常涉及农药残留田间试验和残留分析、农药残留监测两方面的内容，农药残留田间试验和残留分析主要包括农药残留动态试验、施药因素与最终残留量相关性试验等内容，是制定农药最大残留限量(MRL)的主要依据。

本项目通过农药残留提取、净化及农药残留定性、定量测定两个任务的学习，让学生掌握农药残留提取、净化及定性、定量分析的理论、方法和操作技能，为农药残留的检测打下良好基础。

任务一　农药残留提取、净化

【技能目标】

能对样品进行前处理，学会提取和净化操作技术。

【知识目标】

1. 了解样品前处理中的提取和净化的相关知识；
2. 掌握样品前处理中的提取和净化的相关理论。

【素质目标】

1. 培养学生精益求精的学术精神；
2. 培养学生以相对性看待事物和事情发展的原则，学会分析问题、解决问题。

【知识学习】

样品前处理中的提取和净化，是整个农药残留分析中的重要环节，占分析过程中70%～80%甚至更多的时间，而且实验中的误差60%以上来自样品的提取和净化。我们将介绍前处理过程中一些常用的提取、净化和浓缩方法。

一、提取、净化和浓缩实验技术

(一)常用提取方法

(1)浸渍、漂洗法　将样品浸渍在提取液中,或用提取液漂洗样品。此法对附着在样品表面的农药有很好的提取效果。

(2)振荡法　在盛有样品的容器中加入提取液,振荡一定时间。此法简便,且提取效果好,现被普遍采用。

(3)匀浆法　将样品放在匀浆杯(捣碎杯)中,加入提取剂,快速匀浆(捣碎)几分钟。此法简便、快速,效果较好,应用普遍。

(4)超声波提取法　样品经粉碎或匀浆后,加入提取剂,在超声波提取仪中提取一定时间。此法也较常用。

(5)索氏提取法　将样品放在索氏提取器套筒中,圆底烧瓶中加入提取剂,水浴加热连续提取数小时。此法是完全提取法,提取效果好,是国际标准方法,也是经典提取法,但需要时间过长,而且不适于热不稳定农药的提取。

(二)常用净化方法

(1)液-液分配法　利用待测农药与干扰杂质在互不相溶的溶剂中溶解度(分配系数)的差异而使之分离的方法。此法将极性溶剂和非极性溶剂配成溶剂对进行多次分配,使干扰杂质和待测农药分离,达到净化目的。

(2)吸附柱色谱法　利用混合物中各组分在吸附剂上吸附-解吸附能力的差异而达到分离目的,常用的吸附剂有弗罗里硅土、氧化铝(酸性、中性、碱性)、硅胶、活性炭、PSA(N-丙基乙二胺)等。

(3)磺化法　浓硫酸与样品提取液中的脂肪、蜡质等干扰物质发生磺化反应,使农药和杂质分开。

(4)冷冻法　采用低温处理样品提取液,待脂肪、蜡质、蛋白质等杂质析出后,在低温条件下过滤除掉杂质。此法适用于油脂含量高的样品。

(5)凝胶渗透色谱法　利用待测农药与干扰杂质相对分子质量不同,通过具有分子筛性质的凝胶,使待测农药与干扰物质分开,达到分离目的。此法适用于富含脂肪、色素等大分子样品的分离净化。

(三)常用浓缩方法

由于农药残留分析中分析物在样品中的含量非常小,而且常规溶剂提取法所用溶剂的量相对来说非常大,从样品中提取出来的残留农药的浓度一般来说都是非常小的。在检测前,必须先浓缩,使检测溶液中待测物达到分析仪器灵敏度以上的浓度。目前一些新的提取方法,如固相萃取、吹扫捕集法等可同时实现样品浓缩。

在浓缩过程中,必须注意残留农药损失和样品污染两个问题。由于样品提取液体积非常大,一般都在几十到几百毫升,要浓缩到几毫升,容易引起残留农药损失,特别对于蒸气压高或亨利常数大、稳定性差的农药,更应该注意不能蒸干。这些农药甚至在样品制备好以后,都应存放在密闭和低温条件下。常用的浓缩方法有旋转蒸发法、K-D 浓缩法、气流吹干法等,可结合实际需要选择使用。

(1)旋转蒸发法　在减压、加热、旋转条件下浓缩溶剂的方法。此法浓缩速度快，农药不易损失，简便，是常用的较理想的浓缩方法。利用旋转蒸发器(图 1-3-1)，可以在较低温度下使大体积(50～500 mL)提取液得到快速浓缩，操作方便，但残留农药容易损失，且样品还需转移、定容。

旋转蒸发器是为提高浓缩效率而设计的，其原理是利用旋转浓缩瓶对浓缩液起搅拌作用，并在瓶壁上形成液膜，扩大蒸发面积，同时又通过减压使溶剂的沸点降低，从而达到高效浓缩的目的。

使用旋转蒸发器时，应注意水浴温度不宜过高，一般不超过 40 ℃，待浓缩的溶剂如是丙酮或甲醇时，水浴温度要适当提高。在浓缩过程中，要注意不能蒸干，以保留 1 mL 左右为宜。

(2)K-D 浓缩法　利用 K-D 浓缩器(图 1-3-2)直接浓缩到刻度试管中，适合于中等体积(10～50 mL)提取液的浓缩。K-D 浓缩器是为浓缩易挥发性溶剂而设计的，其特点是浓缩瓶与 Snyder 柱连接，下接有刻度的收集管，可以有效地减少浓缩过程中农药的损失，且其样品收集管能在浓缩后直接定容测定，无需转移样品。

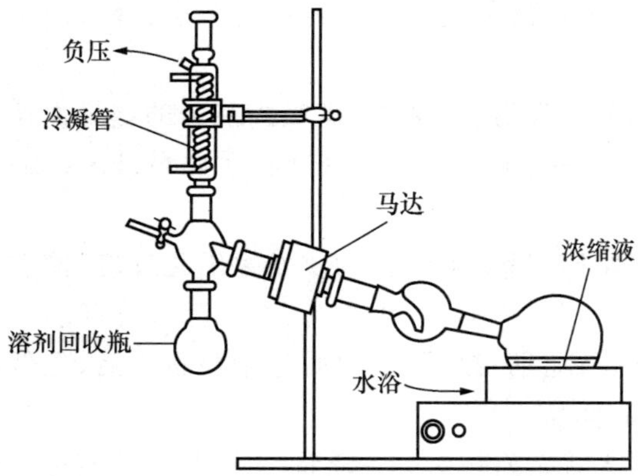

图 1-3-1　旋转蒸发器

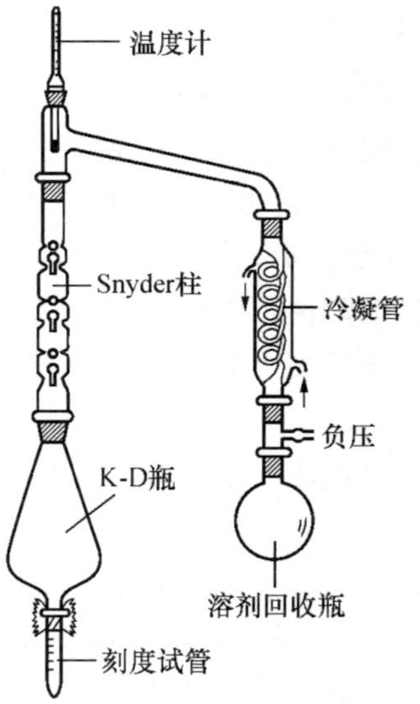

图 1-3-2　K-D 浓缩器

各国标准农药残留量分析中很多采用 K-D 浓缩器浓缩。它可以在常压、减压下进行(一般丙酮、二氯甲烷等溶剂宜在常压下浓缩，而苯等溶剂只可适当减压浓缩，但真空度不宜太低，否则沸点太低，提取液浓缩过快，容易将样品带出而造成损失)。K-D 浓缩器的水浴温度不宜过高，一般以不超过 80 ℃为宜，可用蒸汽、金属套空气浴加热(但温度不能超过沸点)。使用时，上样量为浓缩瓶体积的 40%～60%。为减少农药损失，应在使用前用 1 mL 有机溶剂将柱子预湿。然后，将刻度收集管放入水浴中加热(注意：不要将水浸过刻度试管接口)，而 K-D 浓缩瓶的圆底部分正好处于水浴的蒸汽上。加热沸腾后，溶剂蒸出，Snyder 柱可以防止部分溶剂冲出，同时一部分冷却下来的溶剂又能回流洗净器壁上的农药，使农药随溶剂回到蒸馏瓶中。实验证明，Snyder 柱在浓缩过程中可使农药损失降到最低程度。浓缩后的溶液留在底部的刻度试管中，溶液不必进行转移，K-D 瓶也不需洗涤，定容后检测即可。但这一方法也和减压旋转蒸发法浓缩相同，需要注意溶剂爆沸的问题，可在提取液瓶中加入几粒预先用正己烷回流洗净的20～40目金刚砂，也可以用沸石，但由于沸石为多孔性物质，高度浓缩时(一般指浓缩到500 μL以下)易招致农药的损失。提取液需要高度浓缩时，用微型Snyder柱较好，可以保证农药损失最少。

(3)气流吹干法　直接利用氮气或空气流轻缓吹拂提取液，从而加速溶剂的蒸发速度而浓缩样品的方法。此法适用于体积小、易挥发的提取液；蒸气压较高的农药用此方法浓缩比较容易造成损失。目前，很多分析工作者先用固相萃取(SPE)富集被分析农药，用一定极性溶剂淋洗吸附柱中的农药，使用气流吹干法浓缩淋洗液，达到浓缩、净化的目的，但易挥发的农药不宜采用。易氧化的农药也不宜采用空气吹干方法。除了以上方法，也有采用自然挥发法进行浓缩的，即将待浓缩的溶液置于室温下，使溶剂自然挥发。此法简便，但耗时较长。

(四)农药残留前处理新技术

固相萃取(SPE)、固相微萃取(SPME)、超临界流体萃取(SFE)、基质固相分散萃取(MSPDE)和分子印迹合成受体(MISR)，这些技术的特点是能够节省时间，节省溶剂，减轻劳动强度，减少样品用量，提高提取和净化效率及自动化水平。

二、固相微萃取技术检测六六六、DDT农药残留

固相微萃取(SPME)技术是由Belardi和Pawliszyn首次提出的。它是在固相萃取的基础上发展起来的一项新型前处理技术，集采样、萃取、浓缩、进样于一体。它主要与GC和HPLC联用，能快速有效地分析环境样品中痕量物质。与其他技术相比，SPME具有操作简便、快速、易于实现自动化等特点，已广泛应用于水、土壤、食品及生物体液等样品中有机氯、有机磷、硫代氨基甲酸酯、取代脲、三嗪类、二硝基苯胺等残留农药的提取分析。

(一)目的

(1)掌握固相微萃取的提取原理和方法。

(2)了解固相微萃取装置的构造和组成。

(3)熟练掌握固相微萃取的操作步骤。

(二)原理

固相微萃取是在固相萃取基础上发展起来的新型萃取分离技术，它实际是利用固相萃取的方式实现对样品的分离和净化，但所用的固相材料及分离机制不同。固相微萃取法不是将待测物全部分离出来，而是通过残留农药在样品与固相涂层之间的平衡来达到分离目的的。将涂渍有吸附剂的玻璃纤维浸入样品中，样品中的残留农药被吸附在吸附剂上，当吸附作用达到平衡后将玻璃纤维取出，通过加热或溶剂洗脱使农药解吸附，然后用GC或HPLC分析测定，农药吸附量与样品中残留农药的原始浓度成正比，据此可以进行定量分析。

(三)仪器与材料

(1)仪器　气相色谱仪(配ECD检测器)；锥形瓶(50 mL)；固相微萃取手柄；聚二甲基硅氧烷/聚二乙烯苯(PDMS/DVB)萃取头，65 μm；磁搅拌子；磁力搅拌器；色谱柱：HP-5，30 m×0.25 mm×0.25 μm。

(2)试剂　甲苯；正己烷。

(3)标样　六六六、DDT标样。

(四)操作条件

汽化室温度:250 ℃;检测器温度:270 ℃;色谱柱温度:初始为 150 ℃,以 10 ℃/min 升至 270 ℃,保持 3 min。

(五)操作步骤

(1)标准溶液制备　分别准确称取有机氯农药(六六六和 DDT)标样,用正己烷溶解定容,分别配制成 1 000 mg/L 的标准储备液,储于 4 ℃冰箱中,使用时用正己烷稀释配成单一品种的标准使用液(10 mg/L)。再根据各农药品种的相应值或最小检测限,吸取不同量的标准储备液,用正己烷稀释成混合标准使用液。

(2)样品提取　在 50 mL 萃取瓶中加入 25 mL 待测溶液和磁搅拌子,用橡皮塞密封后插入固相微萃取手柄,通过伸缩杆将萃取头伸出,用磁力搅拌器在 25 ℃搅拌萃取 30 min,完成后,通过伸缩杆将萃取头缩入,然后用气相色谱仪分析。

(3)数据记录　填写表 1-3-1。

表 1-3-1　固相微萃取技术检测六六六、DDT 农药残留数据表

	1	2	3
标样六六六峰面积			
标样 DDT 峰面积			
提取六六六峰面积			
提取 DDT 峰面积			

(4)结果计算　计算六六六和 DDT 经过固相微萃取后的回收率。

(六)基本理论点

SPME 的萃取方式主要有直接固相微量萃取法(Direct-SPME)和顶空固相微量萃取法(HS-SPME)。Direct-SPME 是将石英纤维直接插入样品溶液或气样中,对目标分析物进行萃取,适用于气体、液体样品的分析。HS-SPME 与 Direct-SPME 不同之处在于石英纤维停放在样品溶液上方进行顶空萃取,不与样品基体接触,避免了基体干扰,同时提高了分析速度,适于各种基体样品(包括大气、水、土壤、动植物组织)中挥发和半挥发性农药的分析,甚至在较低温度时也能得到检测限低于 10^{-9} g 的满意结果。SPME 装置(图 1-3-3)类似于一个微型注射器,主要由手柄和萃取纤维头两部分构成。纤维头是一根长度为 1 cm、涂有不同高分子聚合物功能层的熔融石英纤维,装在类似于微量注射器的针管内,针管可以保护纤维头不易折断。不用时萃取头收在针管内,萃取时针头穿过样品瓶,压下管芯,使纤维头从针管中伸出,直接浸入溶液中(直接浸入方式)或置于易挥发样品的上部空间(顶空方式),使萃取纤维暴露在样品中进行萃取,萃取吸附时间平均为 20～30 min,达到吸附平衡(常辅以磁力搅拌、超声波或微波等措施)后,再将萃取头收回到针管内,针管从样品瓶中退出。固相微萃取方法的选择性主要取决于高分子功能层材料的选择,不同的涂层对分

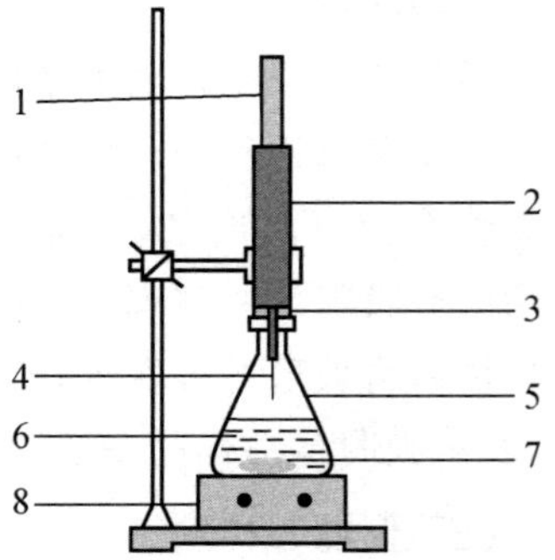

图 1-3-3　固相微萃取装置

1—萃取手柄伸缩杆;2—萃取手柄;3—橡皮塞;4—萃取头;5—萃取瓶;6—萃取溶液;7—磁搅拌子;8—磁力搅拌器

析物的亲和力不同，从而实现不同性质化合物的选择提取。

SPME 过程的优化主要考虑提取用的纤维（吸着剂）类型、萃取时间、离子强度、基体有机质和溶剂的含量，以及解吸温度和时间等因素。

（1）涂层的性质及厚度的影响　按照聚合物的极性，固定相涂层可分为三大类：第一类为极性涂层，如聚丙烯酸酯（PA）、聚乙二醇（CW），适于极性化合物；第二类为非极性涂层，如聚二甲基硅氧烷（PDMS），适于非极性和弱极性化合物；第三类为中等极性混合型涂层，包括聚乙二醇聚二乙烯基苯（CW-DVB）、羧乙基-聚二乙烯基苯（CAR-DVB）、羧乙基-聚二乙烯基苯-聚二甲基硅氧烷（CAR-DVBPDMS）等。涂层厚度对分析物的固相吸附量和平衡时间都有影响，涂层越厚，固相吸附量越大，灵敏度越高；但涂层越厚，达到吸附平衡的时间越长，解吸平衡时间也越长，分析速度越慢。因此，应综合以上因素选择合适的涂层厚度。总的来看，涂层厚度对分析灵敏度影响较大，对分析速度影响较小。

（2）萃取时间的影响　萃取时间即萃取达到平衡所需的时间，由待分析物的分配系数、物质的扩散速率、样品基质、样品体积、萃取头膜厚等因素决定，萃取时间是影响涂层萃取量的一个重要因素。顶空式 SPME 所需萃取时间比浸入式的要少，通常几分钟即可，而浸入式 SPME 萃取时间多为半个小时以上。

（3）萃取温度的影响　萃取温度是影响分析速度的一个重要因素。温度升高，分析物扩散速率增大，蒸气压也随之增大，有利于提高分析速度。但是温度升高会使分析物的分配系数减小，固相吸附量减少。所以在使用 SPME 时应根据样品的性质确定最佳萃取温度，一般选用 40～80 ℃。

（4）搅拌的影响　搅拌是影响 SPME 分析速度的重要因素。样品经搅拌后可以促进萃取并减少萃取时间，特别对于相对分子质量大和扩散系数高的组分。常用的搅拌方式有磁力搅拌、高速匀浆、超声波等，搅拌时一定要注意搅拌的均匀性，不均匀的搅拌比没有搅拌的测定精确度更差。

（5）盐的作用和 pH 的影响　萃取前于样品中添加无机盐（NaCl、Na_2SO_4 等），水溶液的离子强度增大，有机物的溶解度减小，分配系数增大，从而使萃取头固定相对分析组分的吸附增加，提高分析的灵敏度。一般添加无机盐适用于顶空式，而不利于浸入式，因为盐分容易损坏萃取头。另外，控制 pH 的大小也能改变有机物在水中的溶解度，通过调节至合适的 pH，可使有机物在水中溶解度减小，从而增大分配系数，提高分析的灵敏度；但是 pH 过高或过低都会影响固定相涂层的使用寿命。

三、索氏提取—磺化净化—GC-ECD 测定面粉中六六六农药残留量

（一）目的

（1）掌握用索氏提取法提取有机氯农药残留的方法。

（2）学习磺化法除去提取液中的脂肪、蜡质等杂质。

（二）原理

工业产品六六六（BHC、HCH）结构如图 1-3-4，主要含有甲、乙、丙、丁四个同分异构体，也有少量另外三种同分异构体和七氯、八氯环己烷。在这些同分异构体中，只有丙体六六六具备强力杀虫作用。它们对高等动物的急性毒性的顺序是丙体＞甲体＞丁体＞乙体，慢性毒性是

乙体＞甲体＞丙体＞丁体。

六六六性质稳定，不易分解，水溶性弱，脂溶性强，在有机溶剂中分配系数大。根据其性质，采用有机溶剂提取，磺化法纯化以消除或减少杂质干扰，最后用 GC-ECD 测定。

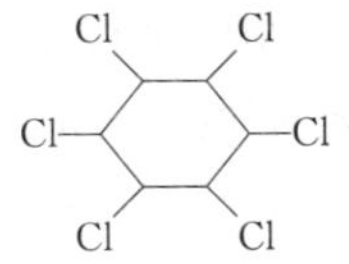

图 1-3-4　六六六结构式

索氏提取法是用溶剂将粉碎的固体样品长期浸润而将其中的农药浸提出来的方法，是长期浸出法。索氏提取法提取彻底，适用于匀浆法等难提取样品中残留农药的提取。

磺化法适用于富含脂肪、蜡质和油脂的样品的净化，本实验采用直接磺化法，即用浓硫酸与样品提取液直接进行磺化，硫酸用量约为提取液的 1/10。如样品含油量较多，可用硫酸磺化 2～3 次，此法简便，普遍适用。加酸的方式还有一种是硫酸硅藻土柱法，即在等量的浓硫酸和 20%发烟硫酸中，加入硅藻土，混合后装柱，使用正己烷或石油醚等非极性溶剂淋洗，样品杂质含量多时可采用此法。

(三)仪器与材料

(1)仪器　气相色谱仪：Agilent 6890(带有电子捕获检测器)；色谱柱：HP-35 石英毛细管柱，30 m×0.53 mm×0.25 μm；分液漏斗：250 mL；容量瓶：50 mL；玻璃漏斗；样品粉碎机。

(2)试剂　石油醚：沸程为 60～90 ℃；丙酮：分析纯；无水硫酸钠：300 ℃烤 4 h，放入干燥器中备用。

(四)操作条件

汽化室温度：250 ℃；检测器温度：270 ℃；柱温：120 ℃保持 1 min，以 18 ℃/min 速率升温至 180 ℃保持 5 min，以 10 ℃/min 速率升温至 230 ℃保持 2 min；载气：30 mL/min；进样量：1 μL。

(五)操作步骤

(1)提取　准确称取 10 g 面粉，放入索氏提取器滤纸筒中。加入 1 mL 1 mg/L 六六六标样，用少量丙酮和石油醚的混合液(体积比为 1∶1)润湿样品，加 100 mL 上述丙酮和石油醚混合液提取 4～6 h。将提取液转入 250 mL 分液漏斗中用适量溶剂冲洗索氏提取器烧瓶后倒入分液漏斗中。加入 100 mL 的 2%硫酸钠溶液，进行一次液-液分配，弃去下层丙酮水溶液。石油醚层通过装有无水硫酸钠漏斗脱水后，收集于 250 mL 分液漏斗中。

(2)净化　在盛有石油醚提取液的分液漏斗中，加入 3～5 mL 浓硫酸开始轻轻摇动，并不断将分液漏斗中因受热挥发的气体放出，以防发热引起爆炸，然后剧烈摇动 1 min，静置分层弃去下部硫酸层。磺化几次，至硫酸层无色后，再用 100 mL 的 2%硫酸钠溶液，振摇洗去石油醚中残存硫酸至中性，静置分层，弃去下部水相。上层石油醚提取液通过装有无水硫酸钠的漏斗，将石油醚提取液收集于 10 mL 鸡心瓶中，浓缩，用正己烷定容至 10 mL，待测。

(3)数据记录　填写表 1-3-2。

表 1-3-2　索氏提取—磺化净化—GC-ECD 测定面粉中六六六农药残留量数据表

	1	2	3
样品峰面积			

(4)结果计算　以外标法定量。

(六)基本理论点

在农药残留实验室中多采用索氏提取器提取脂肪含量比较高的样品，该方法利用了溶剂回流及虹吸原理，使固体物质连续不断地被纯溶剂萃取，既能节约溶剂，又能提高萃取效率。萃取前先将样品研碎，以增加固液接触的面积，然后将样品放在滤纸套筒内，置于提取管中，提取管的上端接回流冷凝管，下端与盛有溶剂的圆底烧瓶相连。水浴加热圆底烧瓶，使溶剂沸腾，蒸气通过提取管的支管上升，冷凝后滴入提取管中，溶剂和固体接触进行萃取。当溶剂面超过虹吸管的最高处时，含有残留农药的溶剂虹吸回烧瓶，从而萃取出一部分残留农药。如此重复，样品不断被纯溶剂萃取，并将萃取出的残留农药富集在圆底烧瓶中(图 1-3-5)。进一步浓缩、定容，即可检测。这一方法比较费时，且不适用于对热不稳定农药的提取。

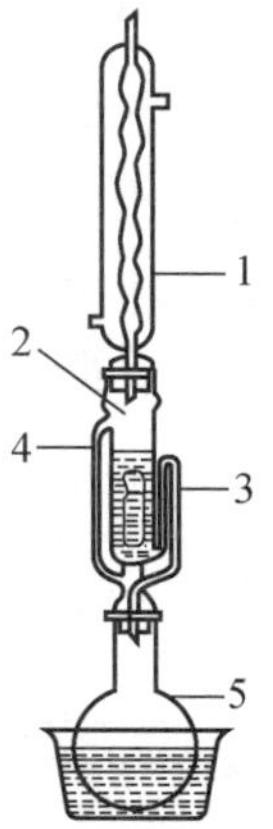

图 1-3-5　索氏提取器示意图

1—冷凝管；2—提取管；3—虹吸管；4—连接管；5—提取瓶

磺化法适用于富含脂肪、蜡质和油脂样品的净化。其原理是：浓硫酸与样品提取液中脂肪、蜡质和油脂等干扰物质发生磺化反应，生成极性很强的物质，从而和农药分离。常用于性质稳定的有机氯农药的净化；遇酸易分解或发生反应的有机磷、氨基甲酸酯和菊酯类农药不能使用此法。

四、GC-FPD 测定食用油中多种有机磷农药残留

(一)目的

(1)了解脂肪类食品中常用的农药多残留分析方法。

(2)掌握冷冻法提取、分散固相萃取净化的使用方法及操作步骤。

(二)原理

利用冷冻法净化脂肪类基质，去除其中脂肪对目标化合物的干扰，测定其中的有机磷农药。

(三)仪器与材料

(1)仪器　气相色谱仪：Agilent 6890N(带 FPD)、7683 自动进样器、分流/不分流进样口、电子自动控制(EPC)模式；色谱柱：HP-5 熔融石英毛细管柱，30 m×0.32 mm×0.25 μm；Sartorius BS1100 型万分之一分析天平(德国)，JY2002、JY12001 千分之一电子天平；5～50 μL、100～1 000 μL、1 000～5 000 μL 移液枪；50 mL 聚氯乙烯离心管；高速组织捣碎机；低速台式大容量高速离心机；涡旋仪；手掌离心机。

(2)试剂　乙腈、醋酸乙酯、丙酮，色谱纯。

(3)标样　甲胺磷、敌敌畏、丙线磷、甲拌磷、乐果、二嗪磷、甲基对硫磷、杀螟硫磷、马拉硫磷、毒死蜱、水胺硫磷、喹硫磷、杀扑磷、苯线磷，用丙酮稀释并配制成浓度为 10 mg/L 和 1 mg/L 的标准工作液。

(四)操作条件

汽化室温度：230 ℃；检测器温度：250 ℃；柱温：初始温度为 100 ℃，以 10 ℃/min 的速率升温至 220 ℃，然后以 20 ℃/min 的速率升温至 250 ℃，保持 3 min；氢气：30 mL/min；空气：300 mL/min；氮气：30 mL/min；进样量：1 μL。

(五)操作步骤

(1)称取 5 g 植物油样品于 50 mL 离心管中,添加适当体积的标准工作液,混匀后静置 1 h,加入 10 mL 乙腈,涡旋 5 min 后垂直放入−20 ℃冰箱中过夜。次日取出,植物油结成固体,小心取上清液 1 mL 于 2 mL 离心管中,氮气流下吹干,用醋酸乙酯定容至 0.5 mL,待测。

(2)数据记录　填写表 1-3-3。

表 1-3-3　GC-FPD 测定食用油中多种有机磷农药残留数据表

项目 \ 残留物名称					
$c_{标样}$/(μg/mL)					
$V_{标样}$/μL					
$V_{终}$/mL					
$V_{样品}$/μL					
$S_{标样}$					
$S_{样品}$					
$H_{标样}$					
$H_{样品}$					
m/g					

注:农药残留是指定性后所含农药。

(3)结果计算　应用气相色谱法分析时,可以利用保留时间和峰面积(或峰高)对化合物进行初步的定性和定量。样品中的农药残留可以按下式计算:

$$R=\frac{c_{标样}\times V_{标样}\times S_{样品}\times V_{终}}{V_{样品}\times S_{标样}\times m}\times 100\% \tag{1-3-1}$$

$$R=\frac{c_{标样}\times V_{标样}\times H_{样品}\times V_{终}}{V_{样品}\times H_{标样}\times m}\times 100\% \tag{1-3-2}$$

式中:R——样品中农药残留量,mg/kg;

$c_{标样}$——标准溶液浓度,μg/mL;

$V_{标样}$——标准溶液进样体积,μL;

$V_{终}$——样品溶液最终定容体积,mL;

$V_{样品}$——溶液进样体积,μL;

$S_{标样}$——标样的峰面积;

$S_{样品}$——样品中目标物的峰面积;

$H_{标样}$——标样的峰高;

$H_{样品}$——样品中目标物的峰高;

m——样品的质量,g。

(六)基本理论点

建立植物油基质中的农药多残留检测方法一直是分析工作的难点,植物油中脂肪含量较高,提取时要通过前处理技术尽量降低提取液中的脂肪含量,以减少对色谱仪器的损害和对分析结果造成的误差。然而,很多种类的农药,尤其是有机氯、菊酯类,其 $\lg K_{ow}$ 值较大,极易存在于脂肪中而难以提取。

植物油常用的农药残留处理方法有凝胶渗透色谱、固相萃取及液-液分配法等，冷冻法提出后得到了广泛的应用。其操作简单，涡旋提取后放入－20 ℃的冰箱中过夜。由于乙腈极性较大，冷冻条件下能够使其与脂肪最大限度地分离。取出部分乙腈提取液后，氮气吹干，用醋酸乙酯定容后测定。此方法耗费溶剂量较液-液分配法小，较为环保。

研究表明，用冷冻法和液-液分配法提取得到的各种农药的回收率相近，但冷冻法更加方便、快捷，并且与固相萃取相结合净化效果好。

实训　农药残留测定前处理技术选择

测定下列农药在农产品中的残留量，请填写想选用的检测方法、前处理方法和选用理由(表 1-3-4)。

表 1-3-4　农药残留测定前处理技术选择表

农药名称	检测方法	前处理方法	选择前处理方法的理由
DDT			
克百威			
溴氰菊酯			
辛硫磷			

【任务成果】

1. 知识测试

(1)农药残留常用的提取方法有哪些？特点是什么？

(2)说一说农药残留前处理新技术。

2. 实训成果

检测当地食用油中多种有机磷农药残留的含量，填写测定报告单。

●思政花园

公生明，廉生威。

——明 · 郭允礼《官箴》

释义：处事公正才能明察是非，做人廉洁才能树立威望。

任务二　农药残留定性、定量测定

【技能目标】

能对农药残留进行定性、定量测定。

【知识目标】

1. 了解农药残留定性、定量测定的相关知识；
2. 掌握农药残留定性、定量测定的相关理论。

【素质目标】

1. 培养学生稳扎稳打的工作作风；
2. 树立学生的服务意识。

【知识学习】

一、定性、定量测定实验技术

农药残留量测定方法主要以气相色谱法和液相色谱法为主。GC-MS 和 HPLC-MS 联用技术在定量分析的基础上具有更好的定性分析功能。气相色谱法中还有些特异性的检测器：有机氯农药和含卤素的拟除虫菊酯类农药使用 BCD 检测，最小检测浓度可达到 0.001 mg/L；有机磷和有机硫农药则选择 FPD 检测，方法专一性强，杂质干扰少，可简化净化步骤，检测灵敏度略低于 ECD；含氮农药使用 NPD 检测分析，专一性好，也可将有机氮农药衍生化，使之转化为含有卤族元素的热稳定的物质，然后用 ECD 测定衍生物，高效液相色谱法通常使用紫外分光光度检测器检测，具有紫外吸收的农药均可用其分析，但灵敏度不如气相色谱检测器；使用荧光检测器可提高灵敏度，这种检测器适用于氨基甲酸酯的残留量测定。

农药残留分析包括：对农药的定性、定量及农药确证，样品先经定性分析得知含有何种农药后才能进行定量分析，对于样品中多组分农药还需进一步确证。

(1)定性分析　气相色谱法主要利用组分的保留值、相对保留值、双柱或多柱法以及与质谱、光谱、核磁共振等仪器联用技术进行定性分析。

①保留值：在一定操作条件下，任何组分都有一个确定的保留值，样品中的组分和标准物质保留值的直接比对可作为定性的依据。

②相对保留值：必须保证样品和标准物质分析条件一致。

③双柱、多柱法：不同物质在同一色谱柱上可能具有相同的保留值，用两根或多根不同极性的色谱柱进行分析，将样品中农药标样保留值的变化作为定性依据。

④与质谱、光谱、核磁共振等仪器联用：可对未知化合物进行有效定性。目前，GC-MS 常用于对未知化合物的定性分析。

液相色谱法除利用保留值定性外，还可以利用检测器的选择性、紫外检测器全波长扫描、改变流动相组成时农药保留值变化规律定性；HPLC-MS 适用于大部分未知化合物的定性。

(2)定量分析　主要根据色谱峰的峰高或峰面积计算样品中各残留农药的含量。农药残留检测涉及样品种类复杂，农药品种繁多，通常采用外标法定量，即用已知浓度的农药标样与待测样品在完全相同的条件下进行色谱分析，以两者的峰高或峰面积的比值计算样品中残留农药的含量，有单点校正法和标准曲线法。单点校正法是待测样品与农药标样的峰值直接比较计算样品中农药含量的一种方法，二者的响应值应比较接近，定量结果才准确；标准曲线法以标样的浓度与峰值作关系曲线，测得的待测样品峰值由峰值浓度关系曲线图查出待测样品浓度。外标法较为简便，不需要校正因子，但进样量要求十分准确，操作条件应严格控制。

(3)农药确证　对样品中已经测出的组分采用其他方法做进一步的鉴定，分为定性确证和定量确证。定性确证是对检测对象不同的理化性质进行比对，以证实某种化合物的存在。定量确证是在定性确证的基础上，采用至少一种补充对比方法证实检测结果的正确性，农药残留分析确证方法以定性确证为主，其难度较定量确证大。用于确证的方法有色质联用、气相色谱法、高效液相色谱法、薄层色谱法、红外光谱法、核磁共振法以及化学处理法等。

二、GC-ECD 测定蔬菜中硫丹残留量

(一)目的

(1)熟悉样品预处理、净化、浓缩等操作技术。

(2)掌握净化柱的填充和使用方法。

(3)掌握 GC-ECD 的操作步骤。

(二)原理

硫丹是一种有机氯杀虫剂，其结构式如图 1-3-6 所示。

硫丹产品为两种立体异构体的混合物：α-异构体和 β-异构体(质量比为 2∶1)。硫丹由于含有电负性元素，适于用 ECD 进行分析。

在使用 ECD 时，必须注意避免引入含氯溶剂，且要求样品净化处理程度较高。因此，本实验采用石油醚代替常用的二氯甲烷进行液-液分配提取，同时采用柱色谱法净化，达到有效检测的目的。

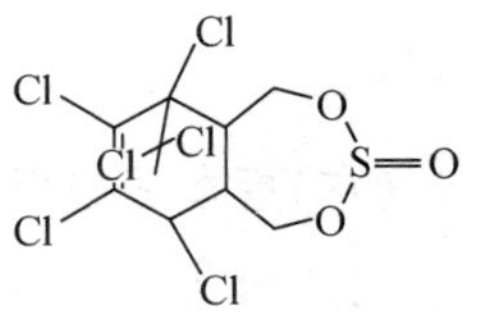

图 1-3-6　硫丹结构式

(三)仪器与材料

(1)仪器　气相色谱仪：带 ECD；色谱柱：HP-5 毛细管柱，30 m×0.53 mm×0.25 μm；旋转蒸发仪；高速组织捣碎机；试管：10 mL；分液漏斗及各种玻璃仪器。

(2)试剂　丙酮、氯化钠、无水硫酸钠，均为分析纯；石油醚，重蒸，分析纯；弗罗里硅土，80 目，130 ℃活化数小时，储存于干燥器中备用；活性炭。

(3)标样　α-硫丹标样，纯度为 99.7%；β-硫丹标样，纯度为 99.4%。

(4)基质　蔬菜样品。

(四)操作条件

载气：30 mL/min；汽化室温度：250 ℃；检测器温度：270 ℃；柱温：120 ℃保持 1 min，以 20 ℃/min 速率升至 180 ℃保持 4 min，以 10 ℃/min 速率升至 240 ℃保持 8 min；进样量：1 μL。

(五)操作步骤

(1)提取　称取 50 g 切碎的蔬菜样品，加入 1.0 mL 的 2 mg/L(α-硫丹、β-硫丹分别为 2 mg/L)的硫丹标准溶液、70 mL 丙酮，于高速组织捣碎机中充分捣碎。抽滤，用 50 mL 丙酮洗涤容器及残渣，滤液全部转入 500 mL 分液漏斗中。加入 150 mL 的 10%氯化钠溶液，摇匀后，用石油醚 100 mL、50 mL 分两次萃取，弃去下层丙酮和水相，石油醚相经无水硫酸钠脱水，过滤于 250 mL 圆底烧瓶中，40 ℃左右减压浓缩至近 2 mL，用石油醚在 10 mL 试管中定容至 10 mL。待净化。

(2)净化　在 15 cm×1 cm 的玻璃色谱柱底部垫少许脱脂棉，从下向上依次装入 1 cm 无水硫酸钠、1 g 弗罗里硅土、0.2 g 活性炭和弗罗里硅土的混合物(质量比为 1∶40)、1 cm 无水

硫酸钠，轻轻敲实。先用 5 mL 石油醚预淋，当液面接近无水硫酸钠时，加入 2 mL 浓缩液，此时开始接收，待浓缩液几乎全部进入净化柱时，加入少量丙酮和石油醚的混合液（体积比为 1∶9）淋洗，然后加入 30 mL 上述丙酮和石油醚的混合溶液洗脱，洗脱液浓缩定容至 10 mL，进样测定。

（3）数据记录　填写表 1-3-5。

表 1-3-5　GC-ECD 测定蔬菜中硫丹残留量数据表

项目	1	2	3
标样 α-硫丹峰面积			
标样 β-硫丹峰面积			
样品 α-硫丹峰面积			
样品 β-硫丹峰面积			

（4）数据处理　计算该实验的添加回收率：

$$\text{回收率}=\frac{\text{测得的总量}}{\text{加入的总量}}\times 100\% \qquad (1\text{-}3\text{-}3)$$

（六）基本理论点

电子捕获检测器（ECD）是一种常用的灵敏度很高的选择性气相色谱检测器。

ECD 适合的检测样品范围包括：痕量电负性有机化合物的分析；永久气体中的微量氧的分析；某些非电负性或弱电负性物质采用化学转化方法后，使其具有强电负性的衍生物后再采用 ECD 分析。

由于 ECD 的高灵敏度，因此不允许大体积或者大浓度的进样，否则会污染汽化室、色谱柱和检测器。ECD 系统被污染以后和其他检测器有很大的不同，会使检测器性能突然变坏；敏感物流过 ECD 时，会使 ECD 性能发生变化；污染容易使 ECD 丧失功能；清洗污染比较麻烦和费时。

三、GC-FPD 测定蔬菜中有机磷农药多残留

农药多残留方法（MRMs）是在一次分析中同时测定一种以上农药残留的方法。农药多残留分析主要分为两类：如果建立的多残留分析方法或进行的检测是针对多种不同类型农药进行的，称为多类多残留方法；只检测性质相近的某类农药的多残留分析，则称为选择性多残留方法，也叫单类多残留方法。多类多残留方法的应用范围主要是针对未知用药历史的样品，经常用于管理机构对食品和环境介质的检测、监督和残留限量执行情况。多类多残留方法应该能够覆盖最广泛的农药残留，但这种分析能力受到以下几个因素的影响：

（1）提取溶剂体系能够将农药残留从样品中提取出来的广泛性及提取的彻底性。

（2）净化过程去除样品共提取物（即杂质）而不去除残留农药的能力。

（3）测定仪器对各类各种农药的分离和响应能力及分析操作步骤的多少。因为分析步骤越多，越容易造成残留农药的损失，或减少可检出残留农药的数目。

有机磷农药具有较低的沸点，易挥发，大多可以利用气相色谱法检测，检测器主要有火焰光度检测器和氮磷检测器。本实验介绍火焰光度检测器测定蔬菜样品中多种有机磷农药残留的研究方法。

(一)目的

(1)熟悉蔬菜中有机磷农药多残留的测定方法。

(2)熟悉有机磷农药残留测定的GC检测器(FPD、NPD)的原理和操作技术。

(二)原理

利用GC-FPD对有机磷农药特异性检测的原理,对蔬菜中农药多残留进行检测。

(三)仪器与材料

(1)仪器 气相色谱仪:带FPD;色谱柱:DB-1701,石英毛细管柱,30 m×0.25 mm×0.25 μm;组织捣碎机;旋转蒸发仪;量筒:100 mL;三角瓶:150 mL;烧瓶:100 mL;移液管:1 mL;漏斗、滤纸。

(2)试剂 乙腈、氯化钠、醋酸乙酯。

(3)标样 甲胺磷、乐果、氧乐果、对硫磷、甲基对硫磷、久效磷、水胺硫磷、三唑磷标样。

(4)基质 蔬菜样品。

(四)操作条件

柱温:120 ℃保持1 min,以15 ℃/min速率升至220 ℃,以3 ℃/min速率升至240 ℃,保持5 min;汽化室温度:240 ℃;检测器温度:250 ℃;载气:氮气,10 mL/min;补充气:20 mL/min;氢气:1.0 kg/cm^2;空气:0.8 kg/cm^2;进样量:1 μL。

(五)操作步骤

(1)标准溶液的制备 准确称取有机磷农药标样,用醋酸乙酯溶解,分别配制成1 000 mg/L的标准储备液,储于冰箱(4 ℃)中,使用时用醋酸乙酯稀释配成单品种的标准使用液(10 mg/L)。再根据各农药的响应值或最小检测限,吸取不同量的标准储备液,用醋酸乙酯稀释成混合标准使用液。

(2)试样制备 称取500 g去掉非可食部分的蔬菜样品,在组织捣碎机中捣碎,制成待分析样品。

(3)样品提取 称取20 g均匀捣碎的样品于150 mL具塞三角瓶中,加入一定量的混合标准溶液,振荡使溶液分散均匀,然后加入50 mL乙腈振荡提取30 min,静置10 min。将提取液过滤到预先称有5 g氯化钠的100 mL量筒中,振荡1 min,静置5 min,取25 mL上清液于100 mL烧瓶中,在旋转蒸发仪上于40 ℃浓缩近干,氮气吹干,用醋酸乙酯定容至1 mL,待气相色谱分析。

(4)数据记录 填写表1-3-6。

表1-3-6 GC-FPD测定蔬菜中有机磷农药多残留数据表

农药名称	甲胺磷	乐果	氧乐果	对硫磷	甲基对硫磷	久效磷	水胺硫磷	三唑磷
吸取量/mL								
标样峰面积								
样品峰面积								

(5)数据处理　计算该方法的添加回收率。

(六)基本理论点

(1)火焰光度检测器　火焰光度检测器(FPD)是一种高灵敏度、高选择性的检测器,对含硫、磷的有机化合物和气体硫化物特别敏感。FPD 实质上是一个简单的发射光谱仪,主要由四部分组成:光发射源(富氢火焰,其中氢气∶氧气>3∶1)、波长选择器、信号接收装置(包括光电倍增器和放大器)、记录仪和其他数据处理。其工作原理为当含硫或磷的化合物在富氢火焰中燃烧时,在适当的条件下将发射一系列的特征光谱。其中硫化物的发射波长范围为300～450 nm,最大波长为 394 nm 左右;磷化物的发射光谱波长范围为 480～575 nm,最大波长为 526 nm 左右。

使用 FPD 时应注意以下问题:

①安全问题。在未接色谱柱时,不要打开氢气阀门,以免氢气进入柱箱。测定流量时,一定不能让氢气和空气混合,即测氢气时,要关闭空气,反之亦然。无论什么原因导致火焰熄灭,都应尽快关闭氢气阀门,直到排除故障,重新点火时,再打开氢气阀门。高档仪器有自动检测和保护功能,火焰熄灭时可自动关闭氢气。

②FPD 的氢气、空气和尾吹气与 FID 不同,一般氢气为 60～80 mL/min,空气为 100～120 mL/min,而尾吹气和柱流量之和为 20～25 mL/min。

(2)氮磷检测器　有机磷农药残留还可以采用氮磷检测器(NPD)来检测,NPD 又称碱盐离子化检测器,主要应用于农药残留中含氮、磷化合物的分析检测,是由 FID 发展而来,在喷嘴和收集极之间加上一个碱盐源及加热碱盐源的装置。碱盐源是非挥发性的硅酸铷玻璃珠(Rb_2SiO_3),性能稳定,寿命长。

使用时需要注意以下问题:

①铷珠不能骤然升温,尤其在长期放置后初次使用时,必须逐级缓慢升温。

②加在铷珠上的电压越大,检测器灵敏度越高,但寿命也越短。

③使用 NPD 时,响应信号在 20～30 即可。

④长期不用时,应避免铷珠吸潮。

⑤选择色谱柱时,应避免使用固定液为含氮化合物的色谱柱。

⑥样品溶剂应避免使用含氮溶剂。

四、葡萄酒中 1,2-亚乙基硫脲残留量的测定

1,2-亚乙基二硫代氨基甲酸盐类(EBDCs),即代森类杀菌剂,是一类广泛使用的保护性杀菌剂,具有高效、低毒,对人、畜、植物安全及防治植物病虫害广谱等特点,其主要品种有代森锰、代森锌、代森锰锌、代森钠、代森铵、代森环等。该类杀菌剂主要用于防治果树、蔬菜、西瓜等作物的叶斑病、叶霉病、霜霉病、炭疽病等。该类杀菌剂的杂质及其在植物体内代谢或环境中降解产物 1,2-亚乙基硫脲(ETU,也称为乙撑硫脲),其化学名称为四氢咪唑-2-硫酮,能引起试验动物甲状腺瘤,因此代森类杀菌剂的安全问题受到高度重视。

气相色谱法直接分析 ETU 时,拖尾现象严重,需要衍生后才能测定,并且代森类杀菌剂在分析过程中也有进一步转化为 ETU 的问题。因此,目前对 1,2-亚乙基硫脲的残留分析广泛采用高效液相色谱法。

(一)目的

(1)了解高效液相色谱的工作原理和仪器的基本部件及功能。

(2)掌握氧化铝色谱柱净化的方法。

(3)掌握外标法计算残留量检测结果的方法。

(4)掌握代森类杀菌剂残留降解产物 ETU 的检测方法。

(二)原理

本实验采用反相高效液相色谱方法对 ETU 进行分析和测定,氧化铝柱净化,外标法定量。

(三)仪器与材料

(1)仪器　高效液相色谱仪:配有紫外检测器;层析柱:30 cm×2 cm;超声波清洗器;旋转蒸发仪。

(2)试剂　25%癸醇丙酮溶液;淋洗液:乙醇和氯仿混合溶液(体积比为 4∶96);中性氧化铝:色谱分离用,74～149 μm,用前 125 ℃烘烤 24 h 以上,然后加 2.5%水脱活;102 白色酸洗担体:250～350 μm;甲醇:色谱纯;乙醇:分析纯;丙酮;氯仿,使用前重蒸;蒸馏水。

(3)标样　1,2-亚乙基硫脲。

(4)基质　葡萄酒。

(四)操作条件

色谱柱:Spherisorb C_{18}柱,300 mm×4.6 mm×5 μm;流动相:甲醇∶水=5∶95;检测波长:233 nm;流速:0.5 mL/min;进样量:10 μL。

(五)操作步骤

(1)标准溶液的配制　配制 1 000 mg/L ETU 水溶液,逐级稀释至 0.05 mg/L。

(2)样品前处理　称取 5.0 g 葡萄酒样品于 100 mL 蒸发瓶中,加入 10 g 102 白色酸洗担体,迅速剧烈振荡,直到全部团块散开。向蒸发瓶中加入 75 mL 淋洗液,摇匀后,倒入事先准备好的氧化铝色谱柱中,净化柱内装 5 g 已活化的氧化铝,柱下 500 mL 蒸发瓶内装 5 mL 和 6 滴 25%癸醇丙酮溶液。待 75 mL 淋洗液的液面接近 102 白色酸洗担体时,再用 200 mL 淋洗液分 4 次冲洗蒸发瓶和色谱柱。当淋洗液自然滴干后,在 30 ℃条件下,减压浓缩至 2～3 mL,停止浓缩,加水定容至 5 mL,待检测。

(3)数据记录　填写表 1-3-7。

表 1-3-7　葡萄酒中 1,2-亚乙基硫脲残留量的测定数据表

项目	1	2	3
$c_{标}$/(g/mL)			
$A_{标}$			
$A_{样}$			
m/g			

(4)结果计算　采用外标法进行定量。葡萄酒中 ETU 残留量 X 可按下式计算:

$$X=\frac{c_{标}\times A_{样}\times 5\ \text{mL}}{A_{标}\times m}\times 100\% \qquad (1\text{-}3\text{-}4)$$

式中：$c_{标}$——标准溶液的浓度，g/mL；

$A_{标}$——标准溶液中目标物的峰面积；

$A_{样}$——样品溶液中目标物的峰面积；

m——样品的质量，g。

(六)基本理论点

(1)ETU的性质及危害　代森类杀菌剂(EBDCS)在动植物体内的代谢产物ETU在人体内也存在，主要影响甲状腺的功能，只需50 mg/kg的ETU就可以降低血液中葡萄糖和血清中胆固醇的含量。鉴于ETU在动物体内致癌的证据充分，而在人体内的致癌性证据不足，国际癌症研究署(IARC)将ETU定为2B类致癌物。但进一步研究发现，ETU很容易被光解，而且降解迅速，不足以对人构成危险，因此，20世纪80年代又开始恢复使用EBDCS，并直到现在。同时，ETU的降解机理及残留研究也一直在进行中。

(2)实验需注意的问题

①用微量注射器吸取标样和样品溶液时，不要将气泡带入色谱系统中。首先将干净的并用标样或样品溶液洗过的注射器插入标样或样品溶液中，反复提拉数次，驱赶气泡，然后缓慢将标样或样品溶液吸至刻度。

②要使用干净的玻璃器皿，使用旋转蒸发仪浓缩前加入抑蒸剂癸醇丙酮溶液，水浴温度不要超过30 ℃，否则回收率会明显降低。

③实验结束后，用甲醇冲洗整个色谱系统，直至泵的压力平稳。

实训1　气相色谱法测定农药残留

请根据教师提供的原料，利用气相色谱法测定物料中的农药残留量，填写气相色谱法测定原始记录表(表1-3-8至表1-3-10)。

表1-3-8　气相色谱法检测原始记录表-1

仪器型号		定量方法		方法标准	
仪器编号		试液介质		检测器	
样品名称		天平型号		载气流速	
天平编号		样品状态		进样体积	
样品包装	散装	检测器温度	℃	色谱柱	
温　度	℃	湿　度	%	进样口温度	℃
柱温					
样品前处理过程					
标液配制过程					

表 1-3-9　气相色谱法检测原始记录表-2

分析项目	α-666	乙烯菌核利	三氯杀螨醇	丁草胺	氰戊菊酯
浓度/(μg/mL)					
峰面积 A					
检出限/(mg/kg)					
分析项目	百菌清	敌稗	三唑酮	狄氏剂	腐霉利
浓度/(μg/mL)					
峰面积 A					
检出限/(mg/kg)					

表 1-3-10　气相色谱法检测原始记录表-3

试样编号	1	2	3	4	5	6	7	8
取样量 m/g								
总提取液体积 V_1/mL								
取提取液体积 V_2/mL								
定容体积 V_3/mL								
峰面积 A								
检出成分								
样品含量 ω/(mg/kg)								
平均值/(mg/kg)								
相对相差或变异系数/%								
允许误差/%								

注:"—"表示未检出。

审核：　　　　校核：　　　　分析：

实训 2　液相色谱法测定农药残留

请根据教师提供的原料,利用液相色谱法测定物料中的农药残留量并填写表 1-3-11。

表 1-3-11　液相色谱法检测原始记录表

样品编号		样品名称	
批　号			
检验项目	□含量测定　□有关物质　□鉴别 □其他(　)		
仪器名称		仪器编号	
天平型号		天平编号	

续表 1-3-11

<table>
<tr><td>色谱条件</td><td>色谱柱编号：________粒径：________ μm ________×________ cm
柱温：________℃
□紫外检测器：________ nm □其他检测器： 流动相组成：
□恒比例：(：)
□梯度洗脱：
<table>
<tr><td>时间/min</td><td>流动相 B%</td></tr>
<tr><td></td><td></td></tr>
<tr><td></td><td></td></tr>
<tr><td></td><td></td></tr>
<tr><td></td><td></td></tr>
<tr><td></td><td></td></tr>
<tr><td></td><td></td></tr>
<tr><td></td><td></td></tr>
<tr><td></td><td></td></tr>
<tr><td></td><td></td></tr>
<tr><td>时间/min</td><td>流动相 B%</td></tr>
<tr><td></td><td></td></tr>
<tr><td></td><td></td></tr>
<tr><td></td><td></td></tr>
<tr><td></td><td></td></tr>
<tr><td></td><td></td></tr>
<tr><td></td><td></td></tr>
<tr><td></td><td></td></tr>
<tr><td></td><td></td></tr>
<tr><td></td><td></td></tr>
</table>
流速：________ mL/min 进样量：________ μL</td></tr>
<tr><td>系统适用性</td><td>□理论板数(N)： □拖尾因子： □分离度(R)：
□容量因子： □其他：</td></tr>
<tr><td>分析方法</td><td>□外标法 □内标法 □归一化法 □其他( )</td></tr>
<tr><td>对照品溶液的制备及校正因子</td><td></td></tr>
<tr><td>供试品溶液的制备</td><td>□和对照品同法制备
□和对照品制备不同</td></tr>
<tr><td>实测结果</td><td></td></tr>
<tr><td>标准规定</td><td></td></tr>
<tr><td>结　论</td><td>□ (均)符合规定 □ (均)不符合规定</td></tr>
</table>

【任务成果】

1. 知识测试

(1)简述农药残留定性、定量测定实验技术。

(2)谈一谈电子捕获检测器的特点。

2. 实训成果

检测当地蔬菜中有机磷农药残留的含量,填写测定报告单。

●思政花园

道虽迩,不行不至;事虽小,不为不成。

——荀况《荀子·修身》

释义:即使是再近的路,不走也不能到达;即使再小的事,不去做也不可能完成。

气相色谱仪　　液相色谱仪

第二部分

化肥质量检测

项目一　植物生长必需的营养元素及其来源
项目二　样品的采集与制备
项目三　肥料中氮含量的检测
项目四　肥料中磷含量的检测
项目五　肥料中钾含量的检测

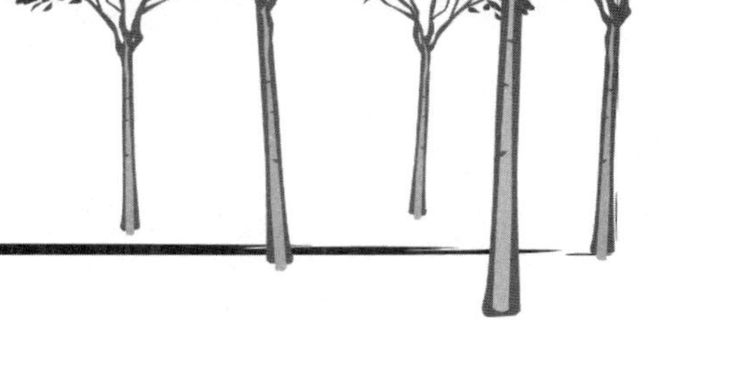

项目一

植物生长必需的营养元素及其来源

【项目分析】

本项目通过肥料的概念及植物生长必需元素两个任务的学习，让学生掌握植物生长所需营养、分类、肥料在植物生长过程中发挥的作用及各营养元素的来源，并通过辨认植物生长状况的实践让学生通过植物生长的不同性状，判断植物生长状态与植物营养元素需求状况，为肥料质量的检测打下良好基础。

【技能目标】

1. 能分辨肥料；
2. 能说出不同植物生长性状对营养的需求状况。

【知识目标】

1. 了解肥料种类；
2. 了解植物生长发育普遍规律；
3. 了解植物生长所体现出的不同性状对不同营养元素的需求。

【素质目标】

1. 培养学生对生命科学的热爱；
2. 通过“养分”供应的盈缺，联系成才的条件，培养学生自立自强的能力和观念。

【知识学习】

一、肥料的概念

肥料的定义很多，不同的专家学者对它的解释也各有差异，依据《肥料标识　内容和要求》(GB 18382—2021)的规定，肥料是提供保持或改善植物营养和土壤物理化学性能以及生物活性，能提高农产品产量，或改善农产品品质，增强植物抗逆能力的有机、无机微生物及其混合物料。

二、肥料的种类

根据 GB/T 32741—2016 规定，按养分种类和肥料成分的化学性质可以将肥料分为无机肥料、有机肥料、有机-无机肥料和添加微生物菌剂肥料四类。无机肥料按照作物需求量可以分为大量元素肥料(氮、磷、钾肥料)、中量元素肥料和微量元素肥料。

(一)无机肥料

1. 大量元素肥料

单一氮肥标明了氮含量(总氮至少为10.0%),可含有其他元素,但未标明磷和/或钾含量的肥料。

单一磷肥标明了磷含量(有效五氧化二磷至少为12.0%),可含有其他元素,但未标明氮和/或钾含量的肥料。

单一钾肥标明了钾含量(水溶性氧化钾含量至少为20.0%),可含有其他元素,但未标明氮和/或磷含量的肥料。

氮磷二元肥料标明了氮和磷含量,可含有其他元素,但未标明钾含量的肥料。

氮钾二元肥料标明了氮和钾含量,可含有其他元素,但未标明磷含量的肥料。

磷钾二元肥料标明了磷和钾含量,可含有其他元素,但未标明氮含量的肥料。

氮磷钾三元肥料标明了氮、磷和钾含量的肥料,可含有其他元素。

2. 中量元素肥料(钙、镁、硫肥料)

含有钙、镁和硫中的一种或几种元素(单一元素的有效态含量至少为4.0%),未标明氮、磷或钾含量,也未被归为单一肥料或氮、磷、钾二元/三元肥料的肥料。这种产品不同于钙、镁、硫土壤调理剂,它们的主要功能是为植物提供养分。

3. 微量元素肥料

含有一种或多种微量元素(单一元素的有效态含量至少为4.0%),未标明氮、磷、钾、钙、镁或硫含量的肥料。

(二)有机肥料

有机氮肥主要来源于植物和(或)动物、具有与碳有机结合的氮标明量的肥料,该肥料可含磷、钾以外的其他元素。

合成有机氮肥经有机合成,使氮和碳结合在一起的氮肥。

氮磷有机肥料除了标明氮含量外,还标明了来源于植物和(或)动物的磷含量的有机肥料,该肥料可含其他元素,但未标明钾含量。

注:在某些国家,骨粉被分类为半有机肥料(有机-无机肥料)。

氮钾有机肥料除了标明氮含量外,还标明了来源于植物和(或)动物的钾含量的有机肥料,该肥料可含其他元素,但未标明磷含量。

氮磷钾有机肥料除了标明氮含量外,还标明了来源于植物和(或)动物的磷和钾含量的有机肥料,该肥料可含其他元素。

(三)有机-无机肥料

来源于标明养分的有机和无机物质的产品,由有机和无机肥料混合和(或)化合制成,其有机质含量至少为10.0%,总氮、有效五氧化二磷、水溶性氧化钾至少为对应的无机肥料标准中的最低要求。

(四)添加微生物菌剂肥料

含有特定微生物活体的肥料,应用于农业生产,通过其中所含微生物的生命活动,增加植物养分的供应量或促进植物生长，提高产量，改善农产品品质及农业生态环境。微生物活体主要有根瘤菌剂、固氮菌剂、磷细菌剂、抗生菌剂、复合菌剂等。

(五)按其他辅助原则分类的肥料

1. 按酸碱性分类

(1)酸性肥料　化学性质呈酸性的肥料。

(2)中性肥料　化学性质呈中性的肥料。

(3)碱性肥料　化学性质呈碱性的肥料。

(4)生理酸性肥料　肥料中离子态养分经植物吸收利用后，其残留部分导致介质酸度提高的肥料。

(5)生理中性肥料　肥料中离子态养分经植物吸收利用后，无残留或残留部分基本不改变介质酸度的肥料。

(6)生理碱性肥料　肥料中离子态养分经植物吸收利用后，其残留部分导致介质酸度降低而趋碱性的肥料。

2. 按形态分类

(1)固体肥料　粉状、粒状或其他形状常温下呈固态的肥料的总称。

①粉状肥料：经沉淀、结晶、喷雾流化或大颗粒研磨制得的细小颗粒的肥料。

②颗粒肥料或粒状肥料：按预定平均粒径成粒的固体肥料。

(2)液体肥料　悬浮肥料和溶液肥料的总称。

①溶液肥料：不含固体粒子的液体肥料。

②悬浮肥料：固体粒子在溶液中保持悬浮状态的两相肥料。

(3)气体肥料　常温常压下呈气态的肥料。

3. 按肥效分类

(1)速效肥料　养分易于被植物吸收利用，肥效反应快的肥料。

(2)缓释肥料　通过养分的化学复合和物理作用，使其对作物的有效态养分随着时间而缓慢释放的化学肥料。

①控释肥料：能按照设定的释放率(%)和释放期(天,d)来控制养分释放的肥料。

②包膜/包衣/包裹肥料：为改善肥料功效和(或)性能，在其颗粒表面涂以其他物质(聚合物和/或无机材料)薄层制成的肥料。

③合成缓释肥料：包括尿素和醛类反应产物制成的肥料(如脲甲醛、丁烯叉二脲、异丁叉二脲等)，和无机微溶合成肥料(如金属磷酸胺钾盐等)。

④基质复合与胶黏型缓释肥料：将肥料养分与可降低其溶解性的物质混合，通过键合、胶结等作用，制成养分缓慢释放的肥料。

(3)稳定性肥料　经过一定工艺加入脲酶抑制剂和(或)硝化抑制剂，施入土壤后能通过脲酶抑制剂抑制尿素的水解，和(或)通过硝化抑制剂抑制铵态氮的硝化，使肥效期得到延长的一类含氮肥料(包括含氮的二元或三元肥料和单质氮肥)。

4. 按溶解性分类

(1)水溶性肥料　能够完全溶解于水，用于滴灌施肥和喷灌施肥的二元或三元肥料，可添加中量元素、微量元素。

(2)叶面肥料　叶面施用并通过叶面吸收其养分的肥料。

(六)土壤调理剂

1. 无机土壤调理剂

(1)钙、镁、硫土壤调理剂

①石灰质材料(钙、镁):含有钙、镁中的一种或两种元素的无机土壤调理剂,主要是氧化物、氢氧化物或碳酸盐的形式,主要是用于保持或提高土壤的 pH。

这种产品未标明氮、磷或钾含量。

②其他钙、镁、硫土壤调理剂:含有钙、镁中的一种或两种元素的无机土壤调理剂,如石膏或硫黄,主要是用于保持或降低土壤的 pH。

(2)其他无机土壤调理剂

钙、镁、硫土壤调理剂以外的土壤调理剂,如合成产品。

2. 有机土壤调理剂和合成有机土壤调理剂

(1)有机土壤调理剂　来源于植物或动物的产品,用于改善土壤的物理性质或生物活性。

注:有机土壤调理剂所含的主要养分总量很低,通常不足最终产品的 2%,故不能归为肥料。如果国家法律法规允许,这类产品的养分含量可以标明,但仍被归类为有机土壤调理剂。

(2)合成有机土壤调理剂　通过合成制得的,主要用于改善土壤的物理和(或)生物性质的有机土壤调理剂。

3. 添加了肥料的有机土壤调理剂

在有机土壤调理剂中添加少量肥料的产品。

注:在某些国家,泥炭类的产品被归类为有机-无机肥料。

三、植物生长所需的营养元素

(一)营养元素的种类

地球上的一切植物为了保证正常的新陈代谢活动和基本生长发育,都需要从自身所处的外界环境中源源不断地吸收物质和能量,用于满足正常的物质代谢和能量代谢,这些所吸收的物质和能量就是植物的营养,或俗称为植物的"粮食"。

对农作物(包括果树、蔬菜等)来说,所吸收的能量主要来自太阳的直接光照和间接光照,只有极少数量的温室作物,例如室内种植蘑菇和大棚温室内种植的蔬菜,在连阴天的情况下,农民为了保证其正常生长而进行灯光照射,这种情况下,提供农作物生长的能量就来自灯光辐射。

1. 植物体内的元素种类

要清楚农作物从环境中所吸收的物质,就需要先明白农作物的植株和果实的组成物质。经过分析化验,可以知道组成植物体的物质主要就是水和干物质。干物质又可细分为有机物质和矿物质两部分,其中有机物质的质量占植物总干重的 90%～95%,矿物质仅为 5%～10%,而所有的有机物质和矿物质的最基本组成单位都是元素周期表中的元素。

水分是氢和氧的化合物,因此植物体中的水分的组成成分即为这两种元素。

植物体内的有机物质主要包括蛋白质、其他含氮化合物(如氨基酸等)、脂肪、淀粉、糖类、纤维素、木质素和果胶等。这些有机物质均是由碳元素、氢元素、氧元素和氮元素等组成的。有机物质在燃烧时,这四种元素的氧化物均能发生挥发而进入空气中,所以这四种元素又被称为气态元素。

矿物质或灰分是植物的果实或种子以及植物体其他部分燃烧后残留下来的部分，它的主要组成物质是磷、钾、钙、镁、硫、铁、锰、铜、锌、硼、钼、氯、硅和钠等元素的氧化物，因此这些元素又通称为矿质元素。

现代的先进分析技术测试证明，几乎自然界里所存在的元素在植物体内均能检测出来。

植物体内的元素组成及其含量高低取决于植物的种类和品种，也取决于它们的生长环境。例如豆科作物含有较多的钼和硫，水稻中含有较多的硅，与小麦相比，玉米生长需要较多的钾，海生植物，例如海白菜和海带含有较多的碘和钠。

2. 植物生长所需的营养元素

虽然说从植物体内可以检测到 60 多种元素，但这并不意味所有被检测到的元素都是植物生长所离不了的，也就是说有一些元素虽然出现在植物体内，可能浓度较低或较高，但如果农田土壤里没有它们，并不会影响植物的正常生长，也不会影响农作物的产量和品质，这些元素可能是被植物被动吸收的。但也有一些元素，即使在植物体内的含量很低，却是植物正常生长和发育所离不了的。种植作物的土壤里如果缺乏它们或含量极低，植物就会表现出各种相应的缺素症而影响产量和品质，这些元素就被称为植物生长所需的营养元素。

一种元素要成为植物生长的必需营养元素，应满足三条标准：

(1)这种化学元素对所有植物的生长发育是不可或缺的。缺少这种元素，植物就不能完成其整个生命周期，即从种子到种子的整个过程。例如，对小麦讲，整个生命周期就是从小麦播种到小麦籽粒收获。

(2)缺乏这种元素后，植物会表现出特有的症状，并且其他任何一种化学元素的使用均不能消除这种症状，只有补充这种元素后，症状才能减轻或消失。

(3)这种元素必须是直接参与植物的新陈代谢和生命活动，对植物起直接的营养作用，而不是考虑通过其他元素的功能起改善生态环境的间接作用。

根据以上考核标准进行实验研究，到目前为止，已经确定高等植物生长所必需的营养元素有 16 种，它们具体是碳、氢、氧、氮、磷、钾、钙、镁、硫、氯、铁、锰、铜、锌、硼和钼。

除了以上植物所必需的 16 种营养元素之外，还存在一类元素，如钠、硅、硒、钒和钴等，这些元素中的一种可能为某种植物所必需，例如硅是水稻的必需营养元素，但对其他植物不是必需的，人们就将这类元素称为有益元素，在施肥时也应考虑这类元素肥料的施用。

(二)必需营养元素和有益元素的主要作用

虽然已经确定了 16 种元素是植物生长的必需营养元素，但实际上它们在植物体内的含量差异很大，相差幅度可达数倍至十几万倍不等。人们根据植物对它们的需要量，将这 16 种元素区分为：

大量营养元素，碳、氢、氧、氮、磷、钾；

中量营养元素，钙、镁、硫；

微量营养元素，铁、锰、铜、锌、硼、钼和氯。

它们各自的营养作用和生理功能见表 2-1-1。

表 2-1-1 各营养元素吸收形态及主要营养作用和生理功能

营养元素	吸收形态	主要的营养作用和生理功能
氧(O)	H_2O、CO_2、O_2	(1)参与呼吸作用 (2)水和二氧化碳的组成元素 (3)淀粉、蛋白质、脂肪、纤维素、核酸等有机物的主要组成元素
氢(H)	H_2O、H^+、OH^-	(1)水的组成元素,参与一切生理代谢 (2)淀粉、蛋白质、脂肪、纤维素、核酸等有机物的主要组成元素
碳(C)	CO_2、HCO_3^-、CO_3^{2-}	(1)参与植物的光合作用 (2)参与呼吸作用 (3)淀粉、蛋白质、脂肪、纤维素、核酸等有机物的主要组成元素
氮(N)	NH_4^+、NO_3^-	(1)核酸、蛋白质和酶的主要组成元素 (2)参与几乎所有的生理代谢 (3)促进生长发育、养分吸收和同化作用的进行
磷(P)	$H_2PO_4^-$、HPO_4^{2-}、PO_4^{3-}	(1)核酸、酶的主要组成元素 (2)光合作用、呼吸作用和糖代谢的中间产物 (3)促进植物的生长、分蘖、根的伸长和开花结实 (4)在植物体内的能量传递中起重要作用
钾(K)	K^+	(1)与光合作用和碳水化合物的积累有关,日照不足时施钾作用大 (2)与硝态氮的吸收、蛋白质的合成有关 (3)通过维持细胞的膨压而调节水分,增强抗旱性和抗寒性 (4)提高植物抗病虫能力
钙(Ca)	Ca^{2+}	(1)果胶酸钙、硅酸钙的组成成分,与细胞膜的形成和强化有关 (2)中和生物体内的有机酸等有毒物质 (3)促进根的生长,提高植物的抗病虫能力
镁(Mg)	Mg^{2+}	(1)叶绿素的组成元素 (2)与磷的吸收及植株体内的运输有关 (3)参与碳水化合物的代谢、磷代谢,多种酶的组成元素
硫(S)	SO_4^{2-}、SO_3^{2-}	(1)蛋白质、氨基酸、维生素的组成元素 (2)参与植物体内的氧化、还原等生理代谢 (3)植物体内特种成分的主要组成元素
铁(Fe)	Fe^{2+}、Fe^{3+}	(1)与叶绿素的形成、光合作用有关 (2)作为酶的组成成分与植物体内的氧化、还原代谢有关
锰(Mn)	Mn^{2+}	(1)与叶绿素的形成、光合作用有关 (2)作为酶的组成成分与植物体内的氧化、还原代谢有关
铜(Cu)	Cu^+、Cu^{2+}	(1)植物体内参与氧化、还原作用,铜酶组成元素 (2)间接参与光合作用 (3)与铁、锌、锰、钼之间存在着交互作用
锌(Zn)	Zn^{2+}	(1)植物体内部分氧化还原酶的组成元素 (2)与色氨酸形成有关 (3)与铁、锰之间存在交互作用

续表 2-1-1

营养元素	吸收形态	主要的营养作用和生理功能
硼(B)	BO_3^{3+}	(1)参与水分、碳水化合物和氮素代谢 (2)与钙的吸收和运输有关 (3)部分酶的组成元素
钼(Mo)	MoO_4^{2-}	(1)植物体内氧化还原酶的组成元素 (2)参与植物体的固氮生理代谢 (3)与维生素 C 的形成有关
氯(Cl)	Cl^-	(1)参与光合作用 (2)参与植物体内的淀粉、纤维素、木质素的合成 (3)参与细胞渗透压的调节和阴阳离子电荷的平衡

另外，还有一些有益元素(主要有硅、钠、钴、硒、铝等)，虽然不在作物必需元素列表中，但对某些作物而言，这些元素对其生长具有良好的作用。在这里仅介绍与施肥有密切关系的几种元素：硅、硒、钴和钒。

硅是禾本科作物如水稻、小麦、玉米和甘蔗的有益元素。它具有参与细胞壁的构成、增强植物组织的机械强度和抗倒伏性、抵御病虫害的入侵；促进植物的光合作用，降低叶面的蒸腾速率，提高其抗旱能力；减轻铁、锰等重金属的毒害等作用。

硒是人和动物都必需的微量元素，与人和动物的健康有着密切的关系，而人和动物的食物就来自植物的产品。在土壤—植物—动物—人的生态链中，硒起着其他营养元素所不具备的作用并具有抗癌作用。硒肥对植物的增产作用并不明显，但是硒本身对人们的身体健康却很重要。

钴是豆科植物，如大豆、花生和甜菜等的有益元素。它是维生素 B_{12} 的组成成分，是共生固氮所不可缺少的元素；它能延长水果保鲜期和玫瑰花的花期；并且具有提高甜菜的产量和含糖量的作用。

钒对许多植物生长发育都有重要的作用和影响，钒和钼的化学性质相似，可部分代替钼在固氮过程中的作用，所以豆科作物一般施用适量钒肥，可以达到增产的目的。

(三)营养元素的供应

一般来说，植物是生长在农田土壤里的，其所能接触到的外界环境包括土壤、水和空气三个方面。那么它的生长、开花和结果所需的营养物质就只能来自这三条途径。虽然不同的营养元素各有一定的供应特点，但有一条规律是不会变化的，即植物从这三条途径中吸收营养总量不足的部分就要靠外界的人为帮助——施用肥料来补充。

1. 碳、氢、氧的供应

碳、氢、氧是植物体内有机物质的主要组分，是植物中含量最多的三种元素。据分析结果表明，碳的质量占植物体干重的 45%左右，氢达到 6%左右，氧达到 43%左右，三者相加达到 94%左右。

(1)碳的供应　植物中碳的来源主要是空气。植物体的绿色部分(主要是叶片)吸收空气中的二氧化碳进行光合作用形成碳水化合物而进入植物体内。

空气中的二氧化碳含量约为 0.03%，如果比较叶片所能接触的空气容积中的二氧化碳总量和植物光合作用所需的二氧化碳量，空气容积中的二氧化碳总量明显偏低。然而空气是流动的，空气的流动可以使二氧化碳得到及时的补充。

碳的另一个来源是人为的。在现代温室和塑料大棚的种植中，为了提高所种植的经济作物如蔬菜、水果等的产量，人们常常施用二氧化碳的固体肥料，提高空气中的二氧化碳的浓度。

(2)氢和氧的供应　植物体内氢和氧的来源是一致的。大家都知道，氢和氧的化合反应能够生成水，因此水就是植物体内氢和氧的来源。植物的叶片可以吸收空气中的水分，根系能够吸收土壤中的水分，相比较而言，植物体内氢和氧的绝大多数来自土壤中的水分。如果遇到干旱季节，土壤中水分含量过低，就容易发生植物因吸收水分不足而导致萎蔫、干枯直至死亡。

2. 氮的供应

一般来说，植物体内的含氮量占干重的 0.1%～2.0%，相对碳、氢和氧的含量，氮的含量较低。

依据检测，空气中含有大约 78%的氮素。这部分氮素是以氮气形式游离形态存在的。在农田作物中，只有豆科作物可以吸收和利用空气中的氮，其他农作物基本上无法利用这个巨大的氮库。

植物吸收氮素的第二个来源是用于农田的灌溉水或者来自降雨或者来自地下水，少数来自工厂排放的污水(随着人们环保意识的提高和环保法律法规的严格执行，污水必须达到环境保护的要求才被允许排放)。其中雨水中的含氮量一般是很低的，植物通过叶片能够直接吸收降雨中的氮量(可以忽略不计)。多数灌溉水中的氮要首先进入土壤，通过土壤的转换才能被植物根系吸收。灌溉水中的氮含量较低，一般为 0.1～2 mg/L。据统计报道，每年每亩土壤接受灌溉水中氮素总量仅为 0.006 kg 左右。

植物吸收氮素的第三个来源是土壤中的氮，这也是植物吸收氮素的重要渠道。土壤中的全氮含量变异很大，随着地区的变化而变化。全国范围内的土壤普查数据说明，一般农田土壤的总氮含量为 0.02%～0.2%。但全部的氮素形态并不意味着对植物都有效。土壤中的全氮可以分为两种形态，即有机态氮和无机态氮。

以有机形式存在的氮素总量占土壤总氮量的 90%以上。有机氮的化合物包括蛋白质、氨基酸、氨基糖、核酸和一些尚未鉴定出的含氮化合物。据农业科研学者的研究，在当季作物的生长过程中，只有占 3%左右的有机氮量能够被土壤微生物分解矿化释放而被作物吸收。

以无机形式存在的氮素总量仅占土壤总氮量的 1%～2%，主要包括铵态氮、硝态氮、少量的亚硝态氮和尿素态氮等，这部分形态的氮素是土壤氮素的速效部分，可以被植物直接吸收和利用。

根据氮的来源及可提供的总量分析表明，植物生长的环境所能提供的有效氮素是有限的，为了提高农作物的产量和品质，提高种植的经济效益，就必须依靠外部环境的投入——施用肥料方能达到目的，它主要有化肥(氮肥)、有机肥料和固氮微生物肥料。

通常氮肥是速效性肥料，施入土壤后可以在短时间内被转化成农作物吸收利用的状态，是农民最经常使用的肥料。当前农资市场上常见的氮肥品种包括：尿素、碳酸氢铵、硫酸铵、氯化铵。为了提高氮肥的利用效率，更好地控制氮素的释放，科研工作者对现有的氮肥进行了改性，市场上也出现了一些标称“长效”的氮肥，例如涂层尿素、包膜尿素、长效碳铵等。

有机肥料是迟效型(或缓效型)肥料，其中所含的养分多属于有机形态。通过土壤微生物的分解活动释放其中的养分，是当前日益推广的绿色食品或有机食品的常用肥料。该类肥料包括：鸡粪、猪粪、羊粪、草炭、秸秆和利用这些原料所混合而制成的产品等。

固氮微生物肥料是指利用微生物活动而固定空气中氮气的一类肥料。其主要指固氮菌肥料和根瘤菌肥料。其中根瘤菌肥料性能稳定，增产效果明显，是农业生产中最常用的微生物肥料。但在实际的农业生产施肥中，相对氮肥和有机肥料的用量来说，固氮微生物肥料的用量及使用有效的农作物种类都是有限的。

3. 磷的供应

植物生长发育所需要的磷素主要来源于降雨、灌溉水、土壤和施肥。

灌溉水、降雨中的含磷量一般是很低的，植物通过叶片能够直接吸收降雨中的磷量（可以忽略不计）。

植物吸收磷素的第三个来源是土壤中的磷，这也是植物吸收磷素的重要渠道。从来源上讲，土壤中磷的表现方式与氮是完全不相同的。土壤中氮的最初来源是生物活动的原始积累，也就是说，地壳中本来不含有氮，仅仅是因为有了原始的固氮微生物、其他固氮微生物、生物包括人类的活动，土壤中才逐渐积累了不同含量的氮素。而磷在地壳中本来就存在，生物的活动不可能增加地壳中的总磷质量，它只是将一个地方的磷转移到另一个地方，或者是将植物不能利用的磷素转化为可以吸收和利用的磷素。

地壳中全磷的平均含量约为0.28%。但是受成土母质、成土过程、耕作制度等因素的影响，土壤中的全磷含量变化幅度很大，通常在0.04%～0.25%。在全国范围内，从南方到北方，土壤全磷含量逐渐升高。

在指导施肥时，土壤全磷含量仅仅可以被当作植物吸收磷素营养的相对指标，这就意味着土壤的全磷含量高，并非说明土壤不缺磷；但土壤的全磷含量低，就说明土壤供磷能力较差。对当季植物而言，能直接说明土壤供磷能力的指标是有效磷，其他组分的磷素只有被转化为有效磷后方能被植物所吸收和利用。

大量的试验研究证实，全国土壤中的70%左右缺磷，这些土壤中有效磷含量不能满足当季农作物的生长要求，需要施用磷肥。

目前能够提供磷素的肥料主要有化肥（磷肥）、有机肥料和磷细菌微生物肥料。当前农资市场上常见的磷肥包括过磷酸钙、重过磷酸钙、钙镁磷肥、磷酸一铵、磷酸二铵、磷酸氢钙、钙镁磷钾肥等；有机肥料的品种和数量也很多，主要包括禽畜粪便、骨粉、污泥、垃圾等；磷细菌微生物肥料的种类及生产量都较少。

4. 钾的供应

植物生长发育所需要的钾素主要来源于降雨、灌溉水、土壤和施肥。

灌溉水、降雨中的含钾量一般是很低的，植物通过叶片能够直接吸收降雨中的钾量（可以忽略不计），因此土壤和施肥就成为钾的主要供应源。

受成土母质、成土过程和气候等因素的影响，全国土壤中的全钾含量变化幅度很大，一般介于0.5%～2.5%，多数在1.2%左右。但据大量的试验研究，占土壤全钾含量的90%～98%为矿物态钾，对当季植物是无效的；占土壤全钾含量的1%～10%为缓效态钾，对当季植物所能提供的钾量也很少；占土壤全钾含量的0.1%～0.2%为有效态钾，其他形态的钾素只有在转化为有效态钾后方能被植物吸收和利用。

在全国范围内，土壤中钾素分布趋势是：由北方向南方，由西方向东方，各种形态的含量逐渐降低，因此我国长江以南地区土壤普遍缺钾，东北三省土壤缺钾就不严重。据试验统计，我国土壤中的50%左右缺钾，随着农作物产量的提高，这个比例还在不断扩大。所以为了提高作物的产量和品质，增加农民的经济收入，施用钾肥是必须的。

目前能够提供钾素的肥料主要有有机肥料、化肥（钾肥）和钾细菌微生物肥料。由于我国钾肥资源比较缺乏，而有机肥料中的钾均是速效的，因此推行秸秆还田，使用有机肥料就成为土壤补钾的重要农艺措施；我国所用的钾肥大部分来自国外，其中的70%～79%来源于俄罗斯、加拿大、以色列等国家的进口，主要品种包括氯化钾、硫酸钾等；钾细菌微生物肥料是一种新兴的肥料，其种类和总量较少，应用的地区和作物品种也有一定限度。

5. 钙、镁、硫的供应

从植物的需求量来说，钙、镁和硫一起并称为植物所必需的中量元素，这是由于植物对这三个元素的需求量介于氮、磷、钾三个大量元素和对铁、锰、铜、锌、硼、钼、氯七个微量元素的需要量之间。从植物生长的环境来讲，钙、镁、硫对植物的供应各有其不同的地方。

(1)钙的供应　受碳酸钙岩石和灰尘的影响，灌溉水和降雨中的含钙量要比其他矿质元素高一些，一般在3～100 mg/L。有些地区的地下水或地表水（如水库中的水、湖泊中的水、河流中的水等）经烧开沸腾后，锅上常常结一层白色的附着物，这其中就包括含钙、镁的碳酸盐一类的物质。

土壤中的含钙量取决于成土母质及其成土过程中的影响因素，如成土时间、风化强度、淋溶强度等。本来钙在地壳中的含量是较高的，排在第5位，其平均含量为3.64%。但由于以上因素的影响，致使我国同一水平高度的土壤中的全钙含量，从北向南，呈现逐渐降低的趋势。

土壤中的钙可分为矿物性钙、交换性钙和水溶性钙三部分。以矿物形式存在的钙占土壤全钙量的40%～90%，植物的根系无法直接吸收和利用，只有经过风化或分解后变成交换性钙才能被转化成有效钙。土壤中的有效钙包括交换性钙和水溶性钙两部分。经过对大量土壤有效钙含量的分析，其分布范围为100～10 000 mg/kg，因此土壤供钙的能力和强度是不一致的。

我国北方的土壤多数属于碱性石灰质，也就是说碳酸钙含量较高，酸碱度在7.5～8.5，土壤有效钙含量一般高于4 000 mg/kg，土壤供钙能力强，可以满足植物生长的需求。我国长江以南地区的土壤，大多经过了较强的淋溶和风化，碳酸钙含量很低，酸碱度在3～6，呈酸性，有效钙含量低于1 000 mg/kg，有的土壤每千克含钙甚至只有几十毫克，土壤供钙能力严重不足，在农作物和花卉种植时就要考虑选择使用含钙的肥料。

现在常见含钙的肥料品种包括有机肥料、钙肥。有机肥料对改良土壤，培肥地力，供应钙和其他营养元素是很有好处的，有机肥料的另一个优点是价格低廉，自己制造和使用都很方便，如实行秸秆还田、施用禽畜粪便等。钙肥主要包括生石灰，也就是氧化钙，在南方常常将它用于改良土壤的酸碱性；另外，钙镁磷肥、钙镁磷钾肥、磷矿粉、普通过磷酸钙、硫酸钙也是经常被选择施用的钙肥品种。

(2)镁的供应　和钙的表现基本相似，受到含有碳酸镁成分的岩石和灰尘的影响，用于农田灌溉的水和降落的雨水中的含镁量要比其他必需矿质元素高一些，但一般比钙的含量要低一些，一般在3～100 mg/L。

从全国范围讲，镁在地壳中的平均含量为2.35%，但镁在土壤中的含量随着地域的变迁而变化。它主要受到成土母质、气候、风化程度、淋溶等因素的影响，其中气候的影响尤其重要。气候炎热、潮湿、降雨量大的地区，土壤的风化程度和金属离子的淋溶强度就大，使土壤中的镁离子随着降雨而流失，最终的结果是：土壤中的全镁含量降低。这种情况可以从全国土壤全镁含量的变化趋势得到证实，即在同一水平高度上，我国土壤中的全镁含量从北向南呈逐渐降低的趋势。土壤中镁的存在形态主要是无机形态（无机物质），以有机形态（有机物质）存在的镁所占的比例很少。根据对植物的有效性强弱，土壤中无机形态的镁可以分为三种情况：矿物态镁、交换态镁和水溶性镁。矿物态镁对当季植物来说是无效的，只有交换态镁和水溶性镁对当季植物是有效的，但这两种形态存在镁含量很低，仅占土壤全镁含量的1%～20%，平均为5%。

经过大量的实际土样分析和田间肥料效应试验结果统计，如果土壤中有效镁含量低于100 mg/kg，就需要施用镁肥。一般情况下，北方地区土壤有效镁的含量较高，多数高于2 000 mg/kg，就不需要施用镁肥了；而在我国的南方地区，土壤的酸碱度偏低，呈现酸性，有效镁含量较低，特别是近年来，随着经济作物产量的不断提高，含镁肥料施用的减少，不含镁的肥料（磷酸二铵、磷酸一铵、硫酸钾、进口的氯化钾、氮肥等）施用量的增加，更加剧了土壤中有效镁的缺乏。作物缺镁的症状日益明显，所以为了获得作物高产稳产，取得理想的经济效益，施用镁肥是今后南方地区（长江以南）发展农业生产应该特别注意的问题。

现在常见含镁的肥料品种包括有机肥料、镁肥。施用有机肥料对镁的供应与钙的供应基本一致。目前专用的农用镁肥品种很少，但可用作镁肥的化工原料或产品种类较多。这些镁肥包括硫酸镁、含钾硫酸镁、硝酸镁、氧化镁等；如果在日常施肥管理中选择含镁为副成分的肥料，如钙镁磷肥、钙镁磷钾肥、磷矿粉、普通过磷酸钙、含镁的叶面肥料、部分复混（合）肥料等，也可以避免土壤缺镁的情况发生或救治缺镁的土壤，以达到提高农作物产量和品质，增加经济效益的目的。

(3)硫的供应　在三个中量元素中，硫的供应与钙、镁的供应存在一些差异。因为硫可以以二氧化硫、硫化氢等气态形式存在于空气中，而植物的叶片可以直接吸收空气中的二氧化硫。这在一些大量烧煤的地区，空气中的二氧化硫、硫化氢浓度较高，这种情况更加明显，有的甚至会致使叶片中毒或呈灼烧状。其中的部分硫也会随着降雨或降雪而进入土壤，引起酸雨或酸雪。

农田灌溉水和降雨中也含有一定量的硫，通常为5～20 mg/L，这对补充土壤中的硫是很有意义的。

土壤硫可分为矿物态硫、吸附性硫和水溶性硫。水溶性硫和吸附性硫都是有效硫，但两者之和不到土壤总硫量的1/10。矿物态硫占总硫量的近9/10，属于无效硫的范围。

在以前的施肥中，硫酸铵和过磷酸钙是农民经常选择施用的肥料；这些肥料中含有大量的硫酸根，所以多年来并没有发现缺硫的症状，人们也一致认为北方土壤硫的供应是足够的。但随着施用化肥品种的改变，尿素和硝酸铵取代了硫酸铵，磷酸盐肥料（磷酸一铵、磷酸二铵）取代了过磷酸钙，土壤中有效硫的含量降低了，有许多地方农作物出现了缺硫的症状，施用硫肥能够提高蔬菜的产量和品质，在部分地区能够提高水稻的产量。

这说明为了农作物高产优质，北方地区部分作物及部分地区施用硫肥是必须的。我国南方地区普遍存在高温多雨，土壤中的有效硫容易随着水的移动而流失，导致土壤缺硫。通常推荐：土壤有效硫含量10～16 mg/kg为硫的临界值，低于该值时，土壤就需要施硫肥。

现在常见含硫的肥料品种包括有机肥料、硫肥。有机肥料中含有1%～5%的全硫，它需要通过土壤微生物的分解才能释放出来，肥效较慢。硫肥主要包括硫酸镁、硫酸亚铁、硫酸钾、普通过磷酸钙、石膏、含硫的叶面肥料、部分复混（合）肥料等，其中最重要而又最经常施用的硫肥是石膏。

6. 微量元素的供应

微量元素在土壤中的有效浓度很低，一般情况下它们的有效浓度均低于10 mg/kg。虽然农作物生长所需的微量元素总量大大低于大量元素和中量元素，但是如果土壤中微量元素的浓度低于各自的临界值，农作物的生长发育就会受到影响，表现出微量元素各自所特有的缺乏症状，从而影响其产量和品质，甚至造成绝产。

虽然微量元素在土壤中的有效含量很低，但是如果盲目施肥，施用量稍大，就容易发生微量元素的毒害作用，这种现象随着微量元素的临界值浓度降低而越发明显。表现明显的总趋势是钼＞硼＞铜＞锌＞锰＞铁＞氯(依次降低)。

因此，在选择施用微量元素肥料时，应特别注意土壤的分析数值和植物生长环境的供应能力和供应量，最后确定施用微量元素肥料的种类和最佳用量。

(1)铁的供应　在植物生长的环境里，空气和水中的铁含量很低，对植物生长所需的铁的供应贡献可以忽略不计，植物生长所需的铁均来自土壤。

土壤中的全铁含量很高，能达2%，它的含量仅次于氧、硅和铝，排在第4位，但植物所需的铁较少，每公顷吸收的总量很少超过1 kg。

然而，叶肉发白失去绿色而叶脉仍保持绿色的缺铁症状，在我国北方石灰性土壤上却常常发生。这是因为土壤中的铁分为有机铁和无机铁两大类，有机铁所占的比例很少，不超过总铁量的1%，剩余的99%以上全是无机铁，土壤肥力供应主要来自无机铁。无机铁又可以进一步分为矿物态铁、交换态铁和水溶态铁三大类。其中矿物态铁占无机铁的99%以上，该部分属于无效态铁。交换态铁和水溶性铁是植物能够吸收和利用的有效铁，但在土壤中的含量比较低，一般不高于15 mg/kg。当土壤中有效铁含量低于2.5 mg/kg时，铁的供应就会不足，农作物常会发生缺铁症状。我国北方土壤属于石灰质地，呈碱性，容易发生铁的固定。另外，土壤中空气充足而处于强氧化状态，有效铁的转化偏向于无效态方面，致使铁的供应发生困难而使植株表现出缺铁的症状。

但长江以南的土壤就不是这种情况了，因为土壤所呈现出的砖红色、红色、黄色、紫色等多是由铁的氧化物引起的。土壤的有效铁含量特别高，供铁的能力很强，在农田施肥管理上就要注意降低有效铁的浓度(如施用生石灰)以防止植物的铁中毒。

目前常用的含铁肥料包括有机肥料和铁肥两种。铁肥有硫酸铁、硫酸亚铁、氧化铁、含铁的复混肥料、含铁的叶面肥料、螯合铁肥和有机铁肥等。

(2)锰的供应　在植物生长的环境里，空气和水中的锰含量很低，对植物生长所需的锰的供应贡献可以忽略不计，因此植物生长所需的锰均来自土壤。

锰在土壤中存在的形态可分为能被作物吸收的二价锰化合物(包括水溶性锰、交换性锰、易还原态锰)和不容易被作物吸收的高价锰化合物(矿物态)。

水溶性锰主要是指能溶解于水中的锰离子，含量仅为0.01～1 mg/kg；交换性锰是通过离子交换吸附在土壤颗粒表面的锰离子，含量较低；易还原态锰的有效性受土壤环境影响比较大，在土壤滞水、通气不良的条件下可以转化为有效态，反之土壤水分含量低，通气良好的条件下就被转化为无效态。

从全国范围讲，南方的砖红壤、红壤和黄壤中，由于土壤呈酸性，降雨量大或种植水稻而导致土壤呈还原性状态，有效态锰含量很高，土壤对植株锰的供应能力很强，容易发生锰中毒。

北方土壤呈碱性，容易造成锰的固定；另外种植小麦、玉米的土壤通气性好，二价锰趋向于向高价锰转化而造成有效锰的浓度降低，土壤供锰的能力减弱。

因此，我国发生缺锰的土壤主要分布在北方石灰性土壤，如黄土高原、华北平原和黄河、淮河流域发育起来的质地较轻的土壤，如砂壤、轻壤等。

用于提供锰素的肥料品种很多，主要有有机肥料、硫酸锰、碳酸锰、氧化锰、含锰的复混肥料和含锰的叶面肥料等。

(3)铜的供应　与铁、锰一样，在植物生长的环境里，空气和水中的铜含量很低，对植物生长所需的铜的供应贡献可以忽略不计，植物生长所需的铜大多来自土壤。

土壤中的铜主要来源于成土母质，所以说不同的成土母质形成的土壤，其铜含量相差很大，一般变化浮动在 10～500 mg/kg。按照对植物有效性的大小，可以将土壤中的铜分为矿物态铜、吸附态铜、水溶态铜和有机螯合态铜四类。

矿物态铜是土壤铜存在的主要形式，相对植物的吸收和利用讲，该形态的铜是无效的。

在有机质含量高的土壤里，有机螯合态铜含量很高，能占全铜量的 1/5～1/2；在有机质含量低的土壤里，有机螯合态铜的含量很低。该形态的铜主要是施用有机肥料中动植物残体所带来的，也有部分来自施用的有机物与土壤中的水溶性铜结合而形成的。该形态铜的有效性相差很大，分子量较小的有机物与铜离子能够形成可溶性螯合物，这部分的铜就是有效的；但如果是分子量大的有机物（如腐殖质），与铜结合就形成了很稳定的螯合物，这种形态的铜对植物就是无效的。

水溶态铜和吸附态铜是有效的，土壤铜的供应能力也主要是由这两种形态决定的，但其含量很低，一般低于 1 mg/kg。

从全国范围讲，由于土壤有效铜的缺乏而引起减产的报道并不很多，但据许多文献资料报道：含铜的叶面肥料使用后，可以提高经济作物的产量，改善其品质，农民的收入得到了增加。这说明土壤的供应铜的能力在有些地区和作物上仍然不足，需要施用铜肥才能满足植物需求。

铜肥可以分为有机肥料、无机铜肥和有机铜肥。有机肥料主要起到预防缺铜的现象发生，无机铜肥和有机铜肥则是有针对性地增加铜的供应能力。无机铜肥包括五水硫酸铜（在林果业，硫酸铜被用于配制波尔多液喷洒在叶片上起到防治病虫害的目的）、氧化铜、氧化亚铜、含铜的复混肥料、含铜的叶面肥料等。有机铜肥是一类人工合成的螯合物，它们的肥效比无机铜肥肥效高，但价格昂贵，所以限制了其在实际农业生产中的推广应用。

(4)锌的供应　一般来说，大气和雨水中的含锌量很低，对植物生长锌的供应量是很少的，可以忽略不计。

我国土壤中全锌含量变化幅度较大，介于 3～790 mg/kg 之间，平均值为 100 mg/kg。土壤中全部的锌并非都对植物有效，可以将它们划分为难溶态锌（矿物态锌）、吸附态锌、有机复合态锌和水溶态锌四种形态。难溶态锌为无效锌，其他三种形态的锌为有效锌，是土壤供锌能力的主要来源。

我国地域辽阔，南北纬度、东西经度相差都比较大，土壤的类型差异也很显著，造成了土壤供应锌的数量和速度均存在着很大的差别。

长江以北的农田土壤中碳酸钙含量高，多属于石灰质碱性土壤，有效锌含量低。许多地方的土壤，有效锌含量低于锌的临界值 0.5 mg/kg。农业生产上常发生果树（苹果树、桃树、梨树等)的小叶病、玉米的白苗病、水稻的黄化病,都是作物缺锌的典型症状,它能导致作物减产或品质降低,严重的甚至绝产。

长江以南的农田土壤风化程度较深,土壤呈酸性,一般不会发生缺锌的现象,但也有文献报道所种植的柑橘、油桐发生缺锌症状;一些地方为了改良土壤的酸性而大量施用石灰造成土壤的酸碱值(pH)提高,诱发了土壤锌的固定而导致供锌能力下降使农作物发生缺锌症状。

当土壤供应锌的能力不足时,施用锌肥就成为必须的了。能够提供锌素的肥料品种很多,可以将它们粗略地分为有机肥料、无机锌肥和有机锌肥。随着机械化养殖业的发展,饲料也成为配方化的商品,其中也添加了含锌的物质,造成了当前的有机肥料中锌的含量普遍较传统养殖的高,因此施用有机肥料可以提高土壤的供锌能力。

无机锌肥包括硫酸锌、氧化锌、硝酸锌、含锌的复混肥料、含锌的叶面肥料,有机锌肥包括几种人工合成的锌螯合物。有机锌肥效果较好,但价格昂贵,不适宜于大面积推广。

(5)硼的供应　硼在用于农田灌溉水和降雨中含量很低,在一般情况下,仅为 0.01 mg/L 以下,在考虑施肥时可以忽略不计。硼在大气中的含量也很低,因此通过植物叶片能够吸收到的空气中的硼微乎其微,在考虑植物生长环境对硼的供应时也可以忽略不计。所以土壤就成为植物生长所需硼的主要供给来源。受成土母质和成土过程的影响,我国土壤的含硼量随地域的变化而变化,其总的含量范围是 2～500 mg/kg,大致的平均值是 60 mg/kg。

并非土壤中所有形态的硼都是对植物生长有效的。根据硼的有效性,可以将全硼区分为矿物态硼、吸附态硼和水溶态硼等三种形态。矿物态硼占土壤全硼量的 98%以上,是无效态硼。吸附态硼和水溶态硼均是植物可以吸收利用的有效硼,但二者的含量很低,一般要低于 1 mg/kg。

大量的硼肥肥效田间试验结果证实,土壤有效硼的临界值是 0.5 mg/kg。当土壤的有效硼测试值低于临界值时,在施肥时就要考虑施用硼肥;当土壤中的有效硼测试值高于该临界值时,说明土壤供应硼的能力强,不需要额外施用硼肥了。

经过全国土壤普查和各地的大量试验,已经知道供硼能力不足的土壤主要集中在我国的长江以南地区,包括南方的红壤区(红壤、砖红壤、黄壤等)、北方的黄河和黄河冲积物发育起来的土壤区(黄土高原、华北平原等)。

含硼的肥料主要是有机肥料和硼肥。有机肥料是缓效肥料,其中的有机物质经过分解而释放出硼。硼肥是速效肥料,它包括硼酸、硼砂、硼镁肥、含硼的复混肥料、含硼的叶面肥料等。

(6)钼的供应　在共计 16 种植物的必需营养元素中,钼是植物需要量最小的。

由于植物生长所接触环境中的空气基本不含钼,因此植物生长所需的钼基本上都来自根系从土壤中的吸收。

我国土壤的钼含量为 0.1～6 mg/kg,平均为 1.7 mg/kg。钼在土壤中存在的形态有水溶性、交换性、有机态和难溶性的,前两种形态的钼对作物是有效的,有机态钼需要经过分解矿化后才能被植物所吸收和利用。难溶性的钼对植物有效性是最低的,也可以说是无效态的钼。经过试验证实,土壤是否缺钼的临界值为 0.15 mg/kg。

我国缺钼土壤主要分布在黄河流域的黄土和石灰性的冲积土壤,这些土壤的全钼和有效钼含量都非常低;长江流域的砖红壤、红壤中的全钼含量较高,但在酸性土壤条件下,钼能被活性的铁、铝、锰所固定,也可能被土壤颗粒所吸附,造成有效钼的浓度很低。当土壤的酸碱值

(pH)在6以上时,钼的活性最强,土壤供应钼的能力最强。

在农作物的施肥管理中,由于钼的需要量小,一般不考虑施用钼肥。但对豆科作物(如大豆、蚕豆、花生等)和十字花科作物来说,它们对钼的缺乏很敏感(钼是固氮过程中所必需的营养元素),当土壤中钼的供应数量不足时,就必须施用钼肥。目前农用的钼肥品种基本没有,一般选用工业级的品种或以工业品为原料制造的其他肥料来代替,包括工业级的钼酸钠、三氧化钼、钼酸铵,含钼的复混(合)肥料、含钼的过磷酸钙、含钼的液面肥料、含钼的根瘤菌肥料等。另外,据北京市农林科学院植物营养与资源研究所研究人员对大量有机肥料钼含量的分析测试,有机肥料中有效钼含量较高,一般会超过0.5 mg/kg,因此,施用有机肥料对增加土壤中的有效钼含量是很有帮助的。

(7)氯的供应　氯离子是不会发生变价的,它是以一价阴离子存在的。虽然它也是必需营养元素,但植物生长环境中氯的供应和其他的必需元素存在着很大的差别,环境中的氯离子供应量非常充足,不存在其他的元素那样供应能力不足的特点,有的情况甚至造成危及植物的正常生长。

存在于大气中的氯离子含量是很低的,但存在于灌溉水中的氯离子浓度却较高,一般在10 mg/L以上,部分地区的地下水含氯离子的浓度能高达200 mg/L以上(这也是人们常说的水咸的原因之一)。

受成土母质和灌溉水的常年周而复始的影响,土壤中的氯离子含量也很高,一般在0.5～6 000 mg/kg,北京郊区农田土壤一般在150 mg/kg左右。

氯离子呈负一价,一般情况下土壤颗粒也呈负电荷,因此,它在土壤中不会被土壤颗粒所吸附。氯离子的化合物,如氯化钠、氯化钙、氯化镁、氯化钾等,多数是水溶的,因此,氯离子在土壤中的存在方式基本上是溶解于土壤溶液中。这也就决定了氯离子在土壤中具有移动性很强的特点,很容易随着水分在土壤中移动。有的地方,浅层地下水(50 m以内)含有的氯离子,随着地表的蒸发,土壤中的水分向上移动,地下水也随着土壤中的毛细管而向上移动进行补充,地下水中所含的大量氯离子就移动到地表结晶而形成一层白色物质,这就是盐。受海水冲洗的土壤、排水不良而又汇集其他地方来的水的土壤、降雨量小并且淋洗轻微的土壤,都容易发生这种情况。据北京市农林科学院植物营养与资源研究所研究人员研究结果证明,当土壤中的氯离子含量达到500 mg/kg时,黄瓜的出苗时间、出苗率、最后的产量和品质均受到较大的影响。

由于氯离子的这些特点,加上当前我国施用的氮肥、钾肥、复混肥料、液体肥料中,很多品种均是含氯的,如氯化铵、氯化钾、以氯化铵和氯化钾为原料制造的复混肥料等等,造成植物生长的环境供应氯离子的强度很高,因此,我国农田作物施肥管理中应该很少考虑单独施用含氯化肥。相反,在大多数的情况下,应尽可能地选用不含氯离子的化肥来代替,少用或不用含氯离子的化肥,以保证植物的正常生长发育和获得高产优质的农作物。

【技能训练】

实训　识别肥料

请根据查阅的资料和简单的实验填写表2-1-2。

表 2-1-2　肥料识别表

肥料名称	种类(氮肥、磷肥、钾肥、复合肥)	物态	颜色	可溶性	生理酸碱性
碳铵					
硫铵					
氯化铵					
硝酸铵					
尿素					
氯化钾					
硫酸钾					
硝酸钾					
磷酸铵					
磷酸二氢钾					
骨粉					

请说出作物缺乏下列元素时的表现(表 2-1-3)。

表 2-1-3　作物缺素表

肥料名称	植物缺乏该元素的表现
氮	
磷	
钾	
钙	
镁	
锌	
硼	

【任务成果】

1. 知识测试

(1)肥料根据不同的分类依据如何进行分类?

(2)请列举一种生理酸性和生理碱性的肥料,并说明原理。

2. 实训成果

到田间进行实地考察，拍摄患有缺素症植物的症状照片，体会元素对植物生长的作用。

●思政花园

坚志者，功名之主也；不惰者，众善之师也。

——晋·葛洪《抱朴子·广譬》

释义：意志坚定，是建功立业的主导；不懒惰，是一切善行的老师。指志坚和勤奋，是做事做人的基本原则。

项目二

样品的采集与制备

【项目分析】

从待测的原始物料中取得分析试样的过程叫采样。采样的目的是采取能代表原始物料平均组成(即有代表性)的分析试样。若分析试样不能代表原始物料的平均组成，即使后面的分析操作很准确也是徒劳，其分析结果依然是不准确的。因此，用科学的方法采取供分析测试的分析试样(即样品)是分析工作者的一项十分重要的工作。一定要十分重视样品的采取与制备，不仅要做到所采取的样品能充分代表原物料，而且在操作和处理过程中还要防止样品变化和污染。具体详见《固体化工产品采样通则》(GB/T 6679—2003)。

【技能目标】

1. 能正确选择和使用常用的采样工具；

2. 能根据固体物料的存在状态确定采样方案，选择正确的采样方法，采取和制备固体样品；

3. 能够从贮存器、输送管道中采取普通、高黏度和易挥发的液体样品。

【知识目标】

1. 理解采样的目的和意义；

2. 掌握采样方案的制订原则；

3. 了解固、液两种形态的物料采样特点，理解采样安全知识和试样的管理方法；

4. 掌握固态、液态样品的采取方法。

【素质目标】

1. 培养学生把握全局的能力；

2. 培养学生团结合作的精神；

3. 让学生树立为社会服务的意识，培养学生维护委托方的合法权益，对委托方提供的样品、文件和检测数据严格保密的职业道德。

【知识学习】

一、化工样品采样总则

(一)采样的基本术语

(1)采样单元　具有界限的一定数量物料,其界限可能是有形的,如一个容器;也可能是无形的,如物料流的某一时间或时间间隔。

(2)份样(子样)　用采样器从一个采样单元中一次取得的一定量物料。

(3)样品　从数量较大的采样单元中取得的一个或几个采样单元,或从一个采样单元中取得的一份或几个份样。

(4)原始平均试样　合并所有采取的份样(子样)称为原始平均试样。

(5)分析化验单位　应采取一个原始平均试样的物料的总量称为分析化验单位。分析化验单位可大可小,主要取决于分析的目的,可以是一件,可以是企业的日产量或其他的一批物料。但对于大量的物料而言,分析化验单位不能过大。

(6)实验室样品　为送往实验室供检验或测试而制备的样品。

(7)备考样品　与实验室样品同时同样制备的样品,在有争议时,它可为有关方面接受用作实验室样品。

(8)部位样品　从物料的特定部位或在物料流的特定部位和时间取得的一定数量或大小的样品,如上部样品、中部样品或下部样品等。部位样品是代表瞬时或局部环境的一种样品。

(9)表面样品　在物料表面取得的样品,以获得关于此物料表面的资料。

(二)采样的目的

采样的具体目的可分为下列几个方面。

1. 技术方面

(1)确定原材料、半成品及成品的质量。

(2)控制生产工艺过程。

(3)鉴定未知物。

(4)确定污染的性质、程度和来源。

(5)验证物料的特性或特性值。

(6)测定物料随时间、环境的变化。

(7)鉴定物料的来源等。

2. 商业方面

(1)确定销售价格。

(2)验证是否符合合同的规定。

(3)保证产品销售质量,满足用户的要求等。

3. 法律方面

(1)为了检查物料是否符合法令要求。

(2)为了检查生产过程中泄露的有害物质是否超过允许极限。

(3)为了法庭调查,确定法律责任,进行仲裁等。

4．安全方面

(1)确定物料是否安全及其危险程度。

(2)分析发生事故的原因。

(3)按危险性进行物料的分类等。

(三)工业物料的分类

工业物料按其特性值的变异性类型可以分为两类，即均匀物料和不均匀物料，不均匀物料又可再细分，如图 2-2-1 所示。

- 物料
  - 均匀物料
  - 不均匀物料
    - 随机不均匀物料
    - 非随机不均匀物料
      - 定向非随机不均匀物料
      - 周期非随机不均匀物料
      - 混合非随机不均匀物料

图 2-2-1　工业物料分类

均匀物料是指如果物料各部分的特性平均值在测定该特性的测量误差范围内，此物料就该特性而言是均匀物料。

不均匀物料是指如果物料各部分的特性平均值不在测定该特性的测量误差范围内，此物料就该特性而言是不均匀物料。

随机不均匀物料是指总体物料中任一部分的特性平均值与相邻部分的特性平均值无关的物料。

定向非随机不均匀物料是指总体物料的特性值沿一定方向改变的物料。

周期非随机不均匀物料是指在连续的物料流中物料的特性值呈现出周期性变化，其变化周期有一定的频率和幅度。

混合非随机不均匀物料是指由两种以上特性值变异性类型或两种以上特性平均值组成的混合物料，如由几批生产合并的物料。

(四)采样技术

1．采样原则

均匀物料的采样原则上可以在物料的任意部位进行，但要注意在采样过程中不应带进杂质，且尽量避免引起物料的变化(如吸水、氧化等)。

对于不均匀物料一般采取随机采样。对所得样品分别进行测定，再汇总所有样品的检测结果，可以得到总体物料的特性平均值和变异性的估计量。

随机不均匀物料可以随机采样，也可非随机采样。

定向非随机不均匀物料要用分层采样，并尽可能在不同特性值的各层中采出能代表该层物料的样品。

周期非随机不均匀物料最好在物料流动线上采样，采样的频率应高于物料特性值的变化频率，切忌两者同步。

混合非随机不均匀物料的采样，首先尽可能使各组成部分分开，然后按照上述各种物料类型的采样方法进行采样。

2．确定样品数和样品量

在满足需要的前提下，样品数和样品量越少越好。任何不必要的增加样品数和样品量都会导致采样费用的增加和物料的损失，能给出所需信息的最少样品数和最少样品量称为最佳样品数和最佳样品量。

样品数对一般产品，都可用多单元物料来处理。其单元界限可能是有形的，如容器；也可能是设想的，如流动物料的一个特定时间间隔，物料堆中某一部位等。

对多单元的被采物料，采样操作可分为两步：第一步，选取一定数量的采样单元；第二步，对每个单元按物料特性值的变异性类型进行采样。

样品量应至少满足以下要求：①至少满足三次重复检测的需要；②当需要留存备考样品时，必须满足备考样品的需要；③对采得的样品如需要做制样处理时，必须满足加工处理的需要。

3. 采样误差

在采样的过程中，采得的样品可能包含采样的偶然误差和系统误差。其中偶然误差是由一些无法控制的偶然因素所引起的，这虽无法避免，但可以通过增加采样的重复次数来缩小这个误差。而系统误差是由于采样方案不完善、采样设备有缺陷、操作者不按规定进行操作以及环境等的影响产生的，其偏差是定向的，必须尽力避免。

(五)采样记录和采样安全

1. 采样记录和采样报告

采样时应记录被采物料的状况和采样操作，如物料的名称、来源、编号、数量、包装情况、存放环境、采样部位、所采样品数和样品量、采样日期、采样人等。必要时可填写详细的采样报告。

2. 采样安全

在有些情况下采样时，采样者有受到人身伤害的危险，也可能造成危及他人安全的危险条件。为确保采样操作的安全进行，采样时应按以下规定执行。

采样地点要有出入安全的通道、照明和通风条件。

贮罐或槽车顶部采样时要防止掉下来，还要防止堆垛容器的倒塌。

如果所采物料本身有危险，采样前必须了解各种危险物质的基本规定和处理办法，采样时，需有防止阀门失灵、物料溢出的应急措施和心理准备。

采样时必须有陪伴者，且需对陪伴者进行事先培训。

二、固体试样的采取和制备

固体物料种类繁多，形状各异，其均匀性很差。采样前，首先应根据物料的类型、采样的目的和采样原则，确定采样单元、样品数、样品量、采样工具及盛装样品的容器等。然后按照规定的采样方案进行操作，以获得具有代表性的样品。根据固体物料在生产中的使用情况，常选择在包装线上、运输工具中或成品堆中进行采样，以适应不同的物料存在形式。

(一)采样工具

采取固体试样常用的采样工具有采样铲(图 2-2-2)、采样探子(图 2-2-3)、气动采样探子(图 2-2-4)、采样钻(图 2-2-5)和真空探针等。

采样探子适用于粉末、小颗粒、小晶体等固体化工产品采样。进行采样时，应按一定角度插入物料，插入时，应槽口向下，把探子转动两三次，小心地把探子抽回，并注意抽回时应保持槽口向上，再将探子内的物料倒入样品容器中。

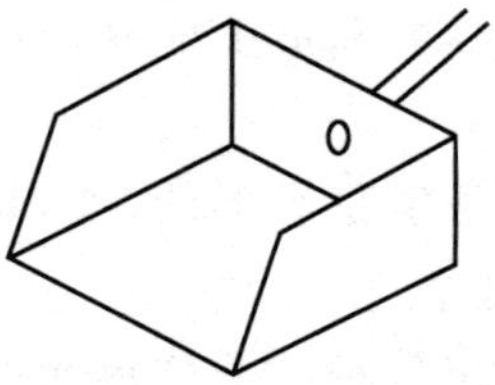

图 2-2-2　采样铲

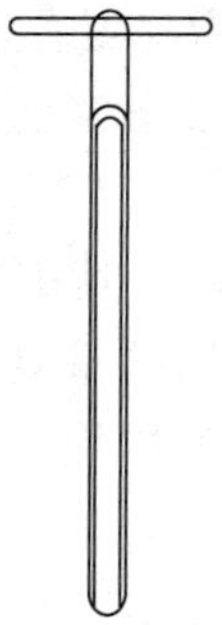

图 2-2-3　末端开口的采样探子

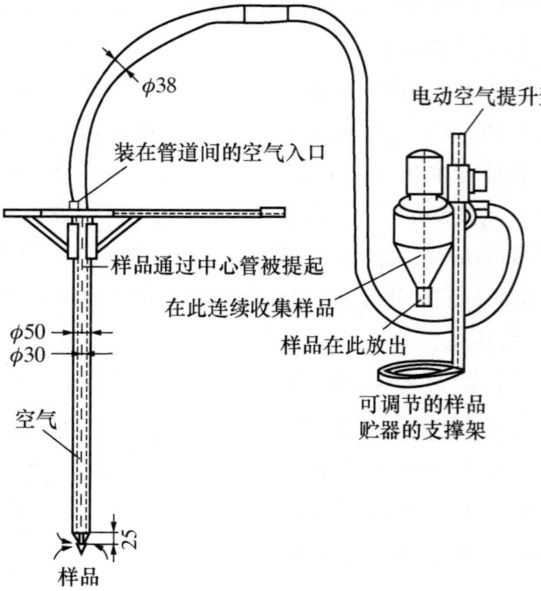

图 2-2-4　典型的气动采样探子(单位:mm)

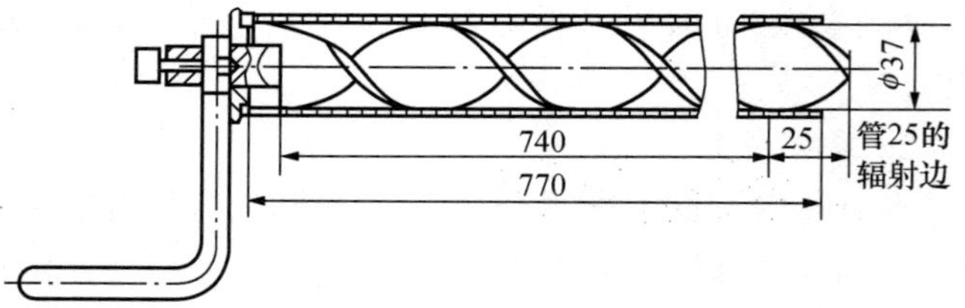

图 2-2-5　窗板关闭式采样钻(单位:mm)

采样钻适用于较坚硬的固体采样。关闭式采样钻是由一个金属圆桶和一个装在内部的旋转钻头组成,采样时,牢牢地握住外管,旋转中心棒,使管子稳固地进入物料,必要时可稍加压力,以保持均等的穿透速度。到达指定部位后,停止转动,提起钻头,反转中心棒,将所取样品移进样品容器中。

气动和真空探针适用于粉末和细小颗粒等松散物料的采样。气动探针由一个真空吸尘器和一个由两个同心圆组成的探子构成。开启空气提升泵,使空气沿着两管之间的环形通路流至探头,并在探头产生气动而带起样品,同时使探针不断插入物料。

(二)采样程序(方案的制订)

1. 确定采取的样品数

(1)单元物料　当总体物料的单元数小于 500 时,可按照表 2-2-1 的规定确定;当总体物料的单元数大于 500 时,可按总体单元数立方根的三倍数确定,即

$$n = 3 \times \sqrt[3]{N} \tag{2-2-1}$$

式中:n——选取的单元数;

N——总体物料的单元数。

(2)散装物料

①当批量少于 2.5 t 时,采样为 7 个单元(或点);

②当批量为 2.5～80 t 时,采样为$\sqrt{批量(t) \times 20}$个单元,计算到整数;

表 2-2-1　选取采样单元数的规定

总体物料的单元数	选取的最少单元数	总体物料的单元数	选取的最少单元数
1～10	全部单元	182～216	18
11～49	11	217～254	19
50～64	12	255～296	20
65～81	13	297～343	21
82～101	14	344～394	22
102～125	15	395～450	23
126～151	16	451～512	24
152～181	17		

③当批量大于 80 t 时，采样为 40 个单元。

2. 确定采取的样品量

样品量应满足之前所述的采样技术中的规定。

3. 确定采取样品的方法

(1)从物料流中采样　用自动采样器、勺子或其他适当的工具从皮带运输机或物料的落流中随机或按照一定的时间或质量间隔采取试样。若采用相同的时间间隔采取，则

$$T \leqslant \frac{Q}{n} \tag{2-2-2}$$

式中：T——采样的质量间隔；

Q——批量，t；

n——采样的单元数，个。

注：第一个试样不能从第一个时间间隔的起始点采取。

(2)从运输工具中采样　从运输工具中采样，应根据运输工具的不同，选择不同的布点方法，常用的布点方法有斜线三点采样法[图 2-2-6(a)]、斜线五点采样法[图 2-2-6(b)]。布点时应将子样分布在车皮的一条对角线上，首、末两个子样点至少距车角 1 m，其余子样点等距离分布在首、末两子样点之间。另外还有 18 点采样法[2-2-6(c)]。

(3)从物料堆中采样　根据物料堆的形状和子样的数目，将子样分布在堆的顶、腰和底部(距地面 0.5 m)，采样时应先除去 0.2 m 的表面层后再用采样铲挖取即可。

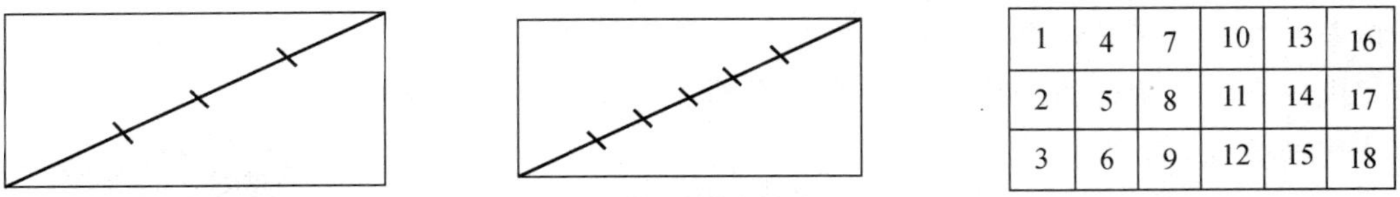

(a)斜线三点采样法　(b)斜线五点采样法　(c)18点采样法

图 2-2-6　采样法

三、样品的制备与保存

样品制备的目的是从较大量的原始样品中获取最佳量的、能满足检验要求的、待测性能能代表总体物料特性的样品。从采样点采得的样品，经过制样后，贮存在合适的容器中，留待实

验测定时使用。

(一)制样的基本操作

(1)破碎　可用研钵或锤子等手工工具粉碎样品,也可用适当的装置和研磨机械粉碎样品(图 2-2-7)。

(2)筛分　选择目数合适的筛子,手工振动筛子,使所有的试样都通过筛子。如不能通过该筛子,则需重新进行破碎,直至全部试样都能通过。

(3)混匀

①手工方法。根据试样量的大小,选用适当的手工工具(如采样铲等),采用堆锥法混合样品。

堆锥法的基本做法为:利用采样铲将破碎、筛分后的试样从锥底铲起后堆成圆锥体,再交互地从试样堆两边对角贴底逐铲铲起堆成另一个圆锥,每铲铲起的试样不宜过多,并分两三次撒落在新堆的锥顶,使之均匀地落在锥体四周。如此反复进行三次,即可认为该试样已被混匀。

②机械方法。用合适的机械混合装置混合样品。

(4)缩分　缩分是将在采样点采得的样品按规定把一部分留下来,其余部分丢弃,以减少试样数量的过程。常用的方法有手工方法和机械方法。

①手工方法。常用的方法为堆锥四分法。其基本做法为:将利用三次堆锥法混匀后的试样锥用薄板压成厚度均匀的饼状,然后用十字形分样板将饼状试样等分成四份,取其对面的两份,其他两份丢弃;再将所取试样堆成锥形压成饼状,取其对面的两份,其他两份丢弃(图 2-2-8)。如此反复多次,直至得到所需的试样量。

图 2-2-7　密闭卧式锥形研磨机

图 2-2-8　四分法缩分操作

注:最终样品的量应满足检测及备考的需要,把样品一般等量分成两份,一份供检测用,一份留作备考。每份样品的量至少应为检验需要量的三倍。

②机械方法。用合适的机械分样器缩分样品。如格槽式分样器,如图 2-2-9 所示。

注:在制样过程中,这四个步骤可能是交叉进行的,并不能保证每一个步骤一次完成。

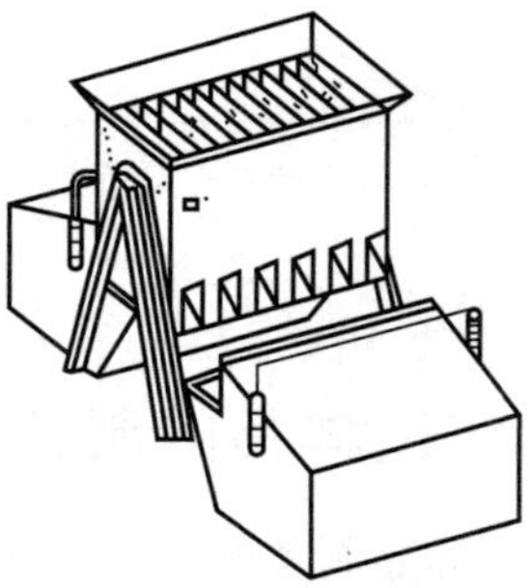

图 2-2-9　格槽式分样器

(二)试样的保存

样品应保存在对样品呈惰性的包装材质中(如塑料瓶、玻璃瓶等),贴上标签,写明物料的名称、来源、编号、数量、包装情况、存放环境、采样部位、所采样品数和样品量、采样日期、采样人等,见表 2-2-2。

样品保存时间一般为 6 个月，根据实际需要和物料的特性，可以适当延长或缩短。

表 2-2-2 采样记录表

样品登记号		样品名称	
采样地点		采样数量	
采样时间		采样部位	
采样日期		包装情况	
采样人		接收人	

四、液体试样的采集和制备

液态物料具有流动性，组织比较均匀，易采得均匀样品。液体产品一般是在容器中贮存和运输，所以采样前应根据容器情况和物料的种类来选择采样工具和确定采样方法。同时采样前还必须进行预检，即了解被采物料的容器大小、类型、数量、结构和附属设备情况；检查包装容器是否受损、腐蚀、渗漏，并核对标志；观察容器内物料的颜色、黏度是否正常；表面或底部是否有杂质、分层、沉淀或结块等现象；判断物料的类型和均匀性。为采取样品收集充足的信息。

（一）采样工具

液体样品的采样工具常用的有采样勺（图 2-2-10）、采样瓶、采样罐、采样管（图 2-2-11）和自动管线采样器等。

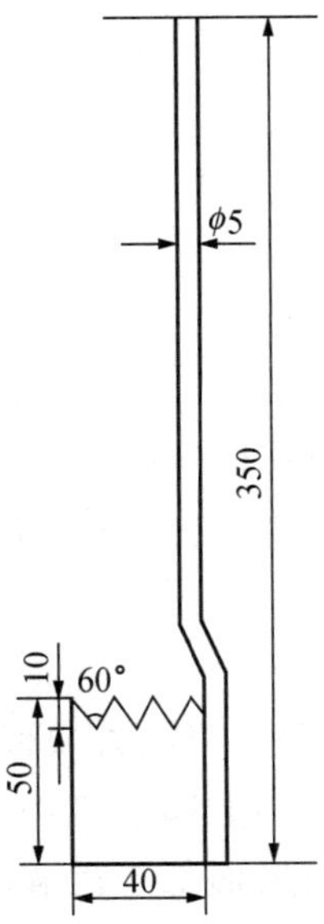

图 2-2-10 表面采样勺（单位：mm）

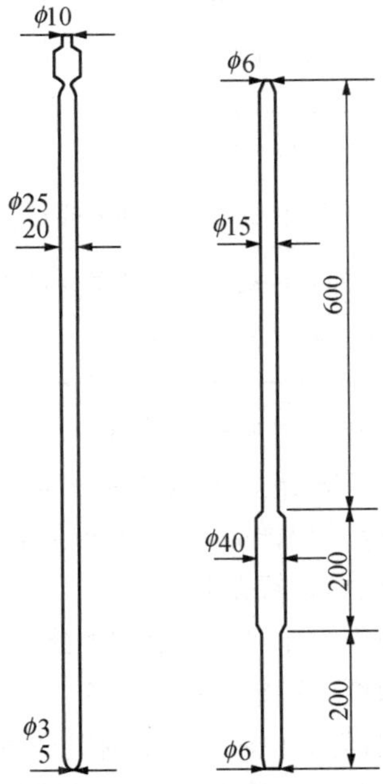

图 2-2-11 玻璃采样管（单位：mm）

（二）一般液体样品的采集

液体样品在常温下通常为流动态的单相均匀液体。为了保证所采得的样品具有代表性，必须采取一些具体措施，而这些措施取决于被采物料的种类、包装、贮运工具及运用的采样工具。

1. 从小贮存器中采样

(1)小瓶装产品　按采样方案随机采得若干瓶样品，各瓶摇匀后分别倒出等量液体混合均匀作为样品。

(2)大瓶装产品(25～500 mL)或小桶装产品(约为 19 L)　被采样的瓶或桶经人工搅拌或摇匀后，用适当的采样管采得混合样品。

(3)大桶装产品(200 L 以上)　在静止情况下用开口采样管采全液位样品或采部位样品后混合成混合样品；在滚动或搅拌均匀后，用适当的采样管采得混合样品。

2. 从大贮存器中采样

(1)立式圆形贮罐采样　立式圆形贮罐主要用于暂时贮存原料、成品等液体物料。可按以下两种方法采样：

①从固定采样口采样。在立式圆形贮罐的侧壁上安装有上、中、下采样口并配有阀门。当贮罐装满物料时，从各采样口分别采的部位样品。因为截面一样，所以按等体积混合三个部位样品。

如罐内液面高度达不到上部或中部采样口时，建议按下列方法采得样品：如果上部采样口比中部采样口更接近液面，从中部采样口采 2/3 样品，从下部采样口采 1/3 样品；如果中部采样口比上部采样口更接近液面，从中部采样口采 1/2 样品，从下部采样口采 1/2 样品；如果液面低于中部采样口，则从下部采样口采全部样品。具体情况见表 2-2-3。

表 2-2-3　立式圆形贮罐的采样部位和比例

采样时液面的情况	混合样品时相应的比例		
	上	中	下
满罐时	1/3	1/3	1/3
液面未达到上部采样口，但更接近上部采样口	0	2/3	1/3
液面未达到上部采样口，但更接近中部采样口	0	1/2	1/2
液面低于中部采样口	0	0	1

如贮罐无采样口而只有一个排料口，则先把物料混匀，再从排料口采样。

②从顶部进口采样。把采样瓶从顶部进口放入，降到所需位置，分别采上、中、下部位样品，等体积混合成平均样品或采全液位样品。

(2)卧式圆柱形贮罐采样

①从固定采样口采样。在卧式贮罐一端安装有上、中、下采样管，外口配有阀门。采样管伸进罐内一定深度，管壁上钻有直径 2～3 mm 的均匀小孔。当贮罐装满物料时，从各采样口采上、中、下部位样品并按一定比例混合成平均样品。当罐内液面低于满罐时的液面，建议根据表 2-2-4 所示的液体深度将采样瓶等从顶部进口放入，降到表 2-2-4 中规定的采样液面位置，采得上、中、下部位样品，并按表 2-2-4 中所列比例混合为平均样品。

表 2-2-4　卧式圆柱形贮罐的采样部位和比例　%

液体深度（直径百分比）	采样液位（离底直径百分比）			混合样品时相应的比例		
	上	中	下	上	中	下
100	80	50	20	3	4	3
90	75	50	20	3	4	3
80	70	50	20	2	5	3
70		50	20		6	4
60		50	20		5	5
50		40	20		4	6
40			20			10
30			15			10
20			10			10
10			5			10

②从顶部进口采样。当贮罐没有安装上、中、下采样管时，也可以从顶部进口采得全液位样品。

(3)槽车采样　槽车是汽车、火车经常使用的用于进行液体物料运输的容器，而船只运输也非常常见。因此，应掌握它们的采样方法。

①从排料口采样。在顶部无法采样而物料又较为均匀时，可用采样瓶在槽车的排料口采样。

②从顶部进口采样。用采样瓶或金属采样管从顶部进口放入槽车内，放到所需位置采上、中、下部位样品并按一定比例混合成平均样品。由于槽车罐是卧式圆柱形或椭圆形，因此采样位置和混合比例按表 2-2-4 中规定进行。也可采全液位样品。

在同一槽车上将上述①、②中所采得的样品混合成平均样品作为该槽车的代表性样品。

(4)船舱采样　把采样瓶放入船舱内降到所需位置采上、中、下部位样品，以等体积混合成平均样品。

对装载相同产品的整船货物采样时，可把每个舱采得的样品混匀成平均样品。

当舱内物料比较均匀时可采一个混合样或全液位样品作为该舱的代表性样品。

3. 从输送管道采样

(1)从管道出口端采样　周期性地在管道出口放置一个样品容器，容器上放一个漏斗以防外溢。采样时间间隔和流速成反比，混合体积和流速成正比。

(2)探头采样　如管道直径较大，可在管内装一个合适的采样探头。探头应尽量减少分层效应和被采液体中较重组分下沉。

(3)自动管线采样器采样　当管线内流速变化大，难以用人工调整探头流速接近管内线速度时，可采用自动管线采样器采样。

(三)特殊性质的液体样品的采集

有些液体产品(如黏稠液体、液化气体等)由于自身性质的不同，应该采用不同的采样方法。

1. 黏稠液体的采样

黏稠液体是有流动性但又不易流动的液体。这类产品在容器中采样难以混匀，所以最好在生产厂交货灌装过程中采样，也可在交货容器中采样。

(1)在制造厂的最终容器中采样　如果产品外观上均匀，则用采样管、采样勺或其他适宜的采样器从容器的各个部位采样。具体采样方法按贮罐采样方法进行。

(2)在制造厂的产品装桶时采样　在产品分装到交货容器的过程中，以有规律的时间间隔从放料口采得相同数量的样品混合成平均样品。

(3)在交货容器中采样　这类产品通常是以大口容器交货。采样前先检查所有容器的状况，然后根据提供货物数量确定并随机选取适当数量的容器供采样用。打开每个选定的容器，除去保护性包装后检查产品的均一性及相分离的情况。如果产品呈均匀状态或通过搅拌能达到均匀状态时，用金属采样管或其他合适的采样管从容器内不同部位采得样品，混合成平均样品。

2. 液化气体的采样

液化气体是指气体产品通过加压或降温加压转化为液体后，再经精馏分离而制得可作为液体一样贮运和处理的各种液化气体产品。加压状态的液化气体样品根据贮运条件的不同，可分别从成品贮罐、装车管线和卸车管线上采取。在成品贮罐、装车管线和卸车管线上选定采样点部位的首要因素是必须能在此采样点采得代表性的液体样品。由于各种液化气体成品贮罐结构不同，当遇到有的成品贮罐难以使内装的液化气体产品达到完全均匀时，可按供需双方达成协议的采样方法和采样点采取样品。

3. 稍加热即成为流动态的化工产品的采样

这是一类在常温下为固体，当受热时就易变成流动的液体而不改变其化学性质的产品。对于这类产品从交货容器中采样是很困难的，最好在生产厂的交货容器灌装后立即采取液体样品。当必须从交货容器中采样时，可把容器放入热熔室中使产品全部熔化后采液体样品或劈开包装采固体样品。

(1)在生产厂采样　在生产厂的交货容器灌装后立即用采样勺采样，倒入不锈钢盘或不与物料起反应的器皿中，冷却后敲碎装入样品瓶中；也可把采得的液体趁热装入样品瓶中。

(2)在件装交货容器中采样　把件装交货容器放入热熔室内，待容器内的物料全部液化后，将开口采样管插入搅拌，然后采混合样或用采样管采全液位样品。

(四)试样的制备

根据所采物料的试样类型对试样进行相应的处理。此时，样品量往往大于实验室样品量，因而必须把原样品缩分成两到三份小样。一份送实验室检测，一份保留，必要时可封送一份给买方。

样品装入容器后必须贴上标签，填写采样报告。根据试样的性质进行适当的处理和保存。

(五)采样注意事项

(1)样品容器必须洁净、干燥、严密。

(2)采样设备必须清洁、干燥，不能用与被采取物料起化学作用的材料制造。

(3)采样过程中防止被采物料受到环境污染和变质。

(4)采样者必须熟悉被采产品的特性、安全操作的有关知识及处理方法。

【技能训练】

实训　肥料采样

肥料采样报告

产品名称：________________

采样目的：________________

采样参加人、地址（或单位）、日期和天气：________________

____

采样人姓名、地址（或单位）：________________

____

采样地址（或单位）和日期：________________

货主姓名（或单位名称）和地址：________________

采样时在场的货主（或单位）代表姓名和地址（或单位）：________________

____

天气情况：________________

书面文本检查

供采样的肥料应具有的文本：

□交货单据

□装货清单（或发票）

□其他规定文本________________

□没有文本（货主或其代理人提供说明）________________

____

对肥料的书面规定：________________

____

产品说明书的规定：________________

____

商标、优等品和认证标志：________________

生产单位、卖方或进口国别和产地：________________

是否符合本产品标准（或合同）规定：________________

□符合　　□不符合

标准或合同号：________________

采样肥料等同于下列贮存或装运的肥料：

仓库名________________

货车 No. ________________

卡车 No. ________________

槽车 No. ________________

容器 No. ________________

船名______
其他______
产品数量：______
产品批号：______
生产日期：______
发货日期：______
交付日期：______
进口日期：______
卸毕日期：______
规定的养分含量(或标准的产品等级)：______
注：如为复混肥料，注明基础肥料名称。

采样肥料和文本规定肥料等同性的核查

□可以证实的
□可能的
□不可能的
□无法核查

根据

□包装袋标记
□包装日期
□货车、卡车、槽车、容器等的原封口
□其他

肥料的外观检查

形态：

□固体	□液体
□颜色______	□颜色______
□□结晶	□□溶液
□□粒状	□□悬浮液
□□粉状	
□□包装	
□□散装	

贮存地点：

□生产单位
□农资公司(或供销合作社)______
□其他
　□在从____到____的装卸期间
　□贮存中
　　□松散堆放
　　□袋装堆垛
　　　□和其他货物明显分隔开
　　　□和其他货物未明显分隔开
　　□在货车中

□在卡车中
□在槽车中
□在容器中
□在船中
□其他＿＿＿＿＿＿＿＿＿＿

所抽批样的完整性：

□完整的 □不完整的 包括＿＿＿(指全部、批样百分数或袋数)	□根据检查 □根据观测 □根据货主(单位)或其代表提供的资料

所抽批样的一致性：

	□可能的	□不可能的
因为： 肥料颜色：	□均匀的	□不均匀的
肥料粒度分布：	□均匀的	□不均匀的
包装袋：	□一样的	□不一样的
包装材料：	□纸　　□其他＿＿＿＿	□塑料＿＿＿＿
包装袋封口：	□一致的	□不一致的
封口形式：	□阀封　　□热合	□缝合
包装袋标记：	□一样的	□不一样的

肥料是否变质或受损：

□未见受损
□已变质或受损，原因是：
　□受潮
　□受热
　□被外界物质污染
　□包装袋破损
　□由包装所污染
　□与邻近批样相混
　□分凝
　□硬化
　□其他＿＿＿＿＿＿＿＿＿＿＿＿＿＿＿＿＿＿＿＿
该批样的变质部分为：＿＿＿＿＿＿＿＿＿＿＿＿＿＿＿＿

＿＿＿＿＿＿＿＿＿＿＿＿＿＿＿＿＿＿＿＿＿＿＿＿＿＿
(指总批样的百分数、全部或袋数)
变质部分是：
□分开采样的
□未分开采样的
每袋袋装肥料的净重(称量 20 袋后，扣除包装袋质量，取平均值)＿＿＿ kg。

采样

采样部位：

□从皮带运输机上

□在皮带运输机的落口或转移处

□从斗式提升机中

□在仓库中

□在货车上

□在卡车上

□在槽车中

□在容器中

□在船上

□其他____

采样方法：

□从运行肥料中采样　□从静置肥料中采样

采用机械方法，用：

□自动采样器采样

□旋转采样器插入袋中采样

□其他____

采用人工方法，用：

□采样签插入袋中采样

□其他____

采取的份样数：____

总样品量(份样之和)约为__________ kg，__________ L。

总样品的缩分和最终样品的制取

总样品的缩分和最终样品的制取是采用：

□旋转缩分器

□格槽缩分器

□锥形四分法

制得的最终样品数为________，每份约为________ kg，________ L。

样品容器及密封方法：____

最终样品所用的样品标签和封条实样为：

最终样品的送交地点(或检验单位)：
按照肥料产品标准(或合同)补充的附加内容

____

____

其他观测结果和评论

____

____

生产单位(或货主)：______________(签名盖章)
采样人单位和采样人：______________(签名盖章)

【任务成果】

1. 知识测试
(1)肥料采集的步骤有哪些?
(2)肥料采样报告的内容有哪些?
(3)实验室样品在接收和制备时应注意哪些事项?
2. 实训成果
采集肥料厂出产的肥料，填写肥料采集报告单。

●思政花园

单则易折，众则难摧。戮力一心，然后社稷可固也。

——李延寿《北史·列传第八十四·吐谷浑传》

释义：一支箭是容易被折断的，一把箭就很难被折断。只有大家齐心协力，国家才能富强！这两句话告诉我们单个人的力量脆弱，容易受挫折；集体的力量强大，不容易被打垮。

项目三

肥料中氮含量的检测

【项目分析】

氮肥主要是提供氮素养分的肥料，氮肥中氮的含量对氮肥利用率影响很大，测定氮肥中氮素含量也是检测氮肥质量的重要手段，因此，本项目从介绍氮肥的种类、氮肥的质量标准及氮肥中氮素含量的检测方法三个方面对肥料中氮含量的检测技术加以介绍，让大家对氮肥质量检测技术加以了解和学习。

任务　氮肥的种类及质量标准

【技能目标】

1. 能辨认氮素肥料；
2. 能检测肥料中的氮素含量。

【知识目标】

1. 了解氮肥的种类；
2. 掌握不同氮肥的质量标准；
3. 掌握凯氏定氮法测定氮肥中氮素含量的检测步骤。

【素质目标】

1. 培养学生科学检测、公平公正的职业素养；
2. 培养学生环保意识。

【知识学习】

一、氮肥的种类

氮肥是以空气中的氮气、燃料（煤、石油、天然气）为原料，在高温、高压和催化条件下合成氨，再经过对氨的进一步加工而生产的。

目前，在我国农业生产资料市场上的主要氮肥品种有尿素、涂层尿素、包膜尿素、碳酸氢铵、长效碳酸氢铵、硝酸铵、氯化铵、硫酸铵、氨水、液氨等。其中氨水和液氨属于液体，包装和运输不像其他固体氮肥方便，除了个别地区外，这两种氮肥已经逐步从市场上消失了。

氮肥分类方法有多种，但最容易为农民所理解和接受的方法就是按照氮素在氮肥中存在的形态进行分类。按照此方法，可以将氮肥分类为铵态氮肥、硝态氮肥、硝态铵态氮肥、氰氨态氮肥和酰铵态氮肥 5 种。

铵态氮肥包括碳酸氢铵、长效碳酸氢铵、硫酸铵、氯化铵等；硝态氮肥包括硝酸钠、硝酸钙等；硝态铵态氮肥包括硝酸铵等；氰氨态氮肥包括石灰氮等；酰铵态氮肥包括尿素、涂层尿素、包膜尿素等。每一类氮肥都有其共同的性质，但具体到每一个品种因为各自的陪伴离子不同而又各有自身的特点。

(一)铵态氮肥

铵态氮肥是指在单质化肥中存在的氮素，单以铵离子(NH_4^+)形式存在的一类氮肥。铵离子呈正电荷，属于阳离子，施入土壤后能够被土壤颗粒所吸附，因此随着土壤水分的移动性较差。但在土壤通气性能良好的情况下容易被转化成硝态氮而具备硝态氮肥容易随着水分而移动的特点。另外，铵态氮在碱性条件下会发生挥发而损失掉，这是铵态氮肥在北方石灰性土壤上损失的重要途径。一般来说，最适合施用铵态氮肥的作物是水稻。

1. 碳酸氢铵

碳酸氢铵又称重碳酸铵，简称碳铵。由于在生产工艺上难以粒状化，产品是白色细粒结晶，从外表上看就像小麦面粉，农民又称它为面肥。又由于碳酸氢铵具有强烈的刺鼻氨味，也有农民称呼它为气肥。

碳酸氢铵属于无酸根的肥料，施入土壤后，能很快地溶解于土壤溶液中，形成 NH_4^+ 和 HCO_3^-，不含或不会产生有害的中间产物或最终产物，两者均能被作物根系吸收，在土壤中不会残留任何成分。因此长期施用该化肥对土壤性状没有不良影响，不会破坏土壤的颗粒结构，并适宜于各种土壤，对大多数作物均有良好的肥效。

在施用时应注意碳酸氢铵可以作基肥和追肥，最好不作种肥，更不能用它直接拌种。碳酸氢铵本身也存在很大的缺点，虽然它易溶于水，但是它的水溶液呈碱性(pH 为 8.2～8.4)，是一种很不稳定的化合物，即使在常温下也极易分解为氨、二氧化碳和水，从而造成氮素的挥发损失。

碳酸氢铵的分解是一个氨挥发损失，并放出二氧化碳和水分残留下来的变化，因此影响碳酸氢铵分解的主要因素是温度和湿度。随着储藏环境温度的升高和产品中水分含量的增加或空气湿度的增加，分解速度就会加快。依据测试试验，干碳酸氢铵(水分含量不大于 0.5%)在 20 ℃以下还是比较稳定的，但当环境温度升高到 30 ℃时就会加速分解，导致在储藏期间质量逐渐减少，并且容易结块。

根据碳酸氢铵易分解挥发而且结块严重的特点，要求生产企业出厂的产品，所用的包装袋必须采取密封包装，防止漏气透水。在储藏时应注意保持储藏环境的干燥，阴凉低温，不能将产品长期堆放在炎炎的烈日下或环境潮湿的地方。如果一袋碳酸氢铵在一次使用中没有用完，应立即扎紧口袋，放在阴凉地方。

为了保护农民的切身利益和维护企业自身的声誉，生产企业的碳酸氢铵如果在生产或储存一年后仍未销售出去，就应对产品进行抽样、称重和化验，检查每袋肥料的质量是否仍然合乎包装袋上的标注说明，全氮和水分含量是否超过国家标准的要求。在必要的情况下，应委托肥料质检单位，依据有关的国家标准进行抽样化验，根据所出具的检验报告结论来决定能否按原价销售。

现在农资市场上也有长效碳酸氢铵在销售，其基本性能与普通碳酸氢铵类似。不同之处是在碳酸氢铵中加入了沸石、高岭土、凹凸棒石、硅藻土或硝化抑制剂之类的物质。沸石、高岭土、凹凸棒石、硅藻土的表面具有多孔状结构，有许许多多的细小空洞，这些空洞的表面呈负电荷，能够大量吸附呈正电荷的铵离子，降低了土壤溶液中的铵离子的浓度，从而能减缓和防止氨的挥发损失，提高氮的利用效率。

硝化抑制剂具有阻断铵离子向硝酸根方向转化的作用，从而能防止硝酸根随水流失和反硝化损失，达到提高氮的利用率的目的。

2. 氯化铵

氯化铵（分子式为 NH_4Cl）简称氯铵，主要是“联碱法”生产纯碱时的工业副产品。氯化铵的外观是白色或淡黄色的细粒结晶体或小颗粒，易溶于水，水溶液呈弱酸性。成品含氮量在25％左右。

氯化铵的成品中因为含有食盐、游离碳酸氢铵等杂质而有刺鼻的氨味，暴露在空气中容易吸潮和潮解，所以产品必须用塑料袋密封。在储藏运输过程中应注意保持环境阴凉干燥，防止雨淋和太阳暴晒。如果一袋肥料没有用完，应该及时包扎好袋口以密封。在北方地区，将氯化铵作为氮肥单独施用的地方比较少，一般用作复混肥料的原料，在南方地区，将氯化铵作为氮肥单独施用的地方就很常见了。

氯化铵的最大特点是含氯离子酸根，虽然氯离子也是植物生长发育的必需微量元素，但植物的需要量很少，土壤自身所含的氯离子和供应氯离子的能力都很强，因此当氯化铵被施入土壤后，铵离子被作物吸收，氯离子就残留在土壤中了，在南方降雨量大的地区，氯离子就会随着水分的下移而淋失掉。但在降雨量普遍偏小的北方地区，氯离子就会与钙离子结合生成氯化钙而增加土壤溶液的浓度，对作物生长不利。所以排水不好的盐碱地和干旱少雨的地区最好不施用氯化铵。

另外研究报道，土壤中氯离子含量过高或过多地施用氯化铵，会对一些作物的产量和品质造成不良影响，这些作物被称为“忌氯作物”，包括烟草、葡萄、苹果、梨、桃、马铃薯、红薯、甜菜、柑橘、茶叶等，忌氯作物不宜施用氯化铵。但氯离子对硝化细菌有抑制作用，并且有增强纤维韧性与拉力的作用，因此氯化铵比较适合于水稻、亚麻、大麻等。其他作物如小麦、大麦、玉米、高粱等对土壤中的氯离子有较高的忍受力，氯化铵的一般施用量（公顷用量为 225 kg 左右）不会导致减产或降低品质。

在施肥方法上，氯化铵适宜作基肥与追肥，不宜作种肥，更不宜用氯化铵拌种，以免影响种子发芽。

3. 硫酸铵

硫酸铵简称硫铵，含氮 21％左右，俗称为肥田粉。工业用硫酸铵是纯净品，是由硫酸和氨化合而生成的，为白色晶体。农业用硫酸铵肥料是用合成氨或从炼焦、炼油、有机合成等部门的副产品中回收氨，经稀硫酸中和而制得。产品中由于所含的杂质不同，成品的颜色也不同，呈灰、黄、粉红等颜色。硫酸铵易溶于水。

硫酸铵的吸湿性较小，不易结块，对热的稳定性较好，便于储藏，因此在常温下只要产品密封在包装袋内，一般不会发生氮素的挥发损失。但也应注意在雨季湿度大时，硫酸铵也会潮湿结块，因此在雨季施用硫酸铵，如果一袋产品未能一次用完，也应注意将包装袋扎紧。

硫酸铵施入土壤后，迅速溶解于土壤溶液中，并分解为铵离子和硫酸根离子，这两种离子均为植物的必需元素，能被作物根系吸收利用。相比于氮素对作物需要量而言，硫酸根的需要量很少，而且在土壤中不易流失，长期大量的施用硫酸铵，会在土壤中残留较多的硫酸根离子而使土壤变酸，因此它与氯化铵一样属于“生理酸性肥料”。

在酸性土壤上施用硫酸铵能进一步增加土壤的酸性，所以应注意配合石灰、草木灰和钙镁磷肥等施用，在北方石灰性土壤上施用硫酸铵，可以降低土壤碱性，其中的硫酸根也会与土壤中的钙离子结合而生成难溶性的硫酸钙（石膏），引起土壤板结，因此应注意配合施用有机肥料，或氮肥品种进行轮换施用。

另外在淹水条件下，土壤中的氧气供应不足，硫酸铵中的硫酸根离子会被还原成硫化氢。硫化氢是一种有害物质，浓度积累过高能使水稻根系受害而死亡变黑，因此在一般情况下，尽量不要将硫酸铵施用在水稻田和其他在淹水条件下才能生长良好的农作物地里。

硫酸铵可以作种肥和基肥，也可以作追肥。需要强调一点，硫酸铵作种肥时用量不宜过大，即不要超过每公顷 45 kg。

（二）硝态氮肥

硝态氮肥是在单质化肥中所存在的氮素，单以硝酸根离子（NO_3^-）形式存在的一类氮肥，主要包括硝酸钠和硝酸钙。该类肥料的共同特点是易溶于水，施入土壤后，硝酸根不易被土壤颗粒所吸附，容易随着土壤水分的上下或左右移动而移动。如果遇到一次性降雨量较大或灌溉水过多时，硝酸根就可能淋洗到土壤的深层或地下水中而发生氮的损失。

硝态氮肥的另一个共同特性是吸湿性很强，特别是在高温高湿或降雨条件下（空气的湿度达到 90%左右）更容易发生吸湿。吸湿或潮解过多时硝态氮肥由固体转化成糊状，遇到天气干燥就又失水而结块，造成化肥施用上的不方便。

硝态氮肥对热不稳定，遇到加热条件下就会发生分解，放出氧气和氧化氮等气体，其体积突然膨胀而发生爆炸，所以说硝态氮肥均属于易燃易爆物质，在储藏和运输时应注意保持环境阴凉干燥，防止结块，不要将肥料与易燃易爆物质堆放在一起。整袋肥料在一次没有用完的情况下应尽快扎紧袋口。肥料结块后应避免用铁器猛烈敲打，要用木棍轻轻敲碎以防发生危险。

硝态氮肥不适合施用于水田作物上，一般作追肥用于旱田。由于硝态氮肥的价格较其他种类的氮肥高一些，因此该肥料一般不用作基肥。硝酸钠由于含钠离子，不宜施用于盐碱地上，施用在糖用甜菜、菠菜和萝卜等喜钠作物的土壤上的效果较好。硝酸钙由于含钙离子，它对土壤颗粒的保护有好处，因此它适宜于任何性质的旱地土壤和作物。

（三）硝态铵态氮肥

硝态铵态氮肥是单质化肥中所存在的氮素以铵离子（NH_4^+）和硝酸根离子（NO_3^-）形式共同存在的一类氮肥。从它的组成可以看出该类肥料兼具铵态氮肥和硝态氮肥的特点，其施用量最大、用途最广泛的典型代表是硝酸铵。

硝酸铵，简称硝铵，是由硝酸和氨化合生成，因此成品的全氮中一半是铵态氮，另一半是硝态氮。纯的成品为白色结晶细粒或球形颗粒，如含杂质，外观呈淡黄色，产品的含氮量在 33%～35%。不同工艺过程生产的硝酸铵，国家所制定的技术标准也存在差异。

硝酸铵极易溶解于水，水溶液呈中性。成品具有很强的吸湿性，容易吸收空气中的水分而使本身的水分不断增加和潮解，严重的时候会变成糊状甚至水状的液体。据分析研究，在 20 ℃时硝酸铵的临界吸湿点为 63.3%，明显低于其他的氮肥。随着温度的升高，临界吸湿点降低。我国北方的夏季和南方的大部分时间里的气温和湿度均远远超过该条件，因此要求产品装入密封的包装袋里，储藏和运输应尽量保持阴凉、干燥和通风。

硝酸铵和其他硝态氮肥一样具有爆炸性。它在受热的条件下会发生下列反应：

$$NH_4NO_3 \longrightarrow NH_3\uparrow + HNO_3$$

硝酸也很不稳定，极易分解。因此，在受到冲击或高温条件下(300 ℃以上)，硝酸铵就会发生连锁式的分解反应，瞬间体积急剧增大，会引起强烈爆炸。所以当硝酸铵结块后，只能用木棍轻压，千万不能用铁锤猛砸或用石碾子碾，以防发生爆炸危险。

硝酸铵分解的最终产物中放出氧气，因此它还能助燃，要特别注意防火，不能将它和柴草、油类、酒精、火柴等易燃物质一起存放。当硝酸铵中有机物含量高于 0.5%，或混入了铅、锌、铜、锡等金属的粉末，或混入了硫化物、氯化物和高锰酸盐等物质时，发生爆炸的危险性和概率都会大幅增加。所以它在运输时应按照化学危险品来处理，仓库储存也应符合硝酸铵国家标准中规定的安全要求。

为了改善硝酸铵的物理性能，多数国家纷纷采取改进生产工艺的办法。例如使其粒状化，或添加稳定剂和惰性物质，以降低产品的吸湿性。又例如在硝酸铵中加入碳酸钙可以制成石灰硝酸铵；在硝酸铵中加入硫酸铵可以制成硫硝酸铵。

硝酸铵中的铵态氮和硝态氮均能被作物吸收，是无副成分的氮肥。它所适用的土壤和作物比较广泛，但最适合于旱地和旱作物，尤其适宜于烟草，因为硝态氮对烟草的燃烧性有良好的影响，铵态氮能促进叶片中芳香油的合成。

由于硝态氮具有随水流失的特点，因此在多雨的季节或水田作物，不适宜于施用硝酸铵。

硝酸铵可以作种肥、基肥和追肥，用作种肥时应控制用量，公顷用量最好不要超过 90 kg，以免影响种子发芽。施用肥料时要一袋一袋地使用，即用完一袋硝酸铵后再打开另一袋，如果开袋后没有用完应立即扎紧袋口，严禁将肥料从口袋倒出堆放在地上，以防吸潮。

(四)氰氨态氮肥

氰氨态氮肥的定义为单质化肥中存在的氮素是以氰氨离子形式存在的一类氮肥。该类肥料包含的品种较少，目前在我国所能见到的仅仅是氰氨化钙(分子式为 $CaCN_2$)。由于该产品中含有很多石灰，又俗称石灰氮和碳氮化钙，含氮量为 17%～20%。

从分子式看，石灰氮属于有机氮肥。它在我国的年产量很低，在所施用的氮肥总量中所占的比例也很少，它的产地仅局限于浙江省一带，因此本章节对此仅做简单介绍。氰氨化钙是黑色粉末，也是唯一不是白色的氮肥品种，成品容易飞扬，带有大蒜气味，对人的呼吸系统有刺激作用。产品不溶于水，吸湿性很大，容易结块而变质。因此，产品要装在密封的塑料袋里，储存的地方要注意保持环境干燥，阴凉通风；在施用时应随用随揭开包装袋，如果一次未能用完整袋产品，立即将袋口扎紧贮存。

石灰氮含氧化钙，呈强碱性，对人、畜都有毒，接触皮肤后能引起局部溃烂，直接接触植物的根、茎、叶等器官也会影响其生长，所以在施用时应对此特别注意。

石灰氮的肥效很慢。施入土壤后，需要经过一系列的转化，变成尿素，最终转化为碳酸铵后方可被植物所吸收，所以不适合作追肥用；由于产品呈碱性，不适合作种肥；最适合的施用方法是将它用作基肥。

石灰氮不适宜施入北方的石灰性土壤，只能用于南方的酸性土壤。该产品在酸性土壤上施用，除了能提供植物所需的氮素外，还具有提高土壤 pH，降低酸性和增加土壤有效钙供应的作用。

（五）酰胺态氮肥

酰胺态氮肥的定义为单质化肥中所存在的氮素是以酰胺基（$—CONH_2$）形式存在的一类氮肥。目前该类氮肥就是指尿素和一类尿素的衍生物——长效尿素。

尿素含氮为46%，是硝酸铵的1.4倍，是硫酸铵的2.2倍，是碳酸氢铵的2.7倍，在所有的氮肥中含氮量最高。它是当今世界范围内生产量、销售量、施用量最大的氮肥品种。

尿素为白色晶体或颗粒，目前多数产品呈颗粒状。在水中的溶解度很高，20 ℃时每100 mL水可以溶解100 g左右的尿素，水溶液呈中性。除了硫酸铵外，在相同温度下尿素的吸湿性低于其他氮肥品种。20 ℃时，空气相对湿度达到80%就是尿素的临界吸湿点，明显高于硝态氮肥；随着温度的升高，达到临界吸湿点时所需的空气相对湿度也会随之降低；当温度达到30 ℃时，空气相对湿度为72.5%是尿素的临界吸湿点。尿素与其他化肥混合能够明显降低达到尿素吸湿点的空气相对湿度。因此，尿素在储存和运输时，应注意防潮，保持环境干燥，通风阴凉，产品的包装应符合国家标准的要求，用塑料编织袋（内衬聚乙烯包膜袋）或者复合塑料编织袋包装，防止包装袋破裂。施用时，注意随用随开袋，未用完的产品应立即扎紧袋口，以防化成水，在炎热的夏天应特别注意这一条。

尿素中含有一种叫“缩二脲”的物质，是在尿素生产过程中，尿素分子受热的条件下，两个尿素分子发生缩合作用而生成的。缩二脲是一种对作物生长有害的物质，影响种子发芽，抑制幼芽和幼根的生长。所以《尿素》（GB/T 2440—2017）规定尿素中的缩二脲含量不能高于1.5%。

造成尿素烧种烧苗并不仅仅是“缩二脲”的问题，还存在其他的原因，这主要与尿素在土壤中的转化过程和中间转化产物有关。尿素施入土壤后，在土壤脲酶的作用下，发生以下的反应：

$$CO(NH_2)_2 + 2H_2O \longrightarrow (NH_4)_2CO_3$$

$$(NH_4)_2CO_3 + H_2O \longrightarrow 2NH_4^+ + HCO_3^- + OH^-$$

从以上反应可以看出，尿素转化的最终产物是铵态氮。铵态氮的大量累积，造成施肥部位土壤的 pH 骤然升高，使种子萌发出的幼芽或幼根刚刚接触到高铵高碱区域就立即受到灼烧和毒害；另外，尿素本身也能使种子中所含的种子蛋白变性，影响种子发芽和幼苗根系的生长发育。因此，尿素用作种肥时应特别注意用量要少，控制在每公顷52.5 kg以内，而且尿素不能与种子直接接触，一般间隔3 cm以上。一般情况下最好不要用尿素作种肥。

尿素的分解需要有一个过程，一般在1周左右，因此，它的肥效明显慢于铵态氮肥和硝态氮肥，将它用作追肥应该早施。

尿素的最终分解均能够被植物根系所吸收，没有残留副成分，即使连年施用也不会引起土壤结构变坏，因此尿素适宜于各种土壤和作物，用作基肥最为常见。尿素的分子量小，水溶液显中性，能被作物叶片吸收，所以常被用作根外追肥。但应注意控制喷施浓度，以防发生危害。

另外，农资市场上还能见到一类以尿素为主体的长效肥料，如涂层尿素、包膜尿素、包衣尿素、长效尿素等诸如此类称呼的物质。这类长效肥料均是以尿素为基本原料，以控制尿素的释放速率和抑制土壤中尿素的转化产物——铵态氮向硝态氮转化为基本措施，达到最终提高氮肥利用率的目的，从而对尿素进行再加工。这类肥料的共同特点是在尿素的颗粒表面包裹一层惰性物质，使尿素分子不能直接接触土壤水而必须通过包膜的空隙或包膜逐步分解而进入土壤，包膜物质用硫黄、沸石、石蜡、沥青、钙镁磷肥、磷矿粉、高分子树脂、聚乙烯等；也有的在尿素加工中添加硝化和反硝化抑制剂。

二、氮肥的质量标准

(一)碳酸氢铵

根据《农业用碳酸氢铵》(GB 3559—2001)中规定，农用碳酸氢铵的技术指标见表 2-3-1。

表 2-3-1　农用碳酸氢铵的技术指标　　%

项目		碳酸氢铵			干碳酸氢铵
		优等品	一等品	合格品	
氮(N)	≥	17.2	17.1	16.8	17.5
水分(H_2O)	≤	3.0	3.5	5.0	0.5

注：优等品和一等品必须含添加剂。

(二)氯化铵

根据《氯化铵》(GB/T 2946—2018)中规定，农用氯化铵的技术指标见表 2-3-2。

表 2-3-2　农用氯化铵的技术指标　　%

项目		优等品	一等品	合格品
氮(N)的质量分数(以干基计)	≥	25.4	24.5	23.5
水的质量分数	≤	0.5	1.0	8.5
钠盐的质量分数(以 Na 计)	≤	0.8	1.2	1.6
粒度(2.00～4.75 mm)	≥	90	80	—

注：水的质量分数仅在生产企业检验和生产领域质量抽查检验时进行判定；钠盐的质量分数以干基计；结晶状产品无粒度和颗粒平均抗压碎力要求。

(三)硫酸铵

根据《肥料级硫酸铵》(GB/T 535—2020)中规定，肥料级硫酸铵的技术指标见表 2-3-3。

表 2-3-3　肥料级硫酸铵的技术指标　　%

项目		指标	
		Ⅰ型	Ⅱ型
氮(N)	≥	20.5	19.0
硫(S)	≥	24.0	21.0
游离酸(H_2SO_4)	≤	0.05	0.20
水分(H_2O)	≤	0.5	2.0
水不溶物	≤	0.5	2.0
氯离子(Cl^-)	≤	1.0	2.0

肥料级硫酸铵的有毒有害物质的限量要求应符合表 2-3-4。

表 2-3-4　肥料级硫酸铵的有毒有害物质限量要求　mg/kg

项目		指标
氟化物(以 F 计)	≤	500
硫氰酸根离子	≤	1 000
汞(Hg)(以元素计)	≤	5
砷(As)(以元素计)	≤	10
镉(Cd)(以元素计)	≤	10
铅(Pb)(以元素计)	≤	50
铬(Cr)(以元素计)	≤	50
多环芳烃总量	≤	1.0

注:其他有毒有害物质的限量执行 GB 38400。

多环芳烃总量指萘、苊烯、苊、芴、菲、蒽、荧蒽、芘、苯并[*a*]蒽、屈、苯并[*b*]荧蒽、苯并[*k*]蒽、苯并[*a*]芘、二苯并[*a*,*h*]蒽、苯并[*g*,*h*,*i*]苝和茚并[1,2,3-*cd*]芘共计 16 种物质总和。

(四)硝酸铵

根据《硝酸铵》(GB/T 2945—2017)中规定,结晶状硝酸铵(农业用)的要求见表 2-3-5。

表 2-3-5　结晶状硝酸铵(农业用)的要求

项目		指标
总氮的质量分数/%	≥	34.0
游离水的质量分数/%	≤	0.7
酸度		甲基橙指示剂不显红色

注:游离水的质量分数合格判定以出厂检验结果为准。

颗粒状硝酸铵(农业用)的要求见表 2-3-6。

表 2-3-6　颗粒状硝酸铵(农业用)的要求

项目		指标	
		优等品	合格品
总氮的质量分数/%	≥	34.0	33.5
游离水的质量分数[a]/%	≤	0.6	1.5
10%水溶液 pH	≥	5.0	4.0
防结块添加物(以氧化钙计)的质量分数/%		0.2～0.5	—
松散度[b]/%	≥	80	—
颗粒平均抗压碎力[c]/(N/颗粒)	≥	5	
粒度(1.00～2.80 mm)/%	≥	85	

注:[a] 游离水的质量分数合格判定以出厂检验结果为准。

[b] 松散度合格判定以出厂检验结果为准。

[c] 颗粒平均抗压碎力为客户协议指标。

(五)氰氨化钙

根据《肥料级氰氨化钙》(HG/T 2427—2021)中规定,肥料级氰氨化钙的要求见表 2-3-7。

表 2-3-7 肥料级氰氨化钙的要求 %

项目		指标	
		Ⅰ型	Ⅱ型
总氮(N)的质量分数	≥	21.5	19.5
游离电石(CaC_2)的质量分数	≤	0.3	1.0
细度(通过 180 μm 试验筛)	≥	90	

(六)尿素

根据《尿素》(GB/T 2440—2017)中规定,农业用(肥料)尿素的要求见表 2-3-8。

表 2-3-8 农业用(肥料)尿素的要求 %

项目[a]			等级	
			优等品	合格品
总氮(N)的质量分数		≥	46.0	45.0
缩二脲的质量分数		≤	0.9	1.5
水分[b]		≤	0.5	1.0
亚甲基二脲(以 HCHO 计)[c] 的质量分数		≤	0.6	0.6
粒度[d]	*d* 0.85～2.80 mm	≥	93	90
	d 1.18～3.35 mm	≥		
	d 2.00～4.75 mm	≥		
	d 4.00～8.00 mm	≥		

注:[a] 含有尚无国家或行业标准的添加物的产品应进行陆生植物生长试验,方法见 HG/T 4365—2012 中附录 A 和附录 B。

[b] 水分以生产企业出厂检验数据为准。

[c] 若尿素生产工艺中不加甲醛,不测亚甲基二脲。

[d] 只需符合四档中任意一档即可,包装标识中应标明粒径范围。农业用(肥料)尿素若用作掺混肥料(BB)生产原料,可根据供需协议选择标准 SGN 和 UI,计算方法参见附录 A。

【技能训练】

实训 复混肥料中总氮含量的测定

(一)实验仪器及药品

根据《复混肥料中总氮含量的测定 蒸馏后滴定法》(GB/T 8572—2010),列出本实验所需化学仪器及药品清单,并标注所需数量。届时实验过程会根据你所列清单给各位同学提供实验仪器及药品(表 2-3-9 和表 2-3-10)。

注:实验过程如发现实验仪器及药品不足可随时申请补充,但本实验所取得的平时成绩会根据补充实验仪器及药品多少及剩余量酌情扣分。

表 2-3-9　本实验所需实验仪器

仪器名称	仪器型号	仪器数量	备注

表 2-3-10　本实验所需实验药品

药品名称	药品规格	数量	备注

(二)实验步骤

根据《复混肥料中总氮含量的测定　蒸馏后滴定法》(GB/T 8572—2010)及相关国家标准,包括溶液制备、仪器清洗等内容,归纳本实验实验步骤。实验步骤需要每位同学独自归纳整理,经小组讨论形成统一实验步骤,按照本小组实验步骤制作 PPT 等进行课堂答辩,通过后方可进行实验。

注:实验步骤归纳过程要充分考虑实验操作的逻辑性及先后顺序,根据本小组上报的实验仪器及药品形成本小组的实验步骤,每小组实验过程可不相同,实验步骤要尽量详细,应包含仪器清洗、溶液配制等全过程。

实验步骤如下:

(1)

(2)

(3)

(4)

(5)

(三)注意事项

根据本小组实验过程列出本实验注意事项,应包含仪器使用方式方法及相关使用过程中的注意事项,药品配制过程、仪器使用过程、使用后实验总结数据处理过程中的注意事项等。

(四)实验记录及实验报告

实验记录即根据本实验完成过程,以时间为轴线详细记录本实验完成全过程及实验现象、目标、结果等。实验现象记录于表 2-3-11。

表 2-3-11　实验现象记录表

时间	实验内容	实验现象	实验结果及注意事项

实验报告应包含实验内容、目的及意义、实验步骤及现象、数据处理、实验结果及反思等，并根据实验结果填写原始凭证。氮含量检测(测试)数据记录于表 2-3-12。

表 2-3-12　氮含量检测(测试)原始记录

共　　页　第　　页

<table>
<tr><td>样品编号</td><td></td><td>样品名称</td><td colspan="2"></td></tr>
<tr><td>方法状态</td><td></td><td>检验地点</td><td colspan="2"></td></tr>
<tr><td>封条状态</td><td></td><td>样品状态</td><td colspan="2"></td></tr>
<tr><td rowspan="2">设备名称编号</td><td rowspan="2"></td><td rowspan="2">环境条件</td><td>温度/℃</td><td>湿度/%</td></tr>
<tr><td></td><td></td></tr>
<tr><td>项目名称及符号</td><td>计量单位</td><td>试验一</td><td colspan="2">试验二</td></tr>
<tr><td>样品质量 m</td><td>g</td><td></td><td colspan="2"></td></tr>
<tr><td>氢氧化钠标准滴定溶液浓度的准确数值 c</td><td>mol/L</td><td></td><td colspan="2"></td></tr>
<tr><td>滴定中试样消耗氢氧化钠标准滴定溶液体积 V_1</td><td>mL</td><td></td><td colspan="2"></td></tr>
<tr><td>空白试验时使用氢氧化钠标准滴定溶液的体积 V_2</td><td>mL</td><td></td><td colspan="2"></td></tr>
<tr><td>计算结果 w</td><td>%</td><td></td><td colspan="2"></td></tr>
<tr><td>测定结果(平均值)</td><td>%</td><td colspan="3"></td></tr>
<tr><td colspan="5">说明：
(1) $w=\frac{(V_2-V_1)c\times 0.01401}{m}\times 100$；
(2)0.014 01——相当于 1.00 mL 氢氧化钠[c(NaOH)=1.000 mol/L]的氮的质量，g；
(3)计算结果表示到小数点后两位，测定结果取平行测定的算术平均值，采用修约值比较法；
(4)同一实验室平行测定结果的绝对差值不大于 0.30%</td></tr>
</table>

校核员：　　　　　　　　检验员：　　　　　　　　检验日期：

【任务成果】

1. 知识测试

(1)氮肥可以分成哪几类？依据是什么？

(2)氮肥都有什么特点？能否从外观识别肥料，说一说理由？

2. 实训成果

检测当地某种氮肥中氮素的含量实验报告单。

●思政花园

志不求易者成，事不避难者进。

——南朝·范晔《后汉书·虞诩传》

释义：立志追求不容易实现目标的人能够取得成功，做事不回避艰难险阻的人才能不断前进。

项目四

肥料中磷含量的检测

【项目分析】

磷肥主要是提供磷素养分的肥料，磷肥中磷的含量对磷肥利用率影响很大，测定磷肥中磷素含量也是检测磷肥质量的重要手段，因此，本项目从介绍磷肥的种类、磷肥的质量标准及磷肥中磷素含量的检测方法三个方面对肥料中磷含量的检测技术加以介绍，让大家对磷肥质量检测技术加以了解和学习。

任务　磷肥的种类及性质

【技能目标】

1. 能辨认磷素肥料；
2. 能检测肥料中的磷素含量。

【知识目标】

1. 了解磷肥的种类；
2. 掌握不同磷肥的质量标准；
3. 掌握磷肥中磷素含量测定的步骤。

【素质目标】

1. 培养学生独立思考的优良品质；
2. 培养学生团结合作的精神；
3. 培养学生"刨根问底"的钻研精神。

【知识学习】

一、磷肥的种类

生产氮肥的最初原料是空气中的氮气，而生产磷肥的最初原料是磷矿石。通过对磷矿石实行不同的生产工艺和加工技术，就可以制造出不同的磷肥。

(1)机械法 将磷矿石直接通过机械粉碎磨细，通过一定尺寸的筛子过滤就可以生产出磷矿粉。

(2)酸制法 利用浓硫酸、浓磷酸、浓硝酸或浓盐酸等其中一种或几种酸来处理磷矿粉，通过分解反应和其他工艺相结合，可以生产出过磷酸钙、重过磷酸钙、硝酸磷肥、磷酸铵等。

(3)热制法 利用电力或燃烧燃料(煤、煤气、天然气等)所产生的高温来分解磷矿粉，可以生产出钙镁磷肥、碱溶磷肥、脱氟磷肥、钢渣磷肥等。

因此，目前农民常用的磷肥品种包括过磷酸钙、重过磷酸钙、钙镁磷肥、沉淀磷肥、钢渣磷肥、脱氟磷肥、磷矿粉、骨粉及聚合磷肥等。这些磷肥根据溶解性能可以被分成水溶性磷肥、枸溶性磷肥和难溶性磷肥三种类型。

顾名思义，水溶性磷肥就是肥料中的有效磷多数能够溶解于水的磷肥，包括过磷酸钙、重过磷酸钙、硝酸磷肥、磷酸铵等；枸溶性磷肥是指肥料中的有效磷多数能够溶解于弱酸的磷肥，包括钙镁磷肥、钢渣磷肥和脱氟磷肥等；难溶性磷肥是指肥料中的磷既不能溶于水又不能溶于弱酸，而只能溶于强酸的磷肥，包括磷矿粉、骨粉和鸟粪磷等。

磷酸一铵和磷酸二铵在农业生产上常常作为磷肥而使用，但在肥料分类上，它们属于复合肥料，磷酸一铵及磷酸二铵在此处暂不做介绍。

(一)水溶性磷肥

1. 过磷酸钙

过磷酸钙又名普通过磷酸钙、过磷酸石灰，简称普钙。它是我国目前生产、销售和施用量最大的一种化学磷肥。我国的磷矿石资源中磷的品位普遍较低，不适宜发展高浓度的磷肥品种，因此，过磷酸钙在今后相当长的一段时间里还是磷肥的主要品种。

过磷酸钙是通过浓硫酸与磷矿石反应并经过一段时间(温度在 25 ℃时，一般为 15 d)的熟化过程而生产的。

过磷酸钙属于水溶性磷肥，其主要成分是磷酸一钙，可以溶解于水或中性柠檬酸铵中。同时也含有许多副成分，数量最大的是硫酸钙，也有部分硫酸铁、硫酸铝和游离的硫酸、磷酸等，所以水溶液呈酸性。

由于产品中游离酸的存在，过磷酸钙具有腐蚀性、吸湿性和结块性。这就要求在储存和运输磷肥时应注意防潮、防雨淋、防晒、防腐蚀和防止包装袋破裂，也不宜将过磷酸钙储存于铁器和铝器等金属制品中，以防止发生磷的退化而降低有效磷含量。

也正是由于产品中游离酸的存在，它能使种子中的蛋白质变性，因此过磷酸钙不适宜作种肥，否则能对作物种子发芽构成危害，致使出苗不齐或不出苗，影响作物当年及来年的收成和农民的经济收入。

另外，个别生产企业制造过磷酸钙所使用的浓硫酸是废硫酸，其中可能含有一些有毒的化合物，容易产生毒害。从前北京郊区曾经发生过施用过磷酸钙而致使小麦出苗不齐的事例，经过农业专家和北京市肥料质量监督检验站的联合现场诊断和室内化验，虽然该产品的有效磷、游离酸含量均符合行业标准，但产品中含有三氯乙醛，它来源于硫酸，这种有机化合物毒害了小麦种子。

过磷酸钙施入土壤后，土壤中的水分从各个方向向施肥点移动，使磷酸一钙溶解而释放出磷酸根离子，其浓度就会高于原来土壤溶液中的磷酸根离子浓度而形成浓度差，磷酸根离子就会向四周土壤主动扩散。在扩散过程中，磷酸根离子逐步与土壤中存在的多种离子(如铁、铝、钙、镁等)发生反应形成不同溶解度的磷酸盐沉淀。

在石灰性土壤中，钙离子浓度很高，过磷酸钙施入土壤后，磷酸一钙的转化过程为：磷酸一钙→二水磷酸二钙→无水磷酸二钙→磷酸八钙→磷酸十钙，每转化一步的磷酸化合物，磷的水溶性就降低一些，有效性也随之而降低。

在酸性土壤中，铁、铝离子浓度很高，过磷酸钙施入土壤后，磷酸一钙的转化过程为磷酸一钙，磷酸铁，磷酸铝，闭蓄态的磷酸铁、磷酸铝，转化的总趋势是磷的有效性逐渐降低。

根据以上分析，过磷酸钙施入土壤后，磷容易被土壤发生化学固定，所以磷在土壤中移动性很小。在农业生产上，要提高过磷酸钙的使用效果，原则上就是尽量减少肥料与土壤颗粒的接触，以避免磷的化学固定，又要尽量增加肥料与作物根系的接触面积，将磷肥尽量施于作物根系密集分布的区域。

2. 重过磷酸钙

重过磷酸钙又称三料过磷酸钙，简称重钙，北方也将其简称为三料磷肥。在我国，它的产量占磷肥总产量的比例很小。重过磷酸钙是由硫酸处理磷矿粉制成磷酸，再由磷酸和磷矿粉进一步作用后而制造的。从它的生产过程就可以知道，重钙的含磷量高于普通过磷酸钙2～3倍，它的名称也是由此而得。

重过磷酸钙成品呈灰色或灰白色粉末状或颗粒状，主要组成成分与过磷酸钙一样，均为一水磷酸一钙和游离酸，但不含或含很少的硫酸钙，杂质含量也很少，属于水溶性磷肥。

产品中含有游离磷酸，具有腐蚀性、吸湿性和结块性。在贮藏和运输时应注意防避雨水，否则其有效成分一水磷酸一钙就会溶解于水而流走；产品不宜贮存于铁器或其他金属制品中，否则能引起磷与金属反应形成磷酸盐沉淀引起磷的无效化，即磷的固定。

重过磷酸钙施入土壤后的转化过程和使用方法与过磷酸钙基本一致。不过，重过磷酸钙中不含硫酸钙(又叫石膏)，对硫营养有良好反应的作物，如马铃薯、豆科作物和十字花科作物等，其肥效不及等量有效磷含量的过磷酸钙。

(二)枸溶性磷肥

1. 钙镁磷肥

钙镁磷肥又称熔融含镁磷肥，简称熔融磷肥，是我国目前磷肥的主要品种之一，其产销量占磷肥总量的25%～30%，仅低于过磷酸钙。

钙镁磷肥生产的基本过程是将磷矿石和适量的含镁、硅矿物，如蛇纹石、橄榄石、白云石和硅石等混合在一起，并在1 350 ℃以上的高温熔融，再将熔融体进行水淬，实行骤然降温而成为玻璃体碎体，随后利用粉碎机磨成细粉就可以了。

从生产过程看，钙镁磷肥属于磷矿石分解的产物，其主要有效成分是α-磷酸三钙。它不溶于水，能被柠檬酸等弱酸提取出来，因此钙镁磷肥属于弱酸溶性磷肥。

该产品的颜色不一，通常呈深灰色、灰绿色或墨绿色粉末，也无明确的分子式和分子量。肥料的水悬浮液呈碱性，是一种碱性的、以磷为主的多成分肥料。它除了能供给作物磷素营养外，还可供给钙、镁、硅等成分。

钙镁磷肥施入土壤后磷的移动性更小。据试验研究证实，钙镁磷肥的合格品不应有腐蚀性和吸湿性，便于包装和运输。它在不同土壤中对不同作物均有一定的肥效。在酸性土壤中，其当季肥效大致与过磷酸钙相当，有时还略高于过磷酸钙；在石灰性土壤上，其当季的施用效果稍低于过磷酸钙。

钙镁磷肥与有机肥料混合堆沤后施用，借助微生物的作用，可以促进钙镁磷肥中磷的有效化，提高其磷的肥效和有效性。

2. 沉淀磷肥

沉淀磷肥又叫沉淀磷酸钙，又名磷酸氢钙或磷酸二钙，是一种不溶于水而能溶于弱酸的磷肥，属于弱酸溶性磷肥。

沉淀磷肥是由磷矿石与硫酸、硝酸、盐酸等反应生成磷酸，然后用石灰乳中和磷酸使之沉淀而制得。其主要成分是磷酸二钙二水物。产品的外观呈灰色、灰白色或灰黄色粉末，一般不溶于水，水溶液呈弱碱性，主要有效成分能被弱酸提取出来。

沉淀磷肥的成品物理性状良好，不易吸湿、不结块，施用方便。其有效成分在土壤中的转化与过磷酸钙基本一致，它的肥效在酸性土壤中稍优于过磷酸钙，在石灰性土壤中则与过磷酸钙基本一致或稍差。因此，它的施用方法与钙镁磷肥相似，适宜于作基肥，应该按照早施及集中施的原则，优先施用在酸性土壤上。由于产品中不含游离酸，沉淀磷肥适宜于作种肥及沾秧肥料。

3. 钢渣磷肥

钢渣磷肥又叫碱性炉渣、含磷炉渣等。它是炼钢工业的副产品，是在高温条件下，含磷生铁经托马斯法炼钢原理生成的，所以又称为托马斯磷肥。

钢渣磷肥中磷的存在形态主要为磷酸四钙及其复盐化合物，两者都能溶解于柠檬酸等弱酸的溶液中。它与钙镁磷肥、沉淀磷肥一样，均属于弱酸溶性磷肥。但是其肥料中的含磷量不是固定不变的，随着铁矿的性质变化而变化，大概的含磷量为5%～20%。

钢渣磷肥的外观呈深棕粉末状，不溶于水，呈强碱性，吸湿性较小，具有良好的物理性能，容易包装、储存和运输。至今，该产品的质量尚没有有关的国家标准和行业标准来规范，全国各省、自治区、直辖市也没有颁布过类似的地方标准，因此该行业的产品基本上都是由各生产单位自行制定的企业标准。生产企业按照自制的企业标准中技术指标和分析方法来组织生产和控制产品质量。农民在购买该类产品时应注意这一点，尽量购买知名企业所生产的产品。

钢渣磷肥施入土壤后，在土壤本身的酸度和其他酸性化合物（例如根系的分泌物）的作用下，逐步转化成磷酸一氢钙，其后的转化过程与沉淀磷肥基本相似。经过大量的田间试验证实，钢渣磷肥适宜在酸性土壤上应用，其肥效与过磷酸钙相当；在石灰性土壤上施用的肥效较差，应尽量避免。

4. 脱氟磷肥

脱氟磷肥是由含氟磷矿石经高温烧结，通入水蒸气，除去磷矿石中的氟，并粉碎后而制造的，因此属于热制法磷肥。产品的含磷量取决于磷矿石中的成分，一般含磷量为14%～30%。制造脱氟磷肥不需要酸，而且可以充分利用广泛存在的低品位的磷。

脱氟磷肥为白色、褐色或浅灰色粉末，呈中性或碱性。产品中的主要有效成分是α-磷酸三钙，它不溶于水但能溶解于柠檬酸等弱酸中，因此属于弱酸溶性磷肥。该产品不吸潮，不结块，物理性状良好；不含游离酸，无腐蚀性，运输、贮存和施用都比较安全和方便。

脱氟磷肥施入土壤后磷的转化过程和钙镁磷肥基本一致，施用方法也基本相同，两者都能用作基肥，对各种作物均有增产效果，都比较适宜在酸性土壤上施用，但脱氟磷肥的肥效往往高于同等有效磷含量的钙镁磷肥。在石灰性土壤上施用，脱氟磷肥的肥效就不及同等有效磷含量的普通过磷酸钙，所以它在北方石灰性土壤上施用量较小，推广施用的面积也不大。

(三)难溶性磷肥

1. *磷矿粉*

磷矿粉是由天然的磷矿石经过机械粉碎磨细，没有经过任何化学处理而制成的。它既是生产各种磷肥的原料，也可以单独直接当作磷肥使用，是我国南方磷矿石厂附近农民常用的磷肥品种之一。

磷矿粉的外观呈灰白色或棕灰色，产品中的主要成分磷是以磷酸三钙形式存在的，它既不能溶于水也不能溶于弱酸，只能被硝酸、硫酸等强酸所溶解。因此，它属于难溶性磷肥，产品呈中性或微碱性，一般含总磷量15%～30%，含弱酸溶性磷只有1%～5%。所以说，并不是所有的磷矿粉都适合直接用作磷肥，应该通过有关权威的质检部门进行检验，一般的规律是：磷矿粉中弱酸溶性磷的含量越高，越适合直接使用，肥效也越好。

磷矿粉的化学性质稳定，具有不潮解、不结块和无腐蚀性的优点。但该类肥料属于自然资源，生产过程没有经过化学反应和提纯加工，仅仅通过了机械磨碎的工艺，所以至今国家有关部门也没有制定产品的统一技术标准(国家标准和行业标准)。商品磷矿粉通常以其五氧化二磷总含量进行分级，见表2-4-1。

表 2-4-1　磷矿粉的品位等级

磷矿粉等级	一级品	二级品	三级品	四级品
总磷(P_2O_5)含量/%	30	25	22	19

注：该表中的数据摘自戴自强编著的《化肥简易鉴别方法》第38页

磷矿粉的肥效，除了受到肥料本身的成分与性质影响外，还与作物的种类、土壤的类型及施用方法有关。

磷矿粉适宜施用在对难溶性磷肥利用能力高的作物上，如油菜、萝卜、荞麦、豆科作物等；对生长期长的植物，如果树、茶树及牧草等，施用磷矿粉也有良好的效果。磷矿粉的溶解直接受土壤本身酸碱性的影响，土壤的酸度越强，溶解磷矿粉的能力就越强，因此磷矿粉在酸性土壤上表现的增产效果要高于中性和碱性土壤。当土壤的pH低于5.0时，其增产效果与过磷酸钙相近，甚至还会超过。所以在红壤、黄壤及沿海的咸酸田等酸性土壤，是购买并施用磷矿粉的适宜地区。磷矿粉的肥效与其细度也有直接的关系。一般来说，磷矿粉越细，相应的肥效就越高，因此要求其细度应有90%能通过100号筛孔(筛网的直径为0.149 1 mm)。磷矿粉施用时应采用撒施作基肥的方法，以增加磷矿粉与土壤颗粒的接触面积，有利于弱酸溶性磷的溶出，提高磷的肥效。磷矿粉只适宜作基肥，不宜作追肥和种肥。

磷矿粉具有养分释放缓慢而后效较长的特点，所以每次的施用量不应该太低，它的具体施用量应根据具体的总磷含量而定，每公顷施用量的范围为600～900 kg。如果能将磷矿粉混入有机肥料中堆腐后施用，借助于腐解过程中微生物活动分泌的有机酸作用，可以提高磷矿粉中弱酸溶性磷的含量，达到提高磷的肥效的目的。

2. *骨粉*

骨粉是由动物的骨骼加工而制成的，分为生骨粉、蒸制骨粉和脱胶骨粉三种。骨粉为灰白色粉末，主要成分是磷酸三钙、脂肪和骨胶。一般的骨粉常含有过多的脂肪，不容易被机械分解，也不易被自然界里存在的微生物所分解，所以把它用作肥料使用时需要经过脱脂处理。脱脂的方法不同，所得骨粉的养分含量也不相同，具体养分含量见表 2-4-2。

表 2-4-2 各种骨粉的养分含量

骨粉种类	氮(N)/%	磷(P_2O_5)/%	脱脂程度
生骨粉	3.7	22	未脱脂
蒸制骨粉	1.8	29	大部分脱去
脱胶骨粉	0.8	33	脱净

二、磷肥质量标准

(一)过磷酸钙

根据《过磷酸钙》(GB/T 20413—2017)中规定，过磷酸钙的质量要求如下：

疏松状过磷酸钙的质量要求见表 2-4-3。

表 2-4-3 疏松状过磷酸钙的质量要求 %

项目		优等品	一等品	合格品	
				Ⅰ型	Ⅱ型
有效磷(以 P_2O_5 计)的质量分数	≥	18.0	16.0	14.0	12.0
水溶性磷(以 P_2O_5 计)的质量分数	≥	13.0	11.0	9.0	7.0
硫(以 S 计)的质量分数	≥	8			
游离酸(以 P_2O_5 计)的质量分数	≤	5.5			
游离水的质量分数	≤	12.0	14.0	15.0	15.0
三氯乙醛的质量分数	≤	0.000 5			

粒状过磷酸钙的质量要求见表 2-4-4。

表 2-4-4 粒状过磷酸钙的质量要求 %

项目		优等品	一等品	合格品	
				Ⅰ型	Ⅱ型
有效磷(以 P_2O_5 计)的质量分数	≥	18.0	16.0	14.0	12.0
水溶性磷(以 P_2O_5 计)的质量分数	≥	13.0	11.0	9.0	7.0
硫(以 S 计)的质量分数	≥	8			
游离酸(以 P_2O_5 计)的质量分数	≤	5.5			
游离水的质量分数	≤	10.0			
三氯乙醛的质量分数	≤	0.000 5			
粒度(1.00～4.75 mm 或 3.35～5.60 mm)的质量分数	≥	80			

挥发性有机化合物，不得检出(在标准推荐的条件下测定值不大于该挥发性有机化合物的检出限)。

砷、镉、铅、铬、汞应符合《肥料中砷、镉、铬、铅、汞含量的测定》(GB/T 23349—2020)的要求。

产品中加入添加物的，应提供该添加物对环境和农作物生长无害的县级以上农业部门证明。

(二)重过磷酸钙

根据《重过磷酸钙》(GB/T 21634—2020)中规定，重过磷酸钙的技术指标见表2-4-5、表2-4-6。

表2-4-5　粉状重过磷酸钙的技术指标 %

项目		Ⅰ型	Ⅱ型	Ⅲ型
总磷(以 P_2O_5 计)的质量分数	≥	44.0	42.0	40.0
水溶性磷(以 P_2O_5 计)的质量分数	≥	36.0	34.0	32.0
有效磷(以 P_2O_5 计)的质量分数	≥	42.0	40.0	38.0
游离酸(以 P_2O_5 计)的质量分数	≤	7.0		
游离水的质量分数	≤	8.0		

表2-4-6　粒状重过磷酸钙的技术指标 %

项目		Ⅰ型	Ⅱ型	Ⅲ型
总磷(以 P_2O_5 计)的质量分数	≥	46.0	44.0	42.0
水溶性磷(以 P_2O_5 计)的质量分数	≥	38.0	36.0	35.0
有效磷(以 P_2O_5 计)的质量分数	≥	44.0	42.0	40.0
游离酸(以 P_2O_5 计)的质量分数	≤	5.0		
游离水的质量分数	≤	4.0		
粒度(2.00～4.75 mm)的质量分数	≥	90		

产品中的有毒有害物质应符合GB 38400中的限量要求。

(三)钙镁磷肥

根据《钙镁磷肥》(GB/T 20412—2006)中规定，钙镁磷肥的技术指标见表2-4-7。

表2-4-7　钙镁磷肥的技术指标 %

项目		指标		
		优等品	一等品	合格品
有效五氧化二磷(P_2O_5)的质量分数	≥	18.0	15.0	12.0
水分(H_2O)的质量分数	≤	0.5	0.5	0.5
碱分(以CaO计)的质量分数	≥	45.0	—	
可溶性硅(SiO_2)的质量分数	≥	20.0		
有效镁(MgO)的质量分数	≥	12.0		
细度(通过0.25 mm试验筛)	≥	80		

注：优等品中碱分、可溶性硅和有效镁含量如用户没有要求，生产厂可不做检验。

(四)磷酸氢钙

根据《肥料级磷酸氢钙》(HG/T 3275—1999)中规定，磷酸氢钙的技术指标见表2-4-8。

表 2-4-8 磷酸氢钙的技术指标

项目		指标		
		优等品	一等品	合格品
有效五氧化二磷(P_2O_5)含量/%	≥	25.0	20.0	15.0
游离水分含量/%	≤	10.0	15.0	20.0
pH(5 g 试样加入 50 mL 水中)	≥	3.0		

【技能训练】

实训 复混肥料中有效磷含量的测定

(一)实验仪器及药品

根据《复混肥料中有效磷含量的测定》(GB/T 8573—2017)中规定,列出本实验所需仪器(表 2-4-9)及药品(表 2-4-10)清单,并标注所需数量。届时实验过程会根据所列清单给各位同学提供实验仪器及药品。

注:实验过程如发现实验仪器及药品不足可随时申请补充,但本实验所取得的平时成绩会根据补充实验仪器及药品多少及剩余量酌情扣分。

表 2-4-9 本实验所需实验仪器

仪器名称	仪器型号	仪器数量	备注

表 2-4-10 本实验所需实验药品

药品名称	药品规格	数量	备注

(二)实验步骤

根据《复混肥料中有效磷含量的测定》(GB/T 8573—2017)及相关国家标准,包括溶液制备、仪器清洗等,归纳本实验实验步骤。实验步骤须每位同学独自归纳整理,经小组讨论形成统一实验步骤,按照本小组实验步骤制作 PPT 等进行课堂答辩,通过后方可进行实验。

注:实验步骤归纳过程要充分考虑实验操作的逻辑性及先后顺序,根据本小组上报的实验仪器及药品形成本小组的实验步骤,每小组实验过程可不相同,实验步骤要尽量详细,应包含仪器清洗、溶液配制等全过程。

实验步骤如下：

(1)

(2)

(3)

(4)

(5)

(三)注意事项

根据本小组实验过程列出本实验注意事项，应包含仪器使用方式方法及相关使用过程中的注意事项，药品配制过程、仪器使用过程、使用后实验总结数据处理过程中的注意事项等。

(四)实验记录及实验报告

实验记录即根据本实验完成过程，以时间为轴线详细记录本实验完成全过程及实验现象、目标、结果等。实验记录表见表 2-4-11。

表 2-4-11　实验记录表

时间	实验内容	实验现象	实验结果及注意事项

实验报告应包含实验内容、目的及意义、实验步骤及现象、数据处理、实验结果及反思等，根据实验结果填写原始凭证。有效磷检验原始记录见表 2-4-12。

表 2-4-12　有效磷检验原始记录

<table>
<tr><td>样品编号</td><td></td><td>样品名称</td><td colspan="2"></td></tr>
<tr><td>方法状态</td><td></td><td>检验地点</td><td colspan="2"></td></tr>
<tr><td>封条状态</td><td></td><td>样品状态</td><td colspan="2"></td></tr>
<tr><td rowspan="2">设备名称编号</td><td rowspan="2"></td><td rowspan="2">环境条件</td><td>温度/℃</td><td>湿度/%</td></tr>
<tr><td></td><td></td></tr>
</table>

续表 2-4-12

项目名称及符号	计量单位	试验一	试验二
样品质量 m_0	g		
坩埚质量	g		
坩埚和磷钼酸喹啉沉淀的质量	g		
磷钼酸喹啉沉淀质量 m_1	g		
空白试验所得磷钼酸喹啉沉淀质量 m_2	g		
计算结果 X	%		
平均值 $\overline{X}$	%		

说明：

(1)$X=\dfrac{(m_1-m_2)\times 0.032\ 07}{m_0\times\dfrac{25}{250}}\times 100=\dfrac{(m_1-m_2)\times 32.07}{m_0}$；

(2)0.032 07——磷钼酸喹啉质量换算为五氧化二磷质量的系数；

(3)计算结果表示到小数点后两位，测定结果取平行测定的算术平均值，采用修约值比较法；

(4)同一实验室平行测定结果的绝对差值不大于 0.20%

校核员：　　　　检验员：　　　　检验日期：

【任务成果】

1. 知识测试

(1)磷肥可以分成哪几类？依据是什么？

(2)磷肥都有什么特点？能否从外观识别肥料，说一说理由？

2. 实训成果

检测当地某种磷肥中磷素的含量，填写磷素测定报告单。

●思政花园

天下之难持者莫如心，天下之易染者莫如欲。

——宋·朱熹《四书或问》

释义：天下最难以把持的是自己的思想，天下最容易受到诱发的是欲望。初心易得，始终难守。面对诱惑，守得住本心。面对困难，不忘记决心。面对挑战，不轻易失去信心。

项目五

肥料中钾含量的检测

【项目分析】

钾肥主要是提供钾素养分的肥料，钾肥中钾的含量对钾肥利用率影响很大，测定钾肥中钾素含量也是检测钾肥质量的重要手段，因此，本项目从介绍钾肥的种类、钾肥的质量标准及钾肥中钾素含量的检测方法三个方面对肥料中钾含量的检测技术加以介绍，让大家对钾肥质量检测技术加以了解和学习。

任务　钾肥的种类及性质

【技能目标】

1. 能辨认钾素肥料；
2. 能检测肥料中的钾素含量。

【知识目标】

1. 了解钾肥的种类；
2. 掌握不同钾肥的质量标准；
3. 掌握钾肥中钾素含量检测的步骤。

【素质目标】

1. 培养学生精益求精的职业素养；
2. 培养学生一丝不苟的科研精神；
3. 培养学生做事持之以恒的品质。

【知识学习】

一、钾肥的种类

钾肥的来源与磷肥的基本一致，都是通过对钾（磷）矿产资源的提炼和深加工过程而生产的。但我国的钾矿资源十分贫乏，至今境内所能发现并被挖掘的最大矿藏是青海的察尔汗盐湖，属于盐湖钾矿。目前，我国农民所直接施用的钾肥料和间接施用的含钾肥料[例如复混(合)肥料]中的大部分(大约 90%)来自进口，进口国包括俄罗斯、白俄罗斯、以色列、加拿大和德国等。

与氮肥和磷肥相比，钾肥所含的种类较少，包括氯化钾、硫酸钾、硝酸钾、磷酸二氢钾、窑灰钾肥和碳酸钾等。而硝酸钾、磷酸二氢钾属于复合肥料，在钾肥测定中不做介绍。

在所施用的钾肥中，氯化钾和硫酸钾的用量最大，其中氯化钾能占到总用量的 95%，硫酸钾则不会超过 5%。

(一)氯化钾

氯化钾纯品是白色结晶体。但氯化钾肥料一般含有杂质，所含的杂质与原矿中的成分有很大关系，其中的多数为氯化钠，也有的为氯化镁、氯化钙等。杂质不同，氯化钾成品所呈现的颜色也不相同。如加拿大钾肥是从钾石岩中提取的，含有氧化铁和其他金属氧化物，因此外观呈砖红色；其他的钾肥是从盐湖中提取的，多含氯化物盐类杂质，外观呈灰白色、暗灰色或浅黄色。

氯化钾易溶于水，水溶液呈中性。用作肥料的氯化钾要求产品中的氯化钾净含量不低于 90%。

氯化钾肥料的吸湿性较强，吸湿后易结块，国家标准要求用塑料编织袋内衬聚乙烯薄膜袋或复合塑料编织袋(塑料编织布/膜)包装以密封。即使如此，在久储后也可能结块，因此，在高温潮湿多雨的季节里，应注意通风，防止仓库地面的返潮和屋顶漏雨，以防止氯化钾溶于水而随水流失，造成产品质量降低和重量减少。

氯化钾施入土壤后，钾离子容易被土壤颗粒所吸附和农作物吸收，使氯离子残留在土壤中，氯离子与被钾离子交换下来的氢离子结合生成盐酸，因此，该产品属于生理酸性肥料，在酸性土壤上施用时应注意配合有机肥料和石灰；该产品不适合大量长期施用于盐碱地，以避免增加土壤的盐分含量，危害加重，比较适合施用在北方的石灰性土壤上。

氯化钾属于速效性钾肥，可以用作基肥和追肥。由于产品中含氯离子，残留的氯离子增加了施肥区域土壤的盐分浓度，对种子的萌发和幼苗的根系生长会产生不良影响，因此，一般不用作种肥，需要用它作种肥时应注意施用量不能过大，并使种子和肥料保持一定的距离。正是由于氯离子的存在，氯化钾不宜在烟草、甘薯、马铃薯、甜菜、果树、茶树、甘蔗等“忌氯作物”上施用，但适合施用在玉米、水稻、小麦、棉花、麻类等作物上。

(二)硫酸钾

纯净的硫酸钾是白色结晶体，作为肥料的产品一般带有杂质，呈灰白色、浅黄色或红色的菱形或六角形结晶体。

硫酸钾易溶于水，水溶液呈中性。它的吸湿性很小，低于氯化钾，物理性状良好，贮存时不结块，有利于储存和运输。

硫酸钾属于速效性肥料，施入土壤后，分解为硫酸根离子和钾离子，钾离子能被呈负电荷的土壤颗粒所吸附。另外，作物对钾的需要量大于硫酸根，硫酸根离子被残留在土壤中，与土壤溶液中的氢离子结合生成硫酸而使土壤呈酸性，因此硫酸钾属于生理酸性肥料。在酸性土壤上施用应该注意适量配合施用石灰，适合施用于中性土壤和石灰性土壤。

硫酸钾产品中含有硫酸根离子，它在通气不良的水田中，在硫细菌的作用下被还原成硫化氢有毒物，影响作物根系的吸收活力，严重时根系被毒死而呈现黑色。因此一般情况下，水生作物，如水稻、藕等适合施用氯化钾，不要用硫酸钾。

硫酸钾中的硫酸根离子对十字花科等喜硫作物特别有利。该肥料又是无氯钾肥，因此对"忌氯作物"，如烟草、甘蔗、茶树、果树、甜菜、西瓜和马铃薯等特别适宜。从目前的价位看，硫酸钾的价格远高于氯化钾，而且生产总量较低，而忌氯作物一般是经济作物，能给农民带来好的经济效益和收入，所以一般提倡将硫酸钾优先施用在那些忌氯作物上，对一般的大田作物，如小麦、玉米、水稻等粮食作物，一般提倡可以用氯化钾肥料。

(三)窑灰钾肥

窑灰钾肥是水泥工业的副产品，即水泥窑烟气中带出来的粉尘，外观呈现灰黄色或灰褐色的粉末。产品没有固定的分子式，是硫酸钾、氯化钾、碳酸钾、氧化钙、铝硅酸钾盐等物质的混合物。

从窑灰钾肥的组成物质来看，铝硅酸盐是不溶于水的，因此它是部分水溶性的肥料。由于产品中含氧化钙和碳酸钾，肥料呈强碱性，pH 为 9～11。产品中的氧化钾含量不是固定的，各厂的养分含量各有差异。

窑灰钾肥的吸湿性很强，所以贮藏、运输过程中应避免暴露在空气中，防雨防潮，切忌露天淋雨，以免造成养分损失和施用困难。

由于产品的碱性很强，适合施用于酸性土壤，可以中和土壤酸性和供应作物的钙素养分；但不能用于石灰性土壤上，以防增加土壤的碱性。也不能与铵态氮肥和水溶性磷肥混合储存和施用，以防氮肥的氨挥发损失和水溶性磷肥的有效磷的退化固定。

窑灰钾肥只适合作基肥和追肥，不能用作种肥，因为产品中的氧化钙能吸收土壤中的水分生成氢氧化钙并放出大量的热，影响种子发芽。产品作追肥时应仔细施用，避免肥料黏附到叶片上，引起叶片灼伤；防止肥料与植株根系直接接触，以免烧根或烧苗。

二、钾肥质量标准

(一)氯化钾

根据《氯化钾》(GB/T 6549—2011)中规定，氯化钾的技术指标见表 2-5-1。

表 2-5-1 工农业用氯化钾技术指标 %

项目		指标					
		Ⅰ类			Ⅱ类		
		优等品	一等品	合格品	优等品	一等品	合格品
氧化钾(K_2O)的质量分数	≥	62.0	60.0	58.0	60.0	57.0	55.0
水分(H_2O)的质量分数	≤	2.0	2.0	2.0	2.0	4.0	6.0
钙镁合量(Ca+Mg)的质量分数	≤	0.3	0.5	1.2	—	—	—
氯化钠(NaCl)的质量分数	≤	1.2	2.0	4.0	—	—	—
水不溶物的质量分数	≤	0.1	0.3	0.5	—	—	—

注：1. 除水分外，各组分质量分数均以干基计。

2. Ⅰ类中钙镁合量、氯化钠及水不溶物的质量分数作为工业用氯化钾推荐性指标，农业用不限量。

(二)硫酸钾

根据《农业用硫酸钾》(GB/T 20406—2017)中规定,硫酸钾的技术指标见 2-5-2。

表 2-5-2 农业用硫酸钾的技术指标 %

项目		粉末结晶			颗粒结晶	
		优等品	一等品	合格品	优等品	合格品
水溶性氧化钾(K_2O)的质量分数	≥	52.0	50.0	45.0	50.0	45.0
硫(S)的质量分数	≥	17.0	16.0	15.0	16.0	15.0
氯离子(Cl^-)的质量分数	≤	1.5	2.0	2.0	1.5	2.0
水分(H_2O)的质量分数	≤	1.0	1.5	2.0	1.5	2.5
游离酸(以 H_2SO_4 计)的质量分数	≤	1.0	1.5	2.0	2.0	2.0
粒度(粒径为 1.00～4.75 mm 或 3.35～5.60 mm)	≥	—	—	—	90.0	90.0

注:水分以生产企业出厂检验数据为准。对粒径有特殊要求的,按供需双方协议确定。

【技能训练】

实训 1 有机-无机复混肥料总钾含量的测定

(一)实验仪器及药品

根据《有机-无机复混肥料的测定方法 第 3 部分:总钾含量》(GB/T 17767.3—2010)中规定,列出本实验所需仪器(表 2-5-4)及药品(表 2-5-5)清单,并标注所需数量。届时实验过程会根据所列清单给各位同学提供实验仪器及药品。

注:实验过程如发现实验仪器及药品不足可随时申请补充,但本实验所取得的平时成绩会根据补充实验仪器及药品多少及剩余量酌情扣分。

表 2-5-4 本实验所需实验仪器

仪器名称	仪器型号	仪器数量	备注

表 2-5-5 本实验所需实验药品

药品名称	药品规格	数量	备注

(二)实验步骤

根据《有机-无机复混肥料的测定方法　第3部分:总钾含量》(GB/T 17767.3—2010)及相关国家标准,包括溶液制备、仪器清洗等,归纳本实验实验步骤。实验步骤须每位同学独自归纳整理,经小组讨论形成统一实验步骤,按照本小组实验步骤制作PPT等进行课堂答辩,通过后方可进行实验。

注:实验步骤归纳过程要充分考虑实验操作的逻辑性及先后顺序,根据本小组上报的实验仪器及药品形成本小组的实验步骤,每小组实验过程可不相同,实验步骤要尽量详细,应包含仪器清洗、溶液配制等全过程。

实验步骤如下:

(1)

(2)

(3)

(4)

(5)

(三)注意事项

根据本小组实验过程列出本实验注意事项,应包含仪器使用方式方法及相关使用过程中的注意事项,药品配制过程、仪器使用过程、使用后实验总结数据处理过程中的注意事项等。

(四)实验记录及实验报告

实验记录即根据本实验完成过程,以时间为轴线详细记录本实验完成全过程及实验现象、目标、结果等。实验记录表见表2-5-6。

表2-5-6　实验记录表

时间	实验内容	实验现象	实验结果及注意事项

实验报告应包含实验内容、目的及意义、实验步骤及现象、数据处理、实验结果及反思等,根据实验结果填写原始凭证。钾含量检验(测试)原始记录见表2-5-7。

表 2-5-7 钾含量检验(测试)原始记录

共____页 第____页

<table>
<tr><td>样品编号</td><td></td><td>样品名称</td><td colspan="2"></td></tr>
<tr><td>方法状态</td><td></td><td>检验地点</td><td colspan="2"></td></tr>
<tr><td>封条状态</td><td></td><td>样品状态</td><td colspan="2"></td></tr>
<tr><td rowspan="2">设备名称编号</td><td rowspan="2"></td><td rowspan="2">环境条件</td><td>温度/℃</td><td>湿度/%</td></tr>
<tr><td></td><td></td></tr>
<tr><td>项目名称及符号</td><td>计量单位</td><td>试验一</td><td colspan="2">试验二</td></tr>
<tr><td>样品质量 m_0</td><td>g</td><td></td><td colspan="2"></td></tr>
<tr><td>坩埚质量</td><td>g</td><td></td><td colspan="2"></td></tr>
<tr><td>坩埚＋四苯基合硼酸钾沉淀的质量</td><td>g</td><td></td><td colspan="2"></td></tr>
<tr><td>四苯基合硼酸钾沉淀质量 m_1</td><td>g</td><td></td><td colspan="2"></td></tr>
<tr><td>空白试验所得四苯基合硼酸钾沉淀质量 m_2</td><td>g</td><td></td><td colspan="2"></td></tr>
<tr><td>计算结果 X</td><td>%</td><td></td><td colspan="2"></td></tr>
<tr><td>平均值 $\overline{X}$</td><td>%</td><td colspan="3"></td></tr>
</table>

说明：

(1)$X=\dfrac{(m_1-m_2)\times 0.131\,4}{m_0\times\dfrac{25}{250}}\times 100=\dfrac{(m_1-m_2)\times 131.4}{m_0}$；

(2)0.131 4——四苯基合硼酸钾质量换算为氧化钾质量的系数；

(3)计算结果表示到小数点后两位，测定结果取平行测定的算术平均值，采用修约值比较法；

(4)同一实验室平行测定结果的绝对差值：钾含量<10.0%，平行测定允许差值不大于0.20%；钾含量在10.0%～20.0%时，平行测定允许差值不大于0.30%；钾含量>20.0%，平行测定允许差值不大于0.40%

总养分	%	

校核员： 检验员： 检验日期：

【任务成果】

1. 知识测试

(1)钾肥可以分成哪几类？依据是什么？

(2)钾肥都有什么特点？能否从外观识别肥料，说一说理由？

2. 实训成果

检测当地某种钾肥中钾素的含量，填写钾素测定报告单。

●思政花园

实肥料，别被包装给骗了

肥料中营养元素分为三类。①大量元素（主要养分）：仅指氮、磷、钾。②中量元素（次要养分）：对元素钙、镁、硫的通称。③微量元素（微量养分）：铜、铁、锰、锌、硼、钼等。

有关营养成分不规范的标注，主要表现形式有：①在无机肥料中，将大量元素与中、微量元素含量相加，称为总养分；②在有机肥或是有机-无机复混肥中，将大量元素与有机质、腐质酸等物质含量相加称为总养分；③在中量元素肥料中，将中量元素与微量元素含量相加称为总养分等。

《肥料标识　内容和要求》(GB 18382—2021)中规定“总养分：总氮、有效五氧化二磷和氧化钾含量之和。由定义我们可知，复混肥料：不得将其他元素或化合物计入总养分。中量元素肥料：不得将微量元素含量与中量元素相加”。对于仅由总氮、有效 P_2O_5 和 K_2O 构成的总养分，如果夹带了有机质、腐质酸及中、微量元素或是其他添加物质“合并助阵”，营养成分纵然“丰满”，农民收成必定“骨感”。

实训2　复混肥料中游离水含量的测定——卡尔·费休法

(一)实验仪器及药品

根据《复混肥料中游离水含量的测定　卡尔·费休法》(GB/T 8577—2010)，列出本实验所需仪器(表2-5-8)及药品(表2-5-9)清单，并标注所需数量。届时实验过程会根据所列清单给各位同学提供实验仪器及药品。

注：实验过程如发现实验仪器及药品不足可随时申请补充，但本实验所取得的平时成绩会根据补充实验仪器及药品多少及剩余量酌情扣分。

表2-5-8　本实验所需实验仪器

仪器名称	仪器型号	仪器数量	备注

表2-5-9　本实验所需实验药品

药品名称	药品规格	数量	备注

(二)实验步骤

根据《复混肥料中游离水含量的测定　卡尔·费休法》(GB/T 8577—2010)及相关国家标准，包括溶液制备、仪器清洗等，归纳本实验的实验步骤。实验步骤须每位同学独自归纳整理，经小组讨论形成统一实验步骤，按照本小组实验步骤制作 PPT 等进行课堂答辩，通过后方可进行实验。

注：实验步骤归纳过程要充分考虑实验操作的逻辑性及先后顺序，根据本小组上报的实验仪器及药品形成本小组的实验步骤，每小组实验过程可不相同，实验步骤要尽量详细，应包含仪器清洗、溶液配制等全过程。

实验步骤如下：

(1)

(2)

(3)

(4)

(5)

(三)注意事项

根据本小组实验过程列出本实验注意事项，应包含仪器使用方式方法及相关使用过程中的注意事项，药品配制过程、仪器使用过程、使用后实验总结数据处理过程中的注意事项等。

(四)实验记录及实验报告

实验记录即根据本实验完成过程，以时间为轴线详细记录本实验完成全过程及实验现象、目标、结果等。实验记录表见表 2-5-10。

表 2-5-10　实验记录表

时间	实验内容	实验现象	实验结果及注意事项

实验报告应包含实验内容、目的及意义、实验步骤及现象、数据处理、实验结果及反思等，根据实验结果填写原始凭证。水分检验(测试)原始记录见表 2-5-11。

表 2-5-11　水分检验(测试)原始记录

<table>
<tr><td>样品编号</td><td></td><td>样品名称</td><td colspan="2"></td></tr>
<tr><td>方法状态</td><td></td><td>检验地点</td><td colspan="2"></td></tr>
<tr><td>封条状态</td><td></td><td>样品状态</td><td colspan="2"></td></tr>
<tr><td rowspan="2">设备名称编号</td><td rowspan="2"></td><td rowspan="2">环境条件</td><td>温度/℃</td><td>湿度/%</td></tr>
<tr><td></td><td></td></tr>
</table>

续表 2-5-11

项目名称及符号		计量单位	试验一	试验二
肥料质量 m	称量一	g		
	称量二	g		
	称量三	g		
消耗试剂体积 V_1		mL		
消耗试剂体积 V_2		mL		
计算结果 w		%		
平均值 $\overline{w}$		%		

说明：

游离水含量 w 以质量分数(%)表示，按下式计算：

$$w=\frac{T(V_1-V_2)}{m\times\frac{5}{50}\times 1\,000}\times 100=\frac{(V_1-V_2)T}{m} \tag{2-5-1}$$

式中：V_1——滴定 5.0 mL 二氧六环萃取溶液所消耗的卡尔·费休试剂的体积的数值，mL；

V_2——滴定 5.0 mL 二氧六环所消耗的卡尔·费休试剂的体积的数值，mL；

T——卡尔·费休试剂对水的滴定度的数值，mg/L；

m——试料的质量数值，g。

计算结果表示到小数点后两位，取平行测定结果的算术平均值作为测定结果。

游离水的质量分数 $w\leqslant 2.0\%$时，平行测定结果的绝对差值应不大于 0.30%；

游离水的质量分数 $w>2.0\%$时，平行测定结果的绝对差值应不大于 0.40%

校核员：　　检验员：　　检验日期：

第三部分

种子质量检测

项目一　种子净度检验

项目二　种子发芽率测定

项目三　种子真实性与纯度测定

项目四　种子水分测定

项目一

种子净度检验

【项目分析】

种子批内所含有杂草、异作物种子会在田间与农作物争肥争光，许多杂草还是病虫的中间寄主，致使病虫发生，从而降低作物产量和质量；种子批内杂质的种类和多少会影响种子安全贮藏，还影响人畜健康安全。因此开展种子净度分析对于种子质量评价和利用具有极其重要意义。本项目的检测方法参照《农作物种子检验规程》(GB/T 3543.1～3543.7)，通过本项目的进行，使学习者掌握种子净度的测定方法，能够独立对种子样品进行净度检验。

任务　种子净度检验

【技能目标】

对种子样品进行不同成分含量的质量分数测定，并以此推测种子批的组成。

【知识目标】

明确送验样品的组成及划分标准，掌握主要作物的净种子含义。

【素质目标】

1. 培养学生实事求是的工作态度；
2. 培养学生团结合作的能力。

【知识学习】

一、种子净度

种子净度又称种子清洁度，即种子清洁干净的程度，是指种子样品中，除杂质和其他植物种子外，净种子重量占供检样品重量的百分含量。

二、各成分定义及区分总则

(一)净种子

凡能从构造上明确鉴定出它们所属种的完整种子单位或大小大于原来一半的破损种子单位都称为净种子,包括未成熟的、瘦小的、皱缩的、带病的和发过芽的(已变成菌核、黑穗病孢子或者线虫瘿除外)种子。

1. 完整种子单位

种子单位包括真种子瘦果、类似种子的果实、小穗和小花。在禾本科中,种子单位如是小花,需带有一个明显含有胚乳的颖果或裸粒颖果。

2. 大小大于原来一半的破损种子单位

根据上述原则,在个别的属或种中有一些特殊情况,具体如下:

(1)豆科、十字花科,其种皮完全脱落的种子单位应列为杂质。

(2)即使有胚芽和胚根的胚中轴,并超过原来大小一半的附属种皮,豆科种子单位的分离子叶也列为杂质。

(3)甜菜属复胚种子超过一定大小的种子单位列为净种子。

(4)在燕麦属和高粱属中,附着的不育小花不需除去而列为净种子。

(二)其他植物种子

其他植物种子是指除净种子以外的任何植物种类的种子单位(包括其他植物种子和杂草种子)。其鉴定原则与净种子相同,但甜菜属种子单位作为其他植物种子时不必筛选,可用遗传单胚的净种子定义。

(三)杂质

杂质是指除净种子和其他植物种子以外的种子单位和其他物质及构造。

(1)明显不含真种子的种子单位。

(2)甜菜属复胚种子单位大小未达到净种子定义规定最低大小的。

(3)破裂或受损伤种子单位的碎片为原来大小的一半或不及一半的。

(4)按该种的净种子定义,不将这些附属物作为净种子部分或定义中尚未提及的附属物。

(5)种皮完全脱落的豆科、十字花科的种子。

(6)脆而易碎、呈灰白色、乳白色的菟丝子种子。

(7)脱下的不育小花、空的颖片、内外稃、稃壳、茎叶、球果、鳞片、果翅、树皮碎片、花、线虫瘿、真菌体(如麦角、菌核、黑穗病孢子团)、泥土、砂粒、石砾及所有其他非种子物质。

三、主要农作物净种子定义

玉米:颖果及大小超过原来一半的破损颖果。

小麦:颖果及大小超过原来一半的破损颖果。

大豆:有或无种皮的种子;超过原来大小一半,有或无种皮的破损种子;其种皮完全脱落的豆科种子单位应列为杂质;即使有胚中轴、超过原来大小一半以上的附属种皮,豆科种子单位的分离子叶也列为杂质。

花生:附着部分种皮的种子及大小超过原来一半的破损颖果。

水稻：有颖片、内外稃包着颖果的小穗，当芒长超过小花长度时，必须将芒除去；有或不孕外稃，有内外稃包着一个颖果的小穗，当芒长超过小花长度时，必须将芒除去；有内外稃包着颖果的小花，当芒长超过小花长度时，必须将芒除去；颖果及大小超过原来一半的破损颖果。

【技能训练】

实训　玉米种子净度分析

一、种子净度分析仪器

净度分析台、分样器(钟鼎式、横格式)、不同孔径套筛、吹风机、手持放大镜或双目显微镜、天平(0.1 g、0.01 g、0.001 g)、镊子、小毛刷等。

二、试验样品准备

(一)送验样品称重

送验样品是指从混合样品中分取的并且重量在规定数量之上的送达检验室的样品。送验样品可再分成由不同材料包装以满足特定检验(如水分或种子健康)需要的次级样品。称重与小数位数见表 3-1-1。

表 3-1-1　称重与小数位数

试样与半试样及其组分重量/g	称重至下列小数位数
1.000 0 以下	4
1.000～9.999	3
10.00～99.99	2
100.0～999.9	1
1 000 或 1 000 以上	0

(二)重型混杂物检查

在送验样品中，若有与供检种子在大小或重量上明显不同且严重影响结果的混杂物，如石块、砖瓦、树枝或小粒种子中混有的大粒种子，应先挑出这些重型混杂物并称重，再将重型混杂物分为其他植物种子和杂质，并将各部分称重。

(三)试验样品分取

试验样品需按规定方法从送验样品中分取，试验样品应不少于《农作物种子检验规程　扦样》(GB/T 3543.2—1995)中农作物种子批的最大重量和样品最小重量表中规定的最小重量(以至少含有 2 500 个种子单位估算)。试验样品可取规定重量的一份试样(全试样)，或两份半试样(规定重量的一半)进行分析。试验样品称重，以 g 表示。

三、试验样品分离、鉴定和称重

(一)试验样品的分离和鉴定

试样称重后，采用人工分析进行分离和鉴定。样品被分为净种子、其他植物种子、杂质三个部分，分别放入相应的容器。分离时可借助一定的仪器辅助，如放大镜和双目镜可用于鉴定和分离小粒种子单位和碎片；反射光可用于禾本科可育小花的分离以及线虫瘿和真菌体的检查；也可使用套筛进行茎叶碎片、土壤等细小颗粒的分离，一般由上、下两层组成，上层为大孔筛，下层为小孔筛；种子吹风机可用于从较重种子中分离出较轻的杂质。

(二)试验样品称重

分离后将净种子、其他植物种子、杂质分别称重，称量精确度与试样称重时相同。

各组分重量之和与原试样重量进行比较，核对分离期间的物质增失差，如果增失差超过原试样重量的 5%，试验重做；如增失差小于原试样重量的 5%，则按此重量计算各组分百分率。

(三)试验结果计算

1. 计算

净度试验结果为净种子、其他植物种子、杂质各组分重量占各组分重量之和的百分率。若分析的是全试样，分组分重量百分率应计算到 1 位小数，若分析的是半试样，分组分的重量百分率应计算到两位小数。

送验样品有重型混杂物时，最后净度分析结果应按下式计算：

净种子：

$$P_2(\%)=P_1\times\frac{M-m}{M} \tag{3-1-1}$$

其他植物种子：

$$OS_2(\%)=OS_1\times\frac{M-m}{M}+\frac{m_1}{M}\times 100 \tag{3-1-2}$$

杂质：

$$I_2(\%)=I_1\times\frac{M-m}{M}+\frac{m_2}{M}\times 100 \tag{3-1-3}$$

式中：M——送验样品的重量，g；

m——重型混杂物的重量，g；

m_1——重型混杂物中的其他植物种子重量，g；

m_2——重型混杂物中的杂质重量，g；

P_1——除去重型混杂物后的净种子重量百分率，%；

I_1——除去重型混杂物后的杂质重量百分率，%；

OS_1——除去重型混杂物后的其他植物种子重量百分率，%。

2. 核查容许差距

如果分析为两份半试样，分析后任一组分相差不得超过容许差距(容许差距见表 3-1-2)。若所有组分的实际差距都在容许范围之内，则计算各组分的平均值。如果超出容许差距范围，则按下列程序处理：

(1)再重新分析成对样品，直到一对数值在容许差距范围内为止(但全部分析不必超过 4 对)。

(2)凡一对间的相差超过容许差距两倍时，均略去不计。

(3)各种组分百分率的最后记录，应从全部保留的几对加权平均数计算。

如果分析样品为试样，且在某种情况下有必要分析第二份试样时，两份试样实际差距也不得超过容许差距(表 3-1-2)。若所有组分都在容许范围内则取其平均值。如超过，则再取一份试样分析，分析后最高值和最低值的差距没有大于容许差距两倍时，填报三者的平均值。如果这些结果中的一次或几次明显是由于差错引起的，需将不正确的结果除去后计算平均值。

表 3-1-2 同一实验室内同一送验样品净度分析的容许差距

（5%显著水平的两尾测定）

两次分析结果平均		不同测定之间容许差距			
		半试样		试样	
50%以上	50%以下	无稃壳种子	有稃壳种子	无稃壳种子	有稃壳种子
99.95～100.0	0.00～0.04	0.20	0.23	0.1	0.2
99.90～99.94	0.05～0.09	0.33	0.34	0.2	0.2
99.95～99.89	0.10～0.14	0.40	0.42	0.3	0.3
99.80～99.84	0.15～0.19	0.47	0.49	0.3	0.4
99.75～99.79	0.20～0.24	0.51	0.55	0.4	0.4
99.70～99.74	0.25～0.29	0.55	0.59	0.4	0.4
99.65～99.69	0.30～0.34	0.61	0.65	0.4	0.5
99.60～99.64	0.35～0.39	0.65	0.69	0.5	0.5
99.55～99.59	0.40～0.44	0.68	0.74	0.5	0.5
99.50～99.54	0.45～0.49	0.72	0.76	0.5	0.5
99.40～99.49	0.50～0.59	0.76	0.80	0.5	0.6
99.30～99.39	0.60～0.69	0.83	0.89	0.6	0.6
99.20～99.29	0.70～0.79	0.89	0.95	0.6	0.7
99.10～99.19	0.80～0.89	0.95	1.00	0.7	0.7
99.00～99.09	0.90～0.99	1.00	1.06	0.7	0.8
98.75～98.99	1.00～1.24	1.07	1.15	0.8	0.8
98.50～98.74	1.25～1.49	1.19	1.26	0.8	0.9
98.25～98.49	1.50～1.74	1.29	1.37	0.9	1.0
98.00～98.24	1.75～1.99	1.37	1.47	1.0	1.0
97.75～97.99	2.00～2.24	1.44	1.54	1.0	1.1
97.50～97.74	2.25～2.49	1.53	1.63	1.1	1.2
97.25～97.49	2.50～2.74	1.60	1.70	1.1	1.2
97.00～97.24	2.75～2.99	1.67	1.78	1.2	1.3
96.50～96.99	3.00～3.49	1.77	1.88	1.3	1.3
96.00～96.49	3.50～3.99	1.88	1.99	1.3	1.4
95.50～95.99	4.00～4.49	1.99	2.12	1.4	1.5
95.00～95.49	4.50～4.99	2.09	2.22	1.5	1.6
94.00～94.99	5.00～5.99	2.25	2.38	1.6	1.7
93.00～93.99	6.00～6.99	2.43	2.56	1.7	1.8
92.00～92.99	7.00～7.99	2.59	2.73	1.8	1.9
91.00～91.99	8.00～8.99	2.74	2.90	1.9	2.1
90.00～90.99	9.00～9.99	2.88	3.04	2.0	2.2
88.00～89.99	10.00～11.99	3.08	3.25	2.2	2.3
86.00～87.99	12.00～13.99	3.31	3.49	2.3	2.5
84.00～85.99	14.00～15.99	3.52	3.71	2.5	2.6
82.00～83.99	16.00～17.99	3.69	3.90	2.6	2.8
80.00～81.99	18.00～19.99	3.86	4.07	2.7	2.9
78.00～79.99	20.00～21.99	4.00	4.23	2.8	3.0
76.00～77.99	22.00～23.99	4.14	4.37	2.9	3.1

续表 3-1-2

<table>
<tr><th colspan="2">两次分析结果平均</th><th colspan="4">不同测定之间容许差距</th></tr>
<tr><th rowspan="2">50%以上</th><th rowspan="2">50%以下</th><th colspan="2">半试样</th><th colspan="2">试样</th></tr>
<tr><th>无稃壳种子</th><th>有稃壳种子</th><th>无稃壳种子</th><th>有稃壳种子</th></tr>
<tr><td>74.00～75.99</td><td>24.00～25.99</td><td>4.26</td><td>4.50</td><td>3.0</td><td>3.2</td></tr>
<tr><td>72.00～73.99</td><td>26.00～27.99</td><td>4.37</td><td>4.61</td><td>3.1</td><td>3.3</td></tr>
<tr><td>70.00～71.99</td><td>28.00～29.99</td><td>4.47</td><td>4.71</td><td>3.2</td><td>3.3</td></tr>
<tr><td>65.00～69.99</td><td>30.00～34.99</td><td>4.61</td><td>4.86</td><td>3.3</td><td>3.4</td></tr>
<tr><td>60.00～64.99</td><td>35.00～39.99</td><td>4.77</td><td>5.02</td><td>3.4</td><td>3.6</td></tr>
<tr><td>50.00～59.99</td><td>40.00～49.99</td><td>4.89</td><td>5.16</td><td>3.5</td><td>3.7</td></tr>
</table>

3. 结果修约

各种组分最终结果保留 1 位小数。三种成分百分率之和应为 100.0%，如果其和是 99.9%或 100.1%，则从组分最大值增减 0.1%为最后结果。如果修约值大于 0.1%，则应检查计算是否正确。小于 0.05%的微量组分在计算中应除外。

四、填写结果报告

农作物种子净度检验结果报告单见表 3-1-3。

表 3-1-3　农作物种子净度检验结果报告单

<table>
<tr><td>送验单位</td><td></td><td colspan="3">产　地</td><td colspan="3"></td></tr>
<tr><td>作物名称</td><td></td><td colspan="3" rowspan="2">送验样品/g</td><td colspan="3" rowspan="2"></td></tr>
<tr><td>品种名称</td><td></td></tr>
<tr><td rowspan="2">重型混杂物/g</td><td rowspan="2"></td><td colspan="3">重型混杂物中其他植物种子/g</td><td colspan="3"></td></tr>
<tr><td colspan="3">重型混杂物中杂质/g</td><td colspan="3"></td></tr>
<tr><td rowspan="7">净度
分析</td><td>类　别</td><td>净种子/g</td><td colspan="2">其他植物种子/g</td><td colspan="2">杂质/g</td><td>各成分重量之和/g</td></tr>
<tr><td>全(半)试样</td><td></td><td colspan="2"></td><td colspan="2"></td><td></td></tr>
<tr><td>增失差</td><td colspan="6"></td></tr>
<tr><td>其他植物
种子种类</td><td colspan="2"></td><td colspan="2">杂质种类</td><td colspan="2"></td></tr>
<tr><td rowspan="3">净度结果
分析计算</td><td colspan="2">净种子/%</td><td colspan="4"></td></tr>
<tr><td colspan="2">其他植物种子/%</td><td colspan="4"></td></tr>
<tr><td colspan="2">杂质/%</td><td colspan="4"></td></tr>
<tr><td>含重型混
杂物计算</td><td colspan="7"></td></tr>
</table>

净度分析结果

净种子/%		其他植物 种子/%		杂质/%	

净度分析结果保留 1 位小数，各种组分百分率之和为 100.0%。

若一种组分分析结果为零，须在对应空格内填写“—0.0—”。

若其一组成分少于0.05%，则填报“微量”。

当测定某一类杂质或某一种其他植物种子的重量百分率达到或超过1%时，该种类应在结果报告中注明。

【任务成果】

1. 知识测试

(1)种子净度的定义是什么？按照种子净度定义，可以把种子样品分为哪几个部分？

(2)列举几种主要农作物种子净种子的类型。

2. 实训成果

对教师提供的种子进行净度测定，填写结果报告单。

●思政花园

过者，圣贤所不能无也。自以为无过，而过乃大矣；自以为有过，而过自寡矣。

——清·钱大昕《十驾斋养新录·改过》

释义：不犯错误，就是圣贤也做不到。如果自以为没错误，那么错误就大了；常常自以为很多不足，那么过失就少了。

项目二

种子发芽率测定

【项目分析】

发芽试验对农业生产具有重要的意义。种子收购入库时做好发芽试验,可掌握种子的质量状况;贮藏期间做好发芽试验,可根据发芽率的变化及时调整贮藏条件,确保安全贮藏;播种前做好发芽试验,有利于选用发芽率高的种子播种,保证苗齐苗壮,并可以根据发芽率计算实际播种量,做到精细播种、节约用种。

任务　种子发芽率测定

【技能目标】

能对种子样品进行发芽率测定,并以此判定种子批的最大发芽潜力,据此比较不同种子批的质量,并能估测种子的田间播种价值。

【知识目标】

了解种子发芽力的含义和表示,掌握种子健康幼苗的鉴定标准,并能够计算种子的发芽率。

【素质目标】

1. 培养学生对农业生产的热爱;
2. 培养学生勤于动手的能力;
3. 培养学生求真务实的观念。

【知识学习】

一、种子发芽力

种子发芽力是指种子在适宜条件下发芽并长成正常植株的能力。

二、种子发芽力的表示方法

通常用发芽势和发芽率表示。

(一)发芽势

发芽势指种子发芽试验初期(规定日期内)正常发芽种子数占供试种子数的百分率。

(二)发芽率

发芽率指种子发芽试验终期(规定日期内)正常发芽种子数占供试种子数的百分率。

三、种子发芽试验的环境条件

(一)水分

水分是种子发芽的关键因素,种子必须吸收足够的水分才能使内部的酶活化,促进新陈代谢和细胞生长、增强呼吸作用和能量供给,从而促进种子发芽。

不同作物种类种子发芽对水分的需求是有差异的。大豆、棉花、烟草等种子对水分敏感,水分过多会表现发芽差或不发芽。水稻、玉米等对水分不敏感。

不同发芽床的加水量也是不同的。砂床的含水量为饱和含水量的60%～80%,纸床的含水量为100%。

(二)温度

种子发芽试验的温度应按照《农作物种子检验规程　发芽试验》(GB/T 3543.4—1995)中规定的温度来进行。

当规定用变温时,通常应保持低温16 h及高温8 h。非休眠种子可以在3 h内完成变温,休眠种子应在1 h或更短时间内完成急剧变温。

(三)通气

发芽期间应使种子周围有足够的空气。纸卷发芽时应注意纸卷需疏松,砂床和土壤试验时,覆盖种子的砂床或土壤不能压紧。

(四)光照

大多数的种子可在光照或黑暗条件下发芽,但最好采用光照。即便是需暗型种子也只是发芽试验初期必须黑暗,随后进行的茎叶系统的形成也需要光照。

四、破除休眠和硬实的方法

(一)特殊温度处理

(1)低温处理　种子置于湿润发芽床上,5～10 ℃处理后发芽。

(2)加温干燥处理　种子摊薄层在通风良好条件下加温干燥(表3-2-1)。

(3)高温处理　发芽试验前将种子用开水烫2 min,适用于棉花和豆类的硬实。

(二)机械损伤处理

(1)剥去颖壳或种皮法　水稻用出糙机脱去稃壳,有稃大麦剥去胚部稃壳,菠菜剥去果皮,瓜类嗑开种皮。

(2)针刺或切割法　把种皮刺穿、削破或锉伤。

(3)砂擦法　砂纸磨破种皮。

(三)化学药剂处理

(1)硝酸处理　休眠的水稻种子可用 0.1 mol/L 的硝酸溶液浸种 16～24 h,冲洗后置床发芽。

(2)双氧水处理　可用于小麦、大麦、水稻种子的休眠处理。用 29%浓双氧水处理时,小麦浸种 5 min,大麦浸种 10～20 min,水稻 2 h。用淡双氧水处理时,小麦用 1%浓度浸种 2 h,大麦用 1.5%浓度浸种 2 h,水稻用 3%浓度浸种 2 h。

(3)赤霉素(GA3)处理　小麦、大麦、黑麦、燕麦种子可用 0.05% GA3 溶液湿润发芽床,休眠较浅时用 0.02%浓度,休眠较深时用 0.1%浓度。

表 3-2-1　各种作物种子加温干燥的温度和时间

作物名称	温度/℃	时间/d
大麦、小麦	30～35	3～5
高粱	30	2
水稻	40	5～7
花生	40	14
大豆	30	0.5
向日葵	30	7
棉花	40	1
烟草	30～40	7～10
胡萝卜、芹菜、菠菜、洋葱、黄瓜、甜瓜、西瓜	30	3～5

五、发芽试验的设备和用品

(一)发芽箱和发芽室

为了保证发芽试验具备足够适宜的环境条件,试验要在发芽箱中进行。发芽箱是提供种子发芽所需的温度、湿度或水分、光照等条件的设备。选用发芽箱时要考虑以下因素:

(1)控温准确、可靠、稳定,箱体内上下各部位温度均匀一致;

(2)制冷制热能力强,能够迅速完成变温转换;

(3)光照强度至少达到 750～1 250 lx;

(4)配备风扇、通风良好;

(5)操作简便。

目前常见的发芽箱有电热恒温发芽箱、变温发芽箱、光照发芽箱、人工气候箱。智能人工气候室即发芽室可看作是大型发芽箱,其构造原理与发芽箱相似,只是容量扩大,可容纳更多的种子同时进行发芽试验。

【技能训练】

实训 种子发芽率测定

(一)试验材料

水稻、小麦、玉米、大豆种子。

你所选择的实验材料是____。

(二)仪器用具

实验用具：方形透明塑料发芽盒、长方形透明塑料发芽盒、玻璃培养皿、发芽纸、消毒砂。

(三)试验方法

1. 植物发芽方法一

采用砂床，经消毒砂，调节到适宜温度，装入长方形塑料发芽盒，厚度为 2～3 cm，然后用活动数种板播入 50 粒种子，再盖上 1.5～2 cm 的湿砂，盖好盖子，放入规定温度和光下培养。第 4 天计数正常幼苗，第 7 天计数正常幼苗、不正常幼苗和死种子数。

2. 植物发芽方法二

采用长方形透明塑料盒砂床发芽，将砂高温消毒，调到适宜水分，放入塑料盒内，厚度为 2～3 cm，用活动数种板播入 50 粒种子，覆盖 1.5～2 cm 湿砂，放入 25 ℃下发芽，第 5 天计数正常发芽种子数，第 8 天计数正常发芽种子数、不正常发芽种子数和死亡种子数。

【任务成果】

1. 知识测试

(1)种子发芽力的定义是什么？种子发芽力由几个指标来表示？

(2)破除休眠的主要方法有哪些？

2. 实训成果

根据种子检验规程，对所提供样品进行种子发芽率测定，并填写表 3-2-2。同一发芽试验四次重复间的最大容许差距见表 3-2-3。

表 3-2-2 种子发芽率检验结果报告单

<table>
<tr><td colspan="2">送检单位</td><td colspan="2"></td><td>产　地</td><td></td></tr>
<tr><td colspan="2">作物名称</td><td colspan="2"></td><td>代表数量</td><td></td></tr>
<tr><td colspan="2">品种名称</td><td colspan="2"></td><td></td><td></td></tr>
<tr><td rowspan="3">发芽试验</td><td>正常幼苗/%</td><td>硬实/%</td><td>新鲜不发芽种子/%</td><td>不正常幼苗/%</td><td>死种子/%</td></tr>
<tr><td></td><td></td><td></td><td></td><td></td></tr>
<tr><td colspan="5">发芽床________；温度________；试验持续时间____________________
发芽前处理和方法______________________________</td></tr>
</table>

表 3-2-3　同一发芽试验四次重复间的最大容许差距

（2.5 显著水平的两尾测定）

平均发芽率		最大容许差距
50%以上	50%以下	
99	2	5
98	3	6
97	4	7
96	5	8
95	6	9
93～94	7～8	10
91～92	9～10	11
89～90	11～12	12
87～88	13～14	13
84～86	15～17	14
81～83	18～20	15
78～80	21～23	16
73～77	24～28	17
67～72	29～34	18
56～66	35～45	19
51～55	46～50	20

●思政花园

半夜呼儿趁晓耕，羸牛无力渐艰行。

时人不识农家苦，将谓田中谷自生。

——唐·颜仁郁《农家》

项目三

种子真实性与纯度测定

【项目分析】

品种真实性和纯度是保证良种优良遗传特性充分发挥的前提，是正确评定种子质量的必检指标。品种纯度的高低对种子的产量和品质都有较大影响，假种子往往会造成绝产。因此，在引种、调种以及播种的过程中，进行种子真实性与纯度的测定是避免品种混淆产生差错、防止良种混杂退化的重要手段。

任务一　种子纯度测定

【技能目标】

对种子样品进行品种纯度测定，以此判断种子质量及生产中的应用价值。

【知识目标】

掌握种子真实性和品种纯度的定义以及纯度的测定方法。

【素质目标】

1. 培养学生认真细心，吃苦耐劳的品质；
2. 培养学生团结合作的精神；
3. 培养学生从实践中学真知的认识。

【知识学习】

一、定义

(一)种子真实性

种子真实性是指一批种子所属品种、种或属与文件描述是否相符。

(二)品种纯度

品种纯度是指品种个体与个体之间在特征特性方面典型一致的程度，用本品种的种子数占供检样品种子数的百分率表示。这是鉴定品种一致性程度高低的问题。

二、品种纯度检验方法的分类

(一)形态鉴定

(1)主要性状　这种性状是指较为明显、较少变化、容易观察的性状,遗传上属于质量性状。

(2)细微性状　这些性状是指比较细微,必须仔细观察才能发现的性状。

(3)特有性状　这些性状是为某些品种所特有的性状。

(4)易变性状　这些性状是指易受生长环境条件影响而发生变化的性状。

(二)物理化学法鉴定

苯酚染色法:苯酚又名石炭酸,其染色的原理是单酚、双酚、多酚在酚酶的作用下氧化为黑色素($C_{77}H_{98}O_{55}N_{14}S$),由于每个品种皮壳内酚酶活性不同,将苯酚氧化呈现深浅不同的褐色。该法主要适用于小麦、水稻和牧草。此法已列入国际种子检验协会(ISTA)品种鉴定手册。

(三)生理生化法鉴定

以生理生化反应为基础常用方法是愈创木酚法,其原理是大豆种皮内具有过氧化物酶,能使过氧化氢分解放出氧,使愈创木酚氧化而产生红棕色的4-邻甲氧基酚,由于不同品种过氧化物酶的活性不同,溶液颜色也有深浅之分。鉴定方法:取大豆种子2份,各50粒,剥下种皮,分别放入小试管内,加入蒸馏水2 mL,于30 ℃水中浸种1 h,使酶活化,然后滴入0.5%愈创木酚10滴,经10 min,加0.1%双氧水1滴,数秒后溶液即呈现颜色立即鉴定。溶液可分无色、淡红色、橘红色、深红色、棕红色等不同等级,可根据不同颜色鉴别本品种和异品种,并计算纯度百分率。

目前常用的以生理生化技术为基础的方法有:电泳鉴定法、色谱鉴定法、免疫技术鉴定。其中电泳技术较为简单,能够相对准确地测定品种纯度,是目前品种纯度测定中较为快速准确的方法。

(四)分子生物化学法鉴定

分子生物化学法是在DNA和RNA的分子水平上鉴定不同品种。目前品种检测中常用的方法是RAPD(随机扩增多态性DNA标记)技术、SSR(简单重复序列标记)技术,以及RFLP(限制性内切酶片段长度多态性)技术。

(五)细胞学方法鉴定

细胞学鉴定法主要依据染色体数量和结构变异、带型差异以及细胞形态的差异区分种及品种,在品种纯度测定中应用价值不大。

【技能训练】

实训　玉米种子品种纯度电泳测定

一、种子电泳仪器

稳流稳压电泳仪、垂直板夹心式电泳槽、单籽粒粉碎机、天平、酸度计、移液管、烧杯、容量瓶、试剂瓶、离心机、离心管(1.5 mL)、离心管架、冰箱、微量移液器、磁力搅拌器、注射器、观片灯箱、染色盘、玻璃棒、研钵、滴管、毛刷等。

二、试验样品准备

(一)样品提取

从送检样品中随机数取100粒种子,单粒粉碎机粉碎后置1.5 mL离心管中,用滴管按样品体积的1.5～2.0倍加样品提取液,混匀静置提取30 min后离心4 min,取上清液备用。

(二)凝胶制备

(1)取预先洗净备用的玻璃板装入橡胶框,固定在电泳槽内。取10 mL凝胶溶液于烧杯中,加1滴3% H_2O_2 溶液,迅速搅匀,沿高玻璃板外侧倒入底部,迅速轻轻振动电泳槽2次并放平,5 min左右凝胶聚合。

(2)取30 mL凝胶溶液于烧杯中,加2滴3% H_2O_2 溶液,迅速搅匀,将凝胶溶液倒满两玻璃板之间,迅速插入样品梳(制胶格),2 min聚合后将样品梳拔出,用注射器吸净样品槽中水分。

三、点样、电泳

(一)点样

用微量移液器取离心后的样品上清液30～40 μL加入样品槽,每加1次,用去离子水清洗移液器2～3次。

(二)电泳

加样完毕,加入电极缓冲液,上槽电极液须没过矮玻璃板,下槽电极液面须高过铂金丝。接通电源(电泳仪),稳压下电泳,待甲基绿下移至胶底部边缘时,停止电泳。

(三)卸板、染色

倒出电极液,卸电泳槽,取出胶片,置染色液中12 h左右。

四、观察、结果计算

观察:取出胶片冲洗干净,在观片灯上观察蛋白质谱带,鉴定各泳道谱带的特征和一致性。

计算结果:根据电泳谱带的特征和一致性,计数供检样品粒数和非本品种粒数,计算电泳测定纯度值。

$$品种纯度=\frac{供检样品种子数-异品种种子数}{供检样品种子数}\times 100\% \qquad (3\text{-}3\text{-}1)$$

【任务成果】

1. 知识测试

(1)种子真实性的定义是什么?品种纯度的定义是什么?

(2)品种纯度的测定方法有哪些?

2. 实训成果

应用电泳法,对所提供玉米样品进行种子纯度测定,并填写结果报告单。

●思政花园

历史和现实都告诉我们，青年一代有理想、有担当，国家就有前途，民族就有希望，实现中华民族伟大复兴就有源源不断的强大力量。希望你们弘扬奉献、友爱、互助、进步的志愿精神，坚持与祖国同行、为人民奉献，以青春梦想、用实际行动为实现中国梦作出新的更大贡献。

——摘自 2013 年习近平给华中农业大学“本禹志愿服务队”回信

任务二　种子田间检验

【技能目标】

田间检验的目的是核查种子田的品种特征特性是否名副其实，以及影响收获种子质量的各种情况，从而根据这些检查的质量信息，采取相应的措施，减少剩余遗传分离、自然变异、外来花粉、机械混杂和其他不可预见的因素对种子质量产生的影响，以确保收获时符合规定的要求。

【知识目标】

掌握田间检验的概念、时期及方法。

【素质目标】

1. 培养学生吃苦耐劳的品质；
2. 培养学生居安思危的意识；
3. 培养学生保护环境的观念。

【知识学习】

一、田间检验的概念

田间检验是指在种子生产过程中，在田间对品种真实性进行验证，对品种纯度进行评估，同时对作物的生产状况、异作物、杂草等进行调查，并确定其与特定要求符合性的活动。

杂草是指在种子收获过程中难以分离的或有害的检疫性植物。

异作物是指不同于本作物的其他作物。

二、田间检验项目

(一)常规种的种子田

(1)前作，隔离条件。

(2)品种真实性。

(3)杂株百分率。

(4)其他植物植株百分率。

(5)种子田的总体状况。

(二)生产杂交种的种子田

(1)隔离条件。

(2)花粉扩散的适宜条件。

(3)雄性不育程度(主要是去雄程度)。

(4)串粉程度。

(5)父母本的真实性、品种纯度。

三、田间检验时期

种子田在生长季节期间可以检查多次,至少应在品种特征特性表现最充分、最明显的时期检查一次。

四、田间检验的作用和原则

(一)田间检验的作用

在种子生产过程中,田间检验可以起到以下作用:

一是检查制种田的隔离情况,防止因外来花粉污染而造成的纯度降低。种子繁殖和生产田的隔离要求见表 3-3-1。

表 3-3-1　种子繁殖和生产田的隔离要求

作物及类别		空间隔离/m	时间隔离/d
水稻	常规稻、保持系、恢复系	20	15
	不育系	700	25
	制种田	500(粳)	20
玉米	自交系	500	40
	制种田	300	40
小麦和大麦	常规种	25	—
高粱	常规种	300	—
	不育系、恢复系和保持系	500	—
	制种田	300	—
大豆、蚕豆、红小豆、绿豆	常规种	25	—

二是检查种子生产技术的落实情况,特别是去杂、去雄情况。严格去杂,防止变异株及杂株(包括剩余遗传分离和自然变异产生的变异株)对生产种子纯度的影响。粮食作物种子繁殖田和生产田的田间杂株率和散粉株率见表 3-3-2。

表 3-3-2　粮食作物种子繁殖田和生产田的田间杂株率和散粉株率

作物及类别				田间杂株(穗)率不高于/%	散粉株率不超过/%
水稻	常规种	原种		0.08	—
		良种		0.1	—
	不育系 保持系 恢复系	原种		0.01	—
		良种		0.08	—
	杂交种	良种	父本	0.1	任何一次花期检查 0.2%或两次花期检查累计 0.4%
			母本	0.1	

续表 3-3-2

<table>
<tr><th colspan="4">作物及类别</th><th>田间杂株(穗)率不高于/%</th><th>散粉株率不超过/%</th></tr>
<tr><td rowspan="6">玉米</td><td rowspan="2">自交系</td><td colspan="2">原种</td><td>0.02</td><td>—</td></tr>
<tr><td colspan="2">良种</td><td>0.5</td><td>—</td></tr>
<tr><td rowspan="2">亲本单交种</td><td rowspan="2">原种</td><td>父本</td><td>0.1</td><td rowspan="2">任何一次花期检查 0.2%或三次花期检查累计 0.5%</td></tr>
<tr><td>母本</td><td>0.1</td></tr>
<tr><td rowspan="2">杂交种</td><td rowspan="2">良种</td><td>父本</td><td>0.2</td><td rowspan="2">任何一次花期检查 0.5%或三次花期检查累计 1.0%</td></tr>
<tr><td>母本</td><td>0.2</td></tr>
<tr><td colspan="2" rowspan="2">小麦、大麦</td><td colspan="2">原种</td><td>0.1</td><td>—</td></tr>
<tr><td colspan="2">良种</td><td>1.0</td><td>—</td></tr>
<tr><td rowspan="6">高粱</td><td rowspan="2">常规种</td><td colspan="2">原种</td><td>0.1</td><td>—</td></tr>
<tr><td colspan="2">良种</td><td>1.0</td><td>—</td></tr>
<tr><td rowspan="2">不育系
保持系
恢复系</td><td colspan="2">原种</td><td>0.1</td><td>—</td></tr>
<tr><td colspan="2">良种</td><td>0.2</td><td>—</td></tr>
<tr><td rowspan="2">杂交种</td><td rowspan="2">良种</td><td>父本</td><td>0.3</td><td>0.1</td></tr>
<tr><td>母本</td><td>0.3</td><td>0.1</td></tr>
<tr><td colspan="2" rowspan="2">大豆、红小豆、绿豆</td><td colspan="2">原种</td><td>0.1</td><td>—</td></tr>
<tr><td colspan="2">良种</td><td>2</td><td>—</td></tr>
<tr><td colspan="2" rowspan="2">蚕豆</td><td colspan="2">原种</td><td>0.1</td><td>—</td></tr>
<tr><td colspan="2">良种</td><td>3</td><td>—</td></tr>
</table>

三是检查田间生长情况，特别是花期相遇情况。通过田间检验，及时提出花期调整的措施，防止因花期不遇造成的产量和质量降低。同时及时除去有害杂草和异作物。

四是检查品种的真实性和鉴定品种纯度，判断种子生产田生产的种子是否符合种子质量要求，报废不合格的种子生产田，防止低纯度的种子对农业生产的影响。

五是通过田间检验，为种子质量认证提供依据。

(二)田间检验的原则

(1)田间检验员应识别可区分品种间的特征特性，熟悉种子生产方法和程序。

(2)应建立品种间相互区别的特征特性描述(即品种描述)。

(3)依据不同作物和有关信息(尤其是小区种植鉴定的前控结果)，策划和实施能覆盖种子田的、有代表性的、符合规定要求的取样程序和方法。

(4)田间检验员应当独立地对田间状况做出评价，出具检验结果报告。如果检验时某些植株难以从特征特性上加以确认，在得出结论之前需要进行第二次或更多次的检验。

【技能训练】

实训　种子田间检验

一、基本情况调查

了解情况，隔离情况的检查，品种真实性检查，种子生产田的生长状况的调查等内容。

(一)了解情况

通过面谈和检查档案，全面了解以下情况：被检单位及地址；作物、品种、类别(等级)；种子田的位置，种子田的编号，种子田的面积；农户姓名和电话；前作物情况；播种的种子批号，种子来源，种子世代；栽培管理情况，并检查品种证明书。

(二)隔离情况的检查

种植者应向检验员提供种子田及其周边田块的方位图，检验员检查时从以下几个方面进行：

(1)围绕种子田绕行一圈，检查隔离情况。

(2)对于通过风媒或虫媒进行传粉杂交的作物种，应检查种子田周边规定最小隔离距离内的同种作物。

(3)若种子田与花粉污染源的距离达不到要求，检验员必须建议部分或全部消灭污染源，以使种子田达到合适的隔离距离，或淘汰达不到隔离条件的部分田块。

(4)检查种子田和相邻的田块中的自身植株或杂草，它们可能是花粉污染源。

(三)品种真实性检查

(1)核查标签：生产者应保留种子批的两个标签，一个在田间，一个自留。对于杂交种必须保留其父母本的种子标签备查。

(2)检查隔离的同时，据品种田间的特征特性与品种描述的特征特性，实地检查不少于100个穗或植株，确认其真实性与品种描述中所给定的品种特征特性一致。

(四)种子生产田的生长状况的调查

(1)对于严重倒伏，杂草危害或另外一些原因引起生长不良的种子田，不能进行品种纯度评价，应该被淘汰。

(2)当种子田处于中间状态时，可使用小区预控制的证据作为田间检验的补充信息，对种子田进行总体评价确定是否有必要进行品种纯度的详细检查。

二、取样

(一)样区的频率

划分检验区：同一品种，同一来源，同一繁殖世代，耕作制度和栽培管理相同而又连在一起的地块可划分为一个检验区。

总样本大小(包括样区大小和样区频率)，应与种子田作物生产类别的要求联系起来，并符合4N原则，可参考表3-3-3。一般来说，样区的数目应随种子田大小成比例增加。

(二)样区大小

样区的大小和模式取决于被检作物、田块大小，行播或撒播，自交或异交，以及种子生长的地理位置等因素。

(1)大于10 hm^2 的禾谷常规种的种子田，可采用宽度为1 m，长度为20 m，面积为20 m^2，与播种方向成直角的样区。

(2)生产杂交种的种子田检验，可将父母行视为不同的“田块”，由于父母本的品种纯度要求不同，应分别检查每一“田块”，并分别报告母本和父本的结果；对于宽行距种植的种子田如玉米，通过行或条的样区模式来核查。

表 3-3-3　种子田样区计数最低频率

检验区面积/hm^2	样区最低频率			每点最低检验株数	
	生产常规种	生产杂交种			
		母本	父本	玉米田	水稻田
少于 2	5	5	3	母本 100 株 父本 100 株	母本 500 株 父本 500 株
3	7	7	4		
4	10	10	5		
5	12	12	6		
6	14	14	7		
7	16	16	8		
8	18	18	9		
9～10	20	20	10		
大于 10	在 20 基础上，每公顷递增 2	在 20 基础上，每公顷递增 2	在 10 基础上，每公顷递增 1		

(3)面积较小的常规种如水稻、小麦、大麦、大豆，每样区至少含 500 穗(株)；而面积较大的宜为 20 m^2；宽行种植的如玉米，样区可为行内 500 株。

(4)水稻和玉米杂交制种田，其父本可视为不同的“田块”，父母本分别检查和计数。水稻每样区 500 株；玉米和高粱杂交制种田的样区为行内 100 株或相邻两行各 50 株。

(三)样区分布

取样样区的位置应覆盖整个种子田。取样样区分布应是随机和广泛的，不能故意选择比一般水平高或低的样区。实践中，先确定两个样区的距离，并考虑播种的方向，使每一样区能尽量保证通过不同条播种子。

三、检验

(一)检验方法

田间检验员缓慢地沿着样区的预定方向前进，边设点边检验，直接在田间进行分析鉴定，在熟悉供检品种特征特性的基础上逐株观察。

(二)注意事项

(1)应借助于已建立的品种间相互区别的特征特性进行检查，以鉴别被测品种与已知品种特征特性一致性。

(2)品种特征特性分为主要性状和次要性状。主要性状是品种描述所规范的强制性项目，田间检验宜采用主要性状来评定品种真实性和品种纯度；当采用主要性状难以得出结论时，可采用次要性状。

(3)检验时沿行前进，以背光行走为宜，尽量避免在阳光强烈、刮风、大雨的天气下进行检查。以朝露未干时进行检验为好，此时品种性状和色素比较明显。

(4)每点分析结果按本品种、异品种、异作物、杂草、感染病(虫)株(穗)数分别记载。

(5)田间检验员宜获得相应小区鉴定结果，以证实在前控中发现的杂株。

(6)利用雄性不育系进行杂交种子生产的田块,除记录父母本杂株率外,还记录检查的母本雄性不育的质量。记录在样区中所发生的杂株数。

(三)检查中几种情况的特殊处理

(1)种子田中有杂株,而小区种植鉴定没有观察到 必须记录和考虑这些杂株,以决定接受与拒绝该田块。

(2)种子田处于难以检查状态 已经严重倒伏,长满杂草的种子田或病虫、其他原因导致生长受阻或生长不良的种子田,不能进行品种纯度的评定,建议淘汰种子田。

如种子田状况处于难以判别的中间状态,田间检验应利用小区种植前控鉴定得出的证据作为田间检验的补充信息加以判断。

(3)严重品种混杂 为检查品种纯度,如发现种子田有严重的品种混杂现象,田间检验员只需检查两个样区,取其平均值,推算群体、查出淘汰值。若杂株超过淘汰值,应淘汰该种子田并停止检查。若检测值没有超过淘汰值,依此类推,继续检查,直至所有的样区。

(4)在某一样区发现杂株而其他样区并未发现杂株 表明正常的检查程序不合适。这种现象通常发生在杂株与被检品种非常相似的情况下,只能通过非常接近地仔细查穗部才行。

四、结果计算与表示

(一)品种纯度

淘汰值是在考虑种子生产者利益和有较少失误的基础上,把在一个样本内观察到的变异株数与标准比较,做出符合要求的种子批或淘汰该种子批的决定。

如果变异株大于或等于规定的淘汰值,就应淘汰该种子批。

要查出淘汰值,应计算群体株(穗)数。据群体数,从表 3-3-4 中查出相应的淘汰值。将各个样区观察到的杂株相加,与淘汰值比较,做出接受或淘汰种子田的决定。

如果 200 m^2 样区内发现的杂株总数等于或超过表 3-3-4 中估计群体和品种纯度的给定数目,就可以淘汰种子田。

表 3-3-4 总样区面积 200 m^2 在不同品种纯度标准下的淘汰值

估计群体/[株(穗)/hm^2]	品种纯度标准				
	99.9%	99.8%	99.7%	99.5%	99.0%
200 m^2 样区的淘汰值					
60 000	4	6	8	11	19
80 000	5	7	10	14	24
600 000	19	33	47	74	138
900 000	26	47	67	107	204
1 200 000	33	60	87	138	—
1 500 000	40	73	107	171	—
1 800 000	47	87	126	204	—
2 100 000	54	100	144	235	—
2 400 000	61	113	164	268	—
2 700 000	67	126	183	298	—

续表 3-3-4

估计群体/[株(穗)/hm²]	品种纯度标准				
	99.9%	99.8%	99.7%	99.5%	99.0%
200 m^2 样区的淘汰值					
3 000 000	74	139	203	330	—
3 300 000	81	152	223	361	—
3 600 000	87	165	243	393	—
3 900 000	94	178	261	424	—

(二)群体株(穗)数的计算

(1)行播作物(禾谷类等作物,常采取数穗而不数株)用以下公式计算每公顷植株(穗)数:

$$P = 1\ 000\ 000 \times \frac{M}{W} \tag{3-3-2}$$

即每公顷植株(穗)总数=1 000 000×每一样区内 1 m 行长的株(穗)数的平均值/行宽(cm)。

(2)撒播作物:计数 0.5 m^2 面积中的株数。

$$P = 20\ 000 \times N \tag{3-3-3}$$

即每公顷植株数=20 000×每样区内 0.5 m^2 面积的株(穗)数的平均值。

(三)杂株(穗)率

杂株率按下式计算:

$$杂株率(\%)=\frac{样区内的杂株数}{样区内供检本作物株数}\times 100 \tag{3-3-4}$$

(四)其他指标

其他指标按下列公式计算:

$$异作物(\%)=\frac{异作物(穗)数}{供检本作物总株(穗)数+异作物株(穗)数}\times 100 \tag{3-3-5}$$

$$杂草(\%)=\frac{杂草株(穗)数}{供检本作物总株(穗)数+杂草株(穗)数}\times 100 \tag{3-3-6}$$

$$病(虫)感染(\%)=\frac{感染病(虫)株(穗)数}{供检本作物总株(穗)数}\times 100 \tag{3-3-7}$$

杂交制种田,应计算父母本杂株散粉株及母本散粉株。

$$父(母)本散粉杂株(\%)=\frac{父(母)本散粉杂株数}{供检父(母)本总株数}\times 100 \tag{3-3-8}$$

五、检验报告

田间检验完成后,田间检验员及时填报田间检验报告。

(1)田间检验的所有要求符合生产要求,建议被检种子田符合要求。

(2)田间检验的所有要求,应签署整改建议。整改后经复查确认符合要求后建议被检种子田符合要求。

(3)田间检验的所有要求(如隔离条件不符合要求、严重倒伏等)应建议淘汰被检种子田。

农作物常规种田间、杂交种田间检验结果单分别见表 3-3-5 和表 3-3-6。

表 3-3-5　农作物常规种田间检验结果单

字　第　号

繁种单位				
作物名称			品种名称	
繁种面积			隔离情况	
取样点数			取样总株(穗)数	
田间检验结果	品种纯度/%		杂草/%	
	异品种/%		病(虫)感染/%	
	异作物/%			
田间检验结果建议或意见				

检验单位(盖章)：　　检验员：　　检验日期：　　年　月　日

表 3-3-6　农作物杂交种田间检验结果单

字　第　号

繁种单位				
作物名称			品种(组合)名称	
繁种面积			隔离情况	
取样点数			取样总株(穗)数	
田间检验结果	父本杂株率/%		母本杂株率/%	
	母本散粉株率/%		异作物/%	
	杂草/%		病(虫)感染/%	
田间检验结果建议或意见				

检验单位(盖章)：　　检验员：　　检验日期：　　年　月　日

●思政花园

种子生产应当执行种子生产技术规程和种子检验、检疫规程，保证种子符合净度、纯度、发芽率等质量要求和检疫要求。县级以上人民政府农业农村、林业草原主管部门应当指导、支持种子生产经营者采用先进的种子生产技术，改进生产工艺，提高种子质量。

——《中华人民共和国种子法》第三十四条

项目四

种子水分测定

【项目分析】

种子水分是种子四大必检指标之一，种子水分的高低直接关系到种子的贮藏安全，进而关系到种子生活力和活力的保持，是判断种子质量的重要指标。

任务　种子水分测定

【技能目标】

对种子样品进行水分测定，并以此判断种子质量。

【知识目标】

了解种子中水分的组成成分，明确种子水分的测定方法，掌握种子水分的计算方法。

【素质目标】

1. 培养学生善于分析的能力；
2. 培养学生团队合作的精神；
3. 培养学生对国家经济的热爱，为祖国做贡献的精神。

【知识学习】

一、种子水分

种子水分是指种子内自由水和束缚水的质量占种子原始质量的百分率。

二、种子中水分的分类

种子中的水分分为自由水和束缚水两种。

(一)自由水

自由水存在于种子表面和细胞间隙内，100 ℃为沸点，0 ℃结冰，易受环境影响而蒸发，具有水的性质，能作为化学反应的溶剂。

(二)束缚水

束缚水与种子内的淀粉、蛋白质等亲水胶体相结合，不能在细胞间隙中自由流动，不易受外界环境条件影响，在烘干过程中，蒸发较慢，需要提高温度或延长时间才能把这部分水分蒸发出来。

三、种子水分的测定方法

(一)低恒温烘干减重法

此方法适用于油分含量较高的种子，例如葱属、棉属、芸苔属、辣椒属、大豆、花生、向日葵、亚麻、萝卜、蓖麻、芝麻、茄子。

试验方法为(103±2) ℃的烘箱内烘干 8 h。

(二)高恒温烘干减重法

此方法适用于淀粉含量较高的种子，例如芹菜、石刁柏、燕麦属、甜菜、西瓜、甜瓜属、南瓜属、胡萝卜、大麦、苜蓿属、番茄、烟草、水稻、菜豆属、小麦属、菠菜、玉米。

试验方法为 130～133 ℃条件下烘干 1 h。

(三)高水分预先烘干法

此方法适用于测定时需要磨碎的种子种类。禾谷类作物种子水分超过 18%，豆类和油料作物种子水分超过 16%，必须采用预先烘干法。

【技能训练】

实训　种子水分测定

(一)试验材料

水稻、小麦、玉米、大豆。

(二)仪器用具

烘箱、电脑水分仪、天平、粉碎机、称量盒、干燥器、干燥剂、广口瓶、小毛刷。

(三)试验方法

1. 低恒温烘干减重法

(1)取水稻或小麦种子约 30 g，粉碎，或取油菜种子(整数)。

(2)用称量盒取样品 4～5 g(精确至 0.001 g)。

(3)烘箱预热至 110～115 ℃。

(4)放入称好的样品，控制温度在 105 ℃，烘 8 h。

(5)取出样品，盖好盖子，放干燥器中冷却 30 min。

(6)称重，计算种子水分。

2. 高恒温烘干减重法

(1)称取预先磨碎的水稻或小麦样品 4～5 g，磨碎细度见表 3-4-1。

(2)烘箱预热至 140～145 ℃。

(3)放入样品，在 5～10 min 内使温度稳定在 130 ℃后开始计时，烘 60 min。

(4)取出样品，盖好盖子，放干燥器中冷却 30 min。

(5)称重，计算种子水分。

表 3-4-1　必须磨碎种子的种类及磨碎细度

作物种类	磨碎细度
燕麦属、水稻、甜荞、苦荞、黑麦、高粱属、小麦属、玉米	至少有 50％的磨碎成分通过 0.5 mm 筛孔的金属丝网，而留在 1.0 mm 筛孔的金属丝筛子上不超过 10％
大豆、菜豆属、豌豆、西瓜、巢菜属	需要粗磨，至少有 50％的磨碎成分通过 4.0 mm 筛孔
棉属、花生、蓖麻	磨碎或切成薄片

引自《农作物种子检验规程　水分测定》(GB/T 3543.6—1995)

3. 高水分预先烘干法

称取两份样品各(25.00±0.02) g，置于直径大于 8 cm 的样品盒中，在(103±2) ℃的烘箱内预烘 30 min(油料种子 70 ℃预烘 1 h)，取出后放置室温中冷却和称重，此后立即将这两个半干样品分别磨碎，并将磨碎物中各取一份样品按低恒温或高恒温烘干法进行测定。

4. 结果计算

根据烘后失去水的质量计算种子含水量百分率，并修约到小数点后 1 位。

$$种子水分(\%)=\frac{m_2-m_3}{m_2-m_1}\times 100 \tag{3-4-1}$$

式中：m_1——样品盒的质量；

m_2——样品盒及样品的烘前质量；

m_3——样品盒及样品的烘后质量。

高水分预先烘干法的水分换算：

$$种子水分(\%)=S_1+S_2-\frac{S_1\times S_2}{100} \tag{3-4-2}$$

式中：S_1——第一次整粒种子烘后失去的水分；

S_2——第二次磨碎种子烘后失去的水分。

【任务成果】

1. 知识测试

(1)种子水分的定义是什么？种子中的水分可分为哪几个部分？

(2)说出油料种子的水分测定方法。

2. 实训成果

根据种子检验规程，对所提供样品进行种子水分测定，并填写结果报告单(表 3-4-2)。若一个样品的两次测定结果差距小于 0.2％，其结果可用两次测定值的算术平均数表示，否则需重做两次测定。

表 3-4-2　种子水分检验结果报告单

<table>
<tr><td>送检单位</td><td></td><td>产地</td><td></td></tr>
<tr><td>作物名称</td><td></td><td>代表数量</td><td></td></tr>
<tr><td>品种名称</td><td></td><td></td><td></td></tr>
<tr><td rowspan="3">水分</td><td>重复一</td><td>重复二</td><td>差距</td></tr>
<tr><td></td><td></td><td></td></tr>
<tr><td colspan="3">水分</td></tr>
</table>

●思政花园

禁止生产经营假、劣种子。

农业、林业主管部门和有关部门依法打击生产经营假、劣种子的违法行为，保护农民合法权益，维护公平竞争的市场秩序。

下列种子为假种子：

（一）以非种子冒充种子或者以此种品种种子冒充其他品种种子的；

（二）种子种类、品种与标签标注的内容不符或者没有标签的。

下列种子为劣种子：

（一）质量低于国家规定标准的；

（二）质量低于标签标注指标的；

（三）带有国家规定的检疫性有害生物的。

——《中华人民共和国种子法》第四十九条

电子水分仪测定种子水分

烘箱法测定种子水分

净种子、其他植物种子、杂质

农作物种子纯度测定

幼苗鉴定标准

种子净度的检测

种子置床

第四部分

饲料质量检测

项目一　饲料营养及饲料分类
项目二　饲料样品采集、制备及保存
项目三　饲料质量定性鉴定
项目四　饲料常规养分测定
项目五　饲料添加剂分析测定
项目六　饲料矿物元素分析测定
项目七　饲料有毒有害物质分析
项目八　饲料加工品质分析

项目一

饲料营养及饲料分类

【项目分析】

本项目通过饲料的营养构成及饲料分类两个任务的学习，让学生掌握动物生长所需营养及饲料提供的养分种类，各种养分在动物生长过程中发挥的作用及饲料的分类等理论知识，并通过辨认饲料原料的实践让学生掌握不同饲料之间区别，辨别饲料，最终达到从外部形态和内部功能上认识饲料，为饲料质量的检测打下良好基础。

任务一　动物生长与营养供应的关系

【技能目标】

能说出动物生长一生对营养的需求状况。

【知识目标】

1. 了解动物生长发育普遍规律；
2. 各发育时期对养分的需求。

【素质目标】

1. 培养学生把握全局的能力；
2. 引起学生对生命科学研究的兴趣。

【知识学习】

一、动物体构成

(一)组成生物体生命的元素

地球上的生物种类繁多，大小和形态结构各异，但在化学组成上基本相同，即生命活动有共同的物质基础，而生命现象的表现则是建立在这些物质的化学现象基础上的。

生物体中分析得到的各种元素，没有一种是无机自然界所没有的，因此可以说生物界与非生物界在物质组成上具有同一性，也就是说生命物质不存在例外于非生命物质的特殊元素。目前在动植物体内已发现60多种化学元素，其中绝大多数元素分布于元素周期表中第Ⅰ族和第Ⅷ族，多数处于第1～第4周期内，原子序数较小，是比较轻的元素。组成细胞及动物体的主要元素有碳(C)、氢(H)、氧(O)、氮(N)、磷(P)、硫(S)、钙(Ca)等，以上7种元素约占细胞总重的99.35%，其中碳、氢、氧、氮这4种元素约占95%。矿物元素在动物体中的含量较少，约占5%。

(二)动物体的化合物构成

构成动物体的化学元素并非都游离存在，绝大部分构成复杂的有机和无机化合物。动物体主要由水分、矿物质和有机物构成。表4-1-1中展示了不同动物体内化学成分比例。从表中可以看出，不同动物的化合物组分含量不同，相同动物不同时期、不同动物相同时期的各化合物组分含量都是有差异的。

表4-1-1 动物体内的化学成分 %

动物种类	水分	蛋白质	脂肪	灰分	无脂样本			无脂干物质	
					水分	蛋白质	灰分	蛋白质	灰分
犊牛(初生)	74	19	3	4.1	76.2	19.6	4.2	82.2	17.8
幼牛(肥)	68	18	10	4.0	75.6	20.0	4.4	81.6	18.4
阉牛(瘦)	64	19	12	5.1	72.6	21.6	5.8	79.1	20.9
阉牛(肥)	43	13	41	3.3	72.5	21.9	5.6	75.9	20.5
绵羊(瘦)	74	16	46	2.8	74.3	20.5	5.2	79.3	20.7
绵羊(肥)	40	11	46	2.8	74.3	20.5	5.2	79.3	20.7
猪(体重8 kg)	73	17	6	3.4	78.2	18.2	3.6	83.3	16.7
猪(体重30 kg)	60	13	24	2.5	79.5	17.2	3.3	84.3	15.7
猪(体重100 kg)	49	12	36	2.6	77.0	18.9	4.1	82.4	17.6
母鸡	57	21	19	3.2	70.2	25.9	3.9	86.8	13.2
兔子	69	18	8	4.8	75.2	19.6	5.2	79.1	20.9
马	61	17	17	4.5	73.9	20.6	5.8	79.2	20.8
人	60	18	18	4.3	72.9	21.9	5.2	80.7	19.3

1. 水分

水是动物体的重要组成物质，不同器官和组织因机能不同，水分含量不同。血液含水分90%～92%，肌肉含水分72%～78%，骨骼组织含水分约45%，牙齿珐琅质含水分仅5%。同一动物体内水分含量随年龄的增加而大幅度降低。以牛为例，胚胎期含水分高达95%，初生牛犊含水75%～80%，5月龄幼牛含水66%～72%，成年牛体内含水仅40%～60%，相对稳定。动物体内水分随年龄增长而大幅度降低的主要原因是体脂肪的增加。

2. 有机物

脂肪和蛋白质是动物体内两种重要的有机物质。动物体内碳水化合物含量极少。蛋白质是动物体各组织器官重要的组成成分。动物体内各种酶、抗体、内外分泌物、色素以及对动物有机体起消化、代谢、保护作用的一些特殊物质多为蛋白质。动物体内的蛋白质是由各种氨基酸按一定顺序排列构成的真蛋白质。

动物种类不同，其体内的脂肪含量不同。一般来说，猪体脂肪贮量最高，牛、羊次之，鸡、兔、鱼等动物体内脂肪贮量较少。脂肪的含量与营养水平、采食量密切相关。同一种动物用高营养水平，特别是高能量水平饲料饲喂，体脂的贮量则高。动物随年龄和体重的增加，体脂肪和水分含量呈显著负相关（$r=-0.89$）。动物生产上分割脂肪组织含脂肪30%～90%。分割肌肉组织含脂肪较少。如猪的肌肉组织含脂肪约20%；鸡的胸肌组织含脂肪不足20%；大理石状的牛腰肉含脂肪15%～20%。

动物体内碳水化合物含量少于1%，主要以肝糖原和肌糖原形式存在。肝糖原约占肝鲜重的2%～8%，总糖原的15%。肌糖原约占肌肉鲜重的0.5%～1%，总糖原的80%。其他组织内糖原约占5%。葡萄糖是重要的营养性单糖，肝、肾是体内葡萄糖的贮存库。

3. *灰分（矿物质）*

（1）常量元素　含量大于或等于0.01%者称为常量元素。动物体内灰分主要由各种矿物质组成，其中钙、磷分别占65%、75%。90%以上的钙、约80%的磷和70%的镁分布在动物骨骼和牙齿中，其余钙、磷、镁则分布于软组织和体液中。据18头不同年龄的阉牛空体成分（除去消化道内容物）分析，主要矿物元素平均百分含量为：Ca 1.33%、P 0.74%、Mg 0.04%、Na 0.16%、K 0.19%、Cl 0.11%、S 0.15%。

（2）微量元素　含量小于0.01%的元素称为微量元素。除以上矿物元素外，含量仅为动物体十万分之几至千万分之几的Fe、Cu、Zn、Mn、Co、Se、Mo、F、Cr、Ni、V、Sn、Si、As等14种元素，是动物必需的微量元素。Ba、Cd、Sr、Br等元素是否必需，尚无定论。另外还有一些元素在动物体内存在，但生理作用不了解，它们是动物所必需的还是因环境污染而进入动物体内的，尚待进一步研究。

从基础生物学研究角度看，人们将动物体的化合物组成分成水分、无机盐和生物大分子（包括蛋白质、核酸、脂类和糖类等），动物体的基础生物学构成可以让人们更好地理解动物的生理生化过程，进一步理解动物的生长发育过程及其对营养需求，以及养分变化对动物生长发育的影响及有毒物质对动物体的毒害原理等，所以，动物体的基础生物学构成可以为分析检测的方法探究和原理解释方面提供科学依据。而从动物生长的营养角度来看，动物体的化合物组成可以被分成许多的营养物质，包括水分、蛋白质、脂肪、碳水化合物、矿物质及维生素等6种。

（三）动物生长所需各类营养的功能

对于人类来说，糖类、脂类、蛋白质、维生素、无机盐、水分和纤维素7大类物质通常被称为营养物质。它们是维持生命体的物质组成和生理机能不可或缺的要素，也是生命活动的物质基础。动物体的营养物质主要包括水分、蛋白质、脂类、糖类、矿物质和维生素等。

1. *水*

动物体内的水通常是以与溶解在其中的有机物（如葡萄糖、蛋白质等）和无机物以体液的形式存在的。因此，在动物体内没有纯水存在。

水在动物器官和组织中的分布也不均匀，肌肉中大约占有总水量的55%，皮中为10%，血液和骨髂中各占总水量的6%，肝中相应为5%，剩余部分含在软组织中。脂肪和骨类组织中含水量低，肌肉、肝和血液属中等，脑的灰质、淋巴、弹性组织等含水量很高。

动物体内营养物质的消化、代谢过程中的许多生化反应都必须有水的参与。水是一种良好的溶剂，其黏度小，流动性好，所以有利于体内养分的输送、奶汁分泌以及代谢废物的排泄等。水的比热值大，能起到体温调节的作用，需要失去或获得较多的热量，才能使水温发生明显下降或上升，因此动物的体温不易因外界温度的变化而明显改变。参与维持组织器官形态，水能与蛋白质结合成胶体，使组织器官呈现一定的形态、硬度和弹性。同时还参与润滑液的组成，水是润滑液的主要成分，使骨关节和内脏组织器官保持润滑和活动自如。

动物所需水分的来源有饮水、饲料水和代谢水三种。饮水及饲料水是动物获得水分的重要来源，动物采食饲料中水分含量越多，饮水越少。代谢水是动物体细胞内有机物质氧化分解或合成过程中产生的水，又称氧化水，其量在大多数动物中占总摄水量的5%～10%。有汗腺的动物和蛋白质代谢尾产物主要以尿素形式排泄的动物，随着三大营养物质的摄入和代谢，产热量增加，水的需要量更大，体内营养素氧化产生的代谢水明显不能满足失水的需要。猪、牛、羊等动物采食蛋白质越多，需水量越大，否则可能因尿素在体内积蓄而引起中毒。蛋白质代谢尾产物主要以尿酸或胺形式排泄的动物，排泄这类产物需要的水很少，甚至代谢水已能满足需要。袋鼠仅利用代谢水已能生存和繁殖。鱼类通过鳃排泄胺，需水量亦很少。冬眠的动物完全靠代谢水维持正常生存，维持的能量需要也仅靠体内负平衡代谢供给。

2. 蛋白质

(1)蛋白质是构成体组织细胞的基本原料。动物的肌肉、神经、结缔组织、皮肤、体液以及各种内脏器官，如心、肝、肺、肾、肠、胃及生殖器官等，都以蛋白质为主要组成成分。这些组织和器官在生命活动过程中担负着各种各样的生理功能，共同构成一个完整的有机体，所以，蛋白质是动物生长发育所必需的重要营养物质。

(2)蛋白质是体内生物活性物质的主要成分。在动物生命活动和代谢过程中起催化作用的酶、起调节和控制作用的激素、具有防御功能的抗体等生物活性物质，都是以蛋白质为主要原料构成的。

(3)蛋白质是组织更新、修补的主要原料。生命活动的基本特征是新陈代谢，即使在体重不变的情况下，体内的新陈代谢也没有停止，旧组织细胞不断分解，新组织细胞不断形成。这些组织的自我更新以蛋白质的分解与合成为基础。

(4)蛋白质可供能和转化为糖、脂肪。物体内碳水化合物和脂肪不足时，蛋白质可在体内分解、氧化产生能，以维持机体正常代谢活动。

(5)蛋白质是动物产品的原料。肉、蛋、奶、皮、毛等动物产品的主要成分是蛋白质。为增加动物产品的产量，提高养殖效益，必须满足动物蛋白质的供给量。

3. 碳水化合物

(1)碳水化合物可用于供能贮能。碳水化合物，特别是葡萄糖是供给动物代谢活动快速应变需能的最有效的营养素。葡萄糖是大脑神经系统、肌肉、脂肪组织、胎儿生长发育、乳腺等代谢的主要能源。葡萄糖供给不足，小猪出现低血糖症，牛产生酮病，妊娠母羊产生妊娠毒血症，严重时会致死亡。体内代谢活动需要的葡萄糖来源有二：一是从胃肠道吸收；二是由体内生糖物质转化。非反刍动物主要靠前者，也是最经济、最有效的能量来源。反刍动物主要靠后者。其中肝是主要生糖器官，约占总生糖量的85%，其次是肾，约占15%。在所有可生糖物质内，最有效的是丙酸和生糖氨基酸，其次是乙酸、丁酸和其他生糖物质。核糖、柠檬酸等生糖化合物转变成葡萄糖的量较小。

碳水化合物除了直接氧化供能外，也可以转变成糖原和脂肪贮存。胎儿在妊娠后期能贮积大量糖原和脂肪供出生后作能源利用，但不同种类动物差异较大。

(2)碳水化合物是动物产品形成的基础物质。高产奶牛平均每天大约需要 1.2 kg 葡萄糖用于乳腺合成乳糖。产双羔的绵羊每天约需 200 g 葡萄糖合成乳糖。反刍动物产奶期体内50%～85%的葡萄糖用于合成乳糖。葡萄糖也参与部分羊奶蛋白质非必需氨基酸的形成。碳水化合物进入非反刍动物乳腺主要用以合成奶中必要的脂肪酸,母猪乳腺可利用葡萄糖合成肉豆蔻酸和一些其他脂肪酸,也可利用葡萄糖作为合成部分非必需氨基酸的原料。

(3)碳水化合物的其他作用。

①某些寡糖介导微生物的特异性识别:不同的微生物通过特异性识别作用,只能选择性地定植于某一特定的器官或部位。近年来研究发现,这种特异性识别是通过微生物表面的凝集素和宿主细胞表面的某些寡糖介导完成的。在畜禽胃肠道内,微生物表面的糖蛋白质(或菌毛)能够特异地识别肠黏膜上皮的寡糖受体,并与之结合。

最常见的寡糖天然来源是豆科籽实,其中寡糖的含量为 23～106 g/kg。大豆中寡糖的平均含量为 46 g/kg。饲料中天然寡糖主要为棉籽糖系列(棉籽糖、水苏糖、毛蕊草糖)。这些糖主要被肠道内的有益微生物发酵,但如果量过高,发酵产气过多可能导致肠胃胀气。同时,发酵产物也影响肠黏膜与血浆间的渗透压,严重时可导致腹泻,这也是向仔猪饲喂含高水平大豆或豆粕的饲粮时,容易产生腹泻的原因之一。

②糖苷的解毒作用:糖苷是指具有环状结构的醛糖或酮糖的半缩醛羟基上的氢被烷基或芳香基团所取代的缩醛衍生物。糖苷经完全水解,产生的糖部分称为糖基,非糖部分称为配基。现已确定动物体内代谢产生的许多糖苷具有解毒作用。哺乳类、鱼类及一些两栖类动物的许多毒素、药物或废物,包括固醇类激素的降解产物可能是通过与 D-葡萄糖醛酸形成葡萄糖苷酸而排出体外的。

③结构性碳水化合物的营养生理作用:结构性碳水化合物在体内有多种营养生理功能,饲粮内适宜水平的纤维对动物生产性能和健康有积极的作用。黏多糖是保证多种生理功能实现的重要物质。透明质酸具有高度黏性,在润滑关节、保护机体在受到强烈振动时,不致影响正常功能方面起重要作用。硫酸软骨素在软骨内起结构支持作用。几丁质(又名甲壳素、壳多糖)是许多低等动物尤其是节肢动物外壳的重要组成部分。虾、蟹是在不断蜕壳和再生壳的过程内生长,而甲壳素的分解产物 2-氨基葡萄糖对于虾、蟹壳的形成具有重要作用。因此,在饲料内添加甲壳素(生产内添加虾糠或虾头粉)可促进虾、蟹类的生长。

④糖蛋白质、糖脂的生理作用:目前,糖蛋白质是指由比较短、往往是分支的寡糖链与多肽共价相连所构成的复合糖。糖蛋白质种类繁多,在体内物质运输、血液凝固、生物催化、润滑保护、结构支持、黏着细胞、降低冰点、卵子受精、免疫和激素发挥活性等方面发挥极其重要的作用。黏液分泌物内的糖蛋白质常含有大量糖类,能束缚大量的水,而且具有很高的黏性,对机体有保护和润滑作用,可作为润滑剂和表面保护剂。黏液的黏性很大程度上依赖于糖蛋白质内的糖链。糖链内吡喃型糖残基内的羟基与水分子形成氢键,此外黏液糖蛋白质内往往含有大量的唾液酸残基,通过负电荷间的排斥作用,分子会呈现较伸展的结构。唾液酸残基上的羧基基团也可与水分子结合(离子偶极相互作用),其主要原因看来是糖蛋白质内糖链具有潴留水的能力。这种能力一定程度上起着增加分泌、增加营养物质溶解度和促进营养物质转运等作用。

南极鱼能生活在温度为－1.85 ℃的表面水域内,而在这一条件下温带鱼的血清则已冻结。经研究南极鱼内含有一类抗冻的糖蛋白质,此糖蛋白质水解后呈特定形状,可使所系水分子不易冻结，降低水的冰点但不降低其熔点，提高了抗低温能力。

在糖蛋白质的生物学功能中，最引人注目的是细胞质膜糖蛋白质的功能。质膜在主动运输过程中，糖蛋白质作为病毒、激素和抗体的受体，参与细胞间的识别和黏着。许多生物学现象和血清蛋白质的体内平衡、红细胞的体内平衡、血小板的凝血作用、动物的受精过程、外源凝集的血球凝集作用等，其作用机制都与糖蛋白质寡糖链所提供的"识别标记"直接相关。体内许多生物学反应的发生，都需要膜内含有特异的识别位点，即受体或选择素。受体分子往往含有若干条寡糖链，糖链的组分常为半乳糖、甘露糖、N-乙酰葡萄糖胺和唾液酸等，受体分子受到诱导发生构象的改变，从而促进特定的生物学反应的发生。受体蛋白质在细胞表面和溶酶体之间循环，保持动态平衡。糖脂是神经细胞的组成成分，对轴突传导刺激冲动起着重要作用。

⑤粗纤维作用：填充胃肠，给以家畜饱感。作为能源，在后肠发酵后可满足维持需要量的10%～30%；改善动物产品质量，提高瘦肉率，提高乳脂率；降低饲料成本。

4. 脂肪

(1)供能贮能。脂肪是含能量最高的营养物质，在体内氧化时所产生的能量为同等质量碳水化合物的2.25倍，脂肪体积小而含能高，是动物贮存能量的最好形式。当动物摄入过量的含能物质时，便以体脂肪的形式将能量贮存起来，这对放牧动物安全过冬具有重要意义。

(2)构成体组织的重要成分。动物体内的骨骼、皮肤、肌肉、神经、血液及内脏等各组织器官内均含有脂肪，主要是磷脂、糖脂和胆固醇等脂肪。脂肪与蛋白质按一定的比例构成细胞的膜结构和原生质。这些类脂肪属结构性脂肪，它不同于贮存性脂肪，它有恒定的特有成分，在任何情况下不受食入饲料脂肪的影响。

(3)脂溶性维生素的溶剂。饲料中的维生素A、维生素D、维生素E、维生素K及胡萝卜素，必须溶于脂肪内才能被动物消化、吸收和利用。

(4)供给幼年动物必需脂肪酸。脂肪内的亚油酸、亚麻油酸、花生油酸，在动物体内不能合成，必须由饲料脂肪供给，故称为必需脂肪酸。

(5)对动物具有保护作用。动物体内的脂肪导热性差，动物皮下脂肪层在冬季可起到防止体热散失、维持体温恒定的作用。内脏器官周围沉积的脂肪具有固定和保护器官以及缓和外力冲击的作用。

(6)动物产品的成分。肉、蛋、奶、皮、毛等动物产品内含有一定数量的脂肪能满足动物需要，不必单独添加，只有长期单独饲喂脂肪含量很低的秸秆和根茎类饲料时，才可能缺乏脂肪。

5. 矿物质

动物体内矿物质元素约有5/6存在于骨骼和牙齿内，Ca、P是骨骼和牙齿的主要成分，Mg、F、Si也参与骨骼、牙齿的构成；少部分Ca、P、Mg及大部分Na、K、Cl以电解质形式存在于体液和软组织内，维持渗透压、酸碱平衡、膜通透性、神经肌肉兴奋性等；某些微量元素参与酶和一些生物活性物质的构成。

6. 维生素

维生素是维持动物正常生理功能所必需的低分子有机化合物，在代谢内起调节和控制作用。根据其溶解性能，可分为脂溶性和水溶性维生素两大类。

脂溶性维生素包括维生素A、维生素D、维生素E、维生素K。水溶性维生素包括维生素B族及维生素C。维生素B族又包括硫胺素(B_1)、核黄素(B_2)、泛酸(B_3)、烟酸(B_5)、吡哆酸

(B_6)、生物素(B_7)、叶酸(B_{11})、钴胺素(B_{12})等。

脂溶性维生素与脂肪的微粒一起经消化道吸收,脂肪吸收量增加促进脂溶性维生素的吸收。水溶性维生素大多通过扩散方式吸收,但维生素 B_{12}需内因子(糖蛋白)。脂溶性维生素在肝脏和脂肪组织贮存,如维生素 A 贮存量可满足 6 个月的需要,而水溶性维生素几乎不在体内贮存。每天排出体外的水内有大量水溶性维生素。脂溶性维生素主要经胆汁从粪内排出,水溶性维生素主要从尿排出。因体内贮存能力不同,过量的脂溶性维生素(超过需要量 500 倍)产生内毒,水溶性维生素不会产生内毒。体内微生物可合成水溶性维生素和维生素 K,而不合成维生素 A、维生素 D、维生素 E。

二、动物生长发育规律

(一)动物生长与发育的概念

动物个体的整个生命周期,是在该个体由亲代所获得的遗传物质基础与其所处的具体环境条件的相互作用下进行的。任何性状都是在生命周期中逐渐形成与表现的,整个周期通常就是生长发育的过程。动物每个性状的发育,都有其一定的规律性,从形态到机能,都有一定的变化节律和彼此制约的关系。对家畜个体生长发育过程进行深入观察与分析,可以发现两种现象,一种是由受精卵分化出不同的组织器官,从而产生不同体态结构与机能,这就是发育;另一种是由于同类细胞的增加或体积的增大,从而使个体由小到大,体重也逐渐增加,这就是生长。所以,严格来说,发育与生长是两种不同的现象,是两个不同的概念。

生长是指家畜个体经过机体同化作用进行物质积累,细胞数量增多和组织器官体积增大,从而使家畜个体的体积及重量都增长。换句话说,生长就是以细胞增大和细胞分裂为基础的量变过程。

发育则是生长的发展与转化。当某一种细胞分裂到某个阶段或一定数量时,分化产生出与原来细胞功能不相同的细胞,并在此基础上进而形成新的组织与器官,就出现质的变化。所以,发育是以细胞分化为基础的质变过程。

(二)家畜生长发育的时期

在家畜生长发育的全过程中,可以观察到有几个比较明显区分的时期。每一个时期家畜的结构和生理生化过程,都有一定的特点,而且只有完成一定的生长时期后,才可转入另一个生长时期。一般把这个时期,称为生长发育阶段,也有称为生长发育时期或生长关卡。

1. 胚胎时期

从受精卵开始到出生,为胚胎期。卵子受精和胚胎发育的程序很复杂,受精卵细胞质重新组合、卵裂、囊胚形成、原肠胚形成、细胞分化和器官形成,这是家畜生长发育中,细胞分化最强烈的时期。在这个时期,受精卵经过急剧的生长发育过程,演变为复杂且具有完整组织器官系统的有机体。由于胚胎是在母体的直接保护和影响下生长发育的,因此在很大程度上,可以排除外界环境的直接干预与不良影响。

根据胚胎在母体子宫所处的环境条件以及细胞分化和器官形成的时期不同,一般把胚胎时期,又划分为胚期、胎前期和胎儿期。

(1)胚期　是指从受精卵开始,逐渐发育到与母体建立联系时为止。受精卵移行到子宫角内,初期依靠本身贮备的营养进行卵裂。当进入囊胚期时形成滋养层,直接与子宫腺体分泌物——子宫乳接触，以渗透方式获得营养。

(2)胎前期　完全形成胎盘，并且通过绒毛膜牢固地与母体子宫壁联系起来。胎前期结束时，几乎所有器官的原基都已形成，种的特征相继出现。

(3)胎儿期　主要特征是，体躯及各种组织器官迅速生长，体重增加很快，同时也形成了被毛与汗腺，品种特征也逐渐明显可辨。

在家畜胚胎发育的前期和中期，绝对增重不大，但分化很强烈，因此对营养主要是质的要求，而在量上则很易为母体所满足。到胚胎发育后期，胎儿和胎盘的增重都很快，母体也还需要储备一定营养以供产后泌乳，所以此时对营养的需要量急剧增加。

胚胎时期是发育最强烈的阶段，特别表现在细胞分化上，从而产生了有机体各部分的复杂差异。在发育的程序上，一般都是随着胚胎日龄的增长，发育速度就逐渐为较快的生长速度所代替，同时也由细胞分化，转入相似细胞的迅速增多与体积增大阶段。

2. 生后时期

生后时期是指家畜从出生到衰老直至死亡的一段生长发育过程。在这一时期中，家畜个体直接与自然条件接触，生长发育的特点与胚胎时期大不相同，许多生命活动方式也随之有所变化。家畜生后生长发育阶段，有人按生理机能特点，划分为哺乳、幼年、青年、成年、老年五个时期，但也有人按生产实际，划分为哺乳、育成、成年、老年四个时期。至于各个时期的长短，则因家畜的种类和品种不同而有差异。

(1)哺乳期　指出生到断乳这段时间。其特点表现如下：

①各种组织、器官在构造和机能上都发生很大变化：如由依靠母体血液供氧，转变为机体本身独立进行氧的代谢，呼吸系统机能迅速适应新的条件。原来依靠母体通过脐带供应营养，出生后消化系统则迅速生长发育，机能也日趋完善。

出生后的幼畜，在最初的 1～2 周中，体温调节机能未完全发育，因而对环境温度要求比较严格，特别是仔猪及雏鸡的保温工作更为重要。造血机能也由原来从肝脏和脾脏产生细胞，开始转为由骨髓产生。

②母乳是主要的营养来源：母乳养分全面，最适于初生幼畜的消化器官与生理机能。随着幼畜消化机能的逐渐完善，对母乳的依赖也日益减小，幼畜开始吃料，而且采食量慢慢增加，最后完全断乳。

③哺乳期幼畜生长迅速，增长很快：一般仔猪在生后 10 d 的体重，可比初生重增大 1.16 倍，一个月增大 3.33 倍，两个月增大 9.91 倍。

(2)幼年期　一般指由断乳到性成熟这段时间。家畜体内各种组织器官逐渐接近于成年状态，性机能开始活动。

这个时期，幼畜由依赖母乳过渡到食用饲料，食量不断增加，消化能力也大大增加；骨骼和肌肉迅速生长，各种组织器官也相应增大，特别是消化器官和生殖器官的生长发育最强烈；绝对增重逐渐上升，奠定了今后生产性能类型和体质外形的基础。

(3)青年期　指由性成熟到生理成熟这段时间。机体生长发育接近成熟，体型基本定型，能繁殖后代。其特点是：各类组织器官的结构和机能逐渐定型和完善；绝对增重达到最高峰，以后则下降。生殖器官发育完善，母畜乳房的生长强度加快。

(4)成年期　从生理成熟到开始衰老称为成年期。此时期生产水平达到稳定状态，各种组织器官发育完善，生理机能也已完全成熟，能量代谢水平稳定；生产性能已达到最高峰，性机能活动最旺盛;体型已定型。在饲料丰富的情况下,能迅速沉积脂肪。

(5)老年期　整个机体代谢水平开始下降,各种器官的机能逐渐衰退,饲料利用能力和生产力随之下降,呈现各种衰老现象。一般在经济利用价值开始降低时,就可能已被淘汰。

还需注意的是,上述各个生长发育时期的划分是相对的。各时期的长短,可以利用一定条件加以改变,使之在一定范围内加快或延缓。

三、动物生长过程对营养的需求

营养需要是指动物在适宜的环境条件下达到一定的生产水平,对各种营养物质的最低需要量,包括维持需要和生产需要。维持需要就是维持动物最基本的生命活动,对养分的最低需要,表现为必要的自由活动、保持体温及维持基础代谢。生产需要就是用于动物生长或生产这部分的营养需要,又可分为生长育肥需要、产奶需要、产蛋需要、产毛需要等。维持需要仅能维持动物自身的生命,而不产生经济效益,只有生产需要才对人类有用。

(一)维持需要

维持状态是指成年动物或非生产动物,在保持体重不变、体组织成分相对恒定,即体内合成代谢与分解代谢处于动态平衡的状态。动物处于维持状态下对能量、蛋白质、矿物质和维生素等的需要,称为维持需要。维持需要用于:维持体温;维持各种器官的正常生理机能;维持一定量的自由活动,弥补因消化代谢损失以及必要活动的营养需要。实际上也是维持动物正常生命活动的最低需要,只有在满足维持需要的基础上,营养物质才能转变为生产需要,带来生产效益。

1. 能量的需要

畜禽维持能量的需要,可通过基础(或绝食)代谢等方法加以估测。维持状态下对能量的需要是用于基础代谢、逍遥运动及体温调节的能量消耗。此外,还应充分考虑妊娠或高产状态下畜禽基础代谢加强所引起的营养消耗增加的部分。如高产的动物维持的营养消耗相对较少,1 头体重 500 kg、日产奶 20 kg 的母牛,其维持能量需要占总能量需要的 1/3,而日产奶 10 kg 时其维持需要增至 1/2。

2. 蛋白质的需要

家畜体内蛋白质的代谢是不间断的,即使喂不含蛋白质的日粮,从粪、尿中仍排出稳定数量的氮。动物维持状态时氮的消耗包括内源尿氮(绝食时的尿氮,EUN),代谢粪氮(采食无氮饲粮时粪中排出的氮,MFN)和成年动物毛发、蹄角、皮肤、羽毛等增长消耗的氮。代谢粪氮主要是唾液、消化酶及消化道脱落的细胞所含的氮,在维持状态时,羽毛、蹄爪等组织的更新需要蛋白质极微少,一般略去不计。所以,维持对蛋白质的需要量就可概略为内源尿氮和代谢粪氮的总和。

3. 矿物质的需要

在动物维持生命的各种过程中,矿物质的代谢十分活跃,即使在绝食状态,也进行着矿物质代谢,但与其他营养物质不同,矿物质经过代谢后,并没完全消耗。例如,甲状腺素和血红蛋白分解时,分别释放出其中的碘和氟,这些元素大部分能被重复吸收和利用。胃液中的氯在肠道中又被吸收,重复利用是完全的。经常有一部分物质如钙、钠、镁、钾、磷等经粪、尿和汗中排出,这部分损失须由饲料予以补充。在各类动物中,关于钙和磷的研究进行得较多,近年观点认为,钙、磷的维持需要量基本上与所需的能量成正比。一般维持时每 1 484 kJ 净能,需钙

1.25～1.26 g,需磷 1.25 g。

4. 维生素的需要

目前一般认为,脂溶性维生素的需要量与体重成正比。维生素 A 的需要量为每 100 kg 体重每日 6 600～8 800 IU 或胡萝卜素 6～10 mg,维生素 D 的需要量为每 100 kg 体重每日 90 IU。

(二)生产需要

动物的种类、生长阶段等不同,其生产需要也不同。生产需要又可分为生长肥育、繁殖、泌乳、产蛋、产毛等营养需要。

1. 生长育肥需要

生长是动物通过机体的同化作用进行物质积累,细胞数量增多和组织器官体积增大,从而使动物的整体体积及重量增加的过程。生长过程包括体尺增长、体重增加、细胞增殖与增大、组织器官发育与功能日趋完善、化学成分积累。

生长初期以骨骼生长为主,其后肌肉生长加快,接近成熟时脂肪沉积增多,乃至生长后期则以沉积脂肪为主。根据这一规律,在生长早期重点保证供给幼畜生长骨骼所需要的矿物质;生长中期则满足生长肌肉所需要的蛋白质;生长后期必须供给沉积脂肪所需要的碳水化合物。畜体骨骼、肌肉与脂肪的增长和沉积同时并进,但在不同阶段各有侧重。

传统畜牧业的“肥育”概念,意指动物体内脂肪的沉积,然而,近代畜牧业的主要任务是生产动物蛋白。例如,肉鸡与瘦肉型猪即是以增长蛋白质为主,应适当限制碳水化合物的供给,并在蛋白质沉积高峰过后屠宰。

幼龄动物的各种内脏器官生长发育速度不尽相同。例如,犊牛瘤胃和大肠在开始采食植物性饲料后即迅速增大,其速度远较皱胃与小肠为快,因此,在饲养中幼龄反刍家畜提早开始采食粗料有利于消化器官的发育及其机能的锻炼,增强对粗饲料的消化能力。然而种用和役用家畜,则不宜使胃肠早发育,以免形成“草腹”而失去种用价值。

生长家畜代谢旺盛,对能量、蛋白质、矿物质和维生素的需要必须得到满足。还应注意,不同生长阶段,它们对各类养分的需要有所侧重。

(1)能量　生长动物能量的需要包括维持需要和生长需要。根据体重增长规律,生长家畜能量代谢水平随年龄增长逐渐降低,并且单位增重中脂肪沉积越来越多,故在培育后备种畜和肥育家畜中,为避免后期过肥,日粮中的能量水平在不致过肥的情况下加以控制,即对某些种用畜禽应实行必要的限饲。

(2)蛋白质　生长对蛋白质的需要量由体内蛋白的沉积量和饲料蛋白质的利用效率所决定。具体数值可用以下公式计算:需要量＝体粗蛋白质沉积量÷(消化率×生物学价值)或需要量＝体可消化粗蛋白沉积量÷生物学价值。

(3)矿物质　畜禽在生长期间,由于骨骼生长最快,对钙、磷的需要也最迫切,对铁、铜、锰、碘、钴、锌、硫等必需矿物元素也需要较多。这期间,饲养不合理极易引起营养缺乏症和生长发育不良等。

(4)维生素　生长家畜必须充分供应各种维生素,特别注意维生素 A、维生素 D 及 B 族维生素的供应。

2. 繁殖需要

动物的繁殖过程中包括两性动物的性成熟,性欲与性机能的形成,维持精子与卵子的形成，受精过程，妊娠及雌性动物哺养和产前准备等许多环节，任何一个环节都可因营养不适而受到影响。

(1)种公畜　正确饲养的种公畜应保持良好的种用体况及较强的配种能力，即精力充沛性欲旺盛，能产生量多质优的精液。

根据实验，为保证对种公牛正常采精，并维持种用体况，能量需要量可按 398 $W^{0.75}$ kJ/kg 估算。通常，种公畜的能量需要大致按其维持需要量的基础上增加 20%左右。

影响种公畜精子形成合理的蛋白质应是在维持需要基础上增加 60%～100%。

影响种公畜精液品质的矿物质元素有钙、磷、钠、氯、锌、锰、碘、钴、铜等，特别应注意铜、锌、硒、锰的供给。

影响繁殖的维生素有维生素 A、维生素 D、维生素 E。种公牛每 100 kg 体重每日需供给维生素 A 4200～4 300 IU 或胡萝卜素 11 mg；维生素 D 则每日供给 5 000～6 000 IU，种公猪每千克风干饲料中应含维生素 A 3500 IU 或胡萝卜素 14 mg、维生素 D 177 IU。

(2)繁殖母畜　我国的猪饲养标准将妊娠期分为前后两个阶段分别对待，日本也是如此。一般前期可在维持需要基础上增加 20%左右，后期每天增加 14 MJ 消化能。

妊娠期蛋白质的需要也随妊娠的延长而增加，对于体重在 120～150 kg 的母猪，在妊娠前期每天应需 210 g 粗蛋白，妊娠后期每天增加 80 g。

3. 泌乳需要

泌乳动物代谢旺盛，从乳汁中排出大量营养物质，1 头高产奶牛 1 年从乳中分泌出的干物质相当于体重的 4～5 倍，哺乳母猪在短短两个月的哺乳期内从乳中分泌出的干物质为 36～54 kg。

泌乳动物的能量需要应是维持和泌乳需要的总和。

泌乳期间，动物的代谢率增高，所以其维持需要比干乳期高，美国 NRC 提出的需要量为每公斤代谢体重 77 kcal 净能。

产奶的能量需要可根据奶的含能量和动物将饲粮中的代谢能或消化能转化为产奶净能的利用效率来计算。乳脂率 4%的标准牛乳的热能值为 3 093.2～3 135.0 kJ/kg。牛将代谢能转化为乳能的效率一般为 62%，消化能转化为代谢能的转化率为 82%，由此推算，产 1 kg 标准乳所需要的代谢能为 4990.92～5 057.80 kJ/kg，消化能为 6 086.08～6 165.50 kJ/kg。猪将消化能转化为乳能的效率为 65%，所以产 1 kg 奶所需的消化能为 8 368 kJ。

乳中蛋白质的含量是确定泌乳对蛋白质需要量的依据，根据乳蛋白质含量和动物将可消化粗蛋白形成乳蛋白的利用率，可估算出产奶的日消化粗蛋白的需要量，再根据粗蛋白的消化率又可估计出粗蛋白的需要量。

奶牛对可消化粗蛋白的利用率在 60%～70%，1 kg 乳脂率为 4%的标准乳含粗蛋白为 32 g，按此计算，1 kg 标准乳所需可消化粗蛋白 50 g，我国奶牛饲养标准中将该值增加 10%的安全量，规定每千克标准乳的蛋白质需要量为 55 g 可消化粗蛋白或 85 g 粗蛋白。猪乳中蛋白质含量 6%左右，可消化粗蛋白的利用率在 70%左右，故每千克猪乳需可消化粗蛋白 86 g。

奶牛钙、磷的维持需要分别为每 100 kg 体重 6 g 和 4.5 g，每千克标准乳的钙、磷需要分别为 4.5 g 和 3 g。食盐的维持需要为每 100 kg 体重 3 g，产奶需要为 1.2 g/kg 标准乳。哺乳母猪的泌乳量很难测定，其矿物质需要量也难以估计准确，按我国饲养标准，1 头中等体重(150～180 kg)的泌乳母猪每头钙和磷的需要量分别为333 g和23.9 g,食盐含量为0.44%。

奶牛可在瘤胃中合成B族维生素,维生素K、维生素C可在体内合成,所以奶牛的维生素需要主要是维生素A、维生素D和维生素E三种。

牛每100 kg体重19 mg胡萝卜素即可满足牛对维生素A的需要,维生素D的需要量为5 000～6 000 IU/头/d,维生素E需要量为100 IU/头/d。而且还需要维生素K及各种B族维生素。

动物的乳中水含量占80%以上,可见,泌乳动物从乳汁中排出大量的水分,所以水对泌乳动物显得尤为重要。

4. 产毛需要

羊毛在化学组成上与角和蹄相似,主要是角蛋白并含少量脂肪和矿物质,硫元素含量较多,绝大部分以胱氨酸的形式存在。构成羊毛纤维的细胞在毛囊内形成。毛生长所需的营养物质由血液经毛乳头供给。

5. 产蛋需要

在养殖业中,蛋用禽的生产水平是相当高的,个别高产者的年产卵量达20 kg以上,超过其自身体重10倍,按干物质计,也相当于自身干物质的4倍。可见,蛋禽的代谢是极为旺盛的,在数量和质量上满足其营养需要是使其生产水平得以发挥的必要条件。

产蛋禽的能量需要主要包括维持需要和产蛋需要,维持需要取决于体重和环境温度。产蛋能量需要与产蛋水平有关。据试验测定,母鸡的基础代谢(净能 kJ/d)等于350 $W^{0.75}$,每千克代谢体重能量消耗为350 kJ,母鸡将代谢能用于维持的利用效率一般按80%计算,每千克代谢体重需要代谢能440 kJ。

产蛋禽的蛋白质需要量取决于产蛋量和体重,对于产蛋鸡,其蛋白质需要可综合考虑维持与产蛋两方面因素。产蛋家禽的蛋白质需要量1/3用于满足维持需要,2/3用于满足产蛋需要,产蛋率越高的家禽对蛋白质的需要量越高。产蛋家禽对蛋白质不仅有量的需要,而且还对饲粮蛋白质、氨基酸的组成有要求。蛋鸡对氨基酸的需要,通常是指10种必需氨基酸,尤其是蛋氨酸、赖氨酸。

蛋鸡需要多种矿物元素,其中钙、磷和钠的需要量很大。

在正常情况下,饲养标准中规定的维生素需要量可用添加剂形式如数给足,而自然饲料中原有的各种维生素则作为安全用量来对待。

【技能训练】

实训　了解动物生长情况

一、确定各个营养物质的功能

请查阅【知识学习】中动物生长所需各类营养的功能部分中的知识内容,在表4-1-2中相应的营养物质具备的功能选项上画对号。

表 4-1-2 营养物质功能对应表

营养物质	构成身体结构（维持）	构成活性物质成分（维持）	供能贮能（做功）	溶剂	调节控制代谢
水					
蛋白质					
碳水化合物					
脂肪					
矿物质					
维生素					

二、调查动物生长情况

请通过查阅文献或调查资料或实际观察等方式，了解某一畜禽生产用途的基础上，完善表 4-1-3。

表 4-1-3 畜禽生长情况调查表

畜禽名称	用途	生长发育阶段		营养需求量					
		阶段名称	经历时间	蛋白质（或氨基酸）的量	矿物质	维生素种类	脂肪	水分	其他

【任务成果】

1. 知识测试

（1）从微观角度考虑，构成动物体的物质有哪些？

（2）不考虑用途，单从生命角度看动物的一生，家畜的生长发育都能经历哪些阶段？

（3）从营养学角度来说，动物生长需要哪些营养物质？

2. 实训成果

调查某一种动物在具体某一地区的生长发育过程，以及每个阶段的饲喂饲料种类。

任务二 饲料的分类及饲料原料识别

【技能目标】

1. 能说出饲料原料名称；
2. 能说出饲料原料的分类标准。

【知识目标】

1. 掌握国际饲料及我国饲料分类法；
2. 能鉴别常见饲料原料；
3. 掌握常见饲料产品定义。

【素质目标】

1. 培养学生仔细观察的品质，提高办事效率；
2. 引申“物以类聚，人以群分”，让学生以身作则，交友慎重；
3. 培养学生归纳问题的本领，找到事物的本质特征。

【知识学习】

饲料是能提供动物所需营养素，促进动物生长、生产和健康，且在合理使用下安全、有效的可饲物质。认识饲料是科学地利用饲料和有效地对饲料进行营养成分分析和安全性检验的基础。饲料种类繁多、养分组成复杂、营养价值差别大。以一种动物、植物、微生物或矿物质为来源的饲料为饲料原料，饲料原料是饲料配合的基础，因此，了解饲料原料的类别，才能进一步根据饲料的配方标准，按比例进行添加混配，才能形成喂养牲畜的配合饲料。

一、饲料原料分类方法

(一)饲料原料的国际分类法

目前，世界各国对饲料原料的分类方法尚未完全统一。美国学者 LE. Harris 的饲料原料分类原则和编码体系，迄今已为多数学者所认同，并逐步发展成为当今饲料原料分类编码体系的基本模式，被称为国际饲料分类法。国际饲料分类法根据营养特性将饲料原料分为粗饲料、青绿饲料、青贮饲料、能量饲料、蛋白质补充料、矿物质饲料、维生素饲料、饲料添加剂 8 大类，并对每类饲料冠以 6 位数的国际饲料编码(international feeds number，IFN)，编码分 3 节，首位数代表饲料归属的类别，后 5 位数则按饲料的重要属性给定编码，表示为△-△△-△△△，分类依据详见表 4-1-4。每一类饲料可供 99 999 种饲料编号用，8 大类共计可供 799 992 种饲料编号。例如，一级玉米编号为 4-01-324，表示它是第 4 大类“能量饲料”中第 1 324 号饲料。

表 4-1-4　国际饲料分类依据

饲料类别	IFN	自然含水量/%	干物质中粗纤维/%	干物质中粗蛋白/%	饲料种类
粗饲料	1-00-000	＜60	≥18		干草类、秸秆
青绿饲料	2-00-000	≥60			青绿牧草、饲用作物、树叶类及非淀粉质的根茎、瓜果类
青贮饲料	3-00-000	45～55			包括低水分青贮饲料
能量饲料	4-00-000	＜60	＜18	≤20	谷实类、麸皮、淀粉质的根茎、瓜果类
蛋白质补充料	5-00-000	＜60	＜18	≥20	鱼粉、豆饼(粕)
矿物质饲料	6-00-000				矿物质元素含量多
维生素饲料	7-00-000				单一或复合维生素
饲料添加剂	8-00-000				主要是非营养性添加剂

(二)中国饲料分类法

1987 年，在张子仪院士主持下建立了中国饲料分类编码。其总分为 8 大类和 17 个亚类。各种饲料冠以相应的中国饲料编码(feeds number of china，CFN)，编码模式为 0-00-0000。首位号为 IFN 分类号，第 2、第 3 位为 CFN 亚类号，第 4～第 7 位为具体饲料号(图 4-1-1)，可供 8×17×9999 种饲料编号，共 1 359 864 种。如表 4-1-5 中的例子，4-07-0279 一级玉米，4-07-0280 二级玉米。饲料的分类依据见表 4-1-6。

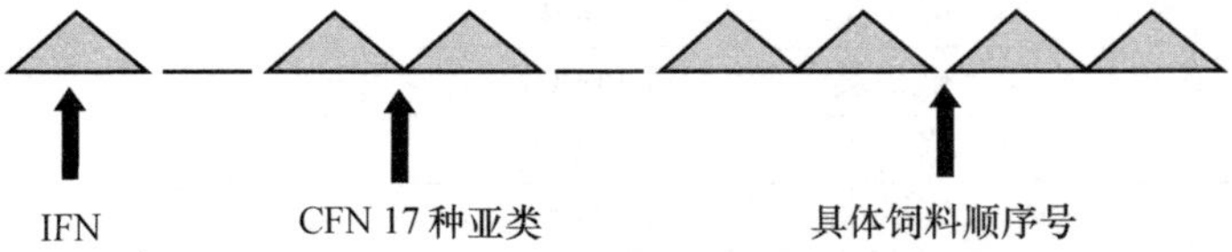

图 4-1-1　中国饲料分类编码示意图

表 4-1-5　饲料编码举例

饲料编码	具体饲料种类	饲料编码	具体饲料种类
4-07-0278	玉米(高蛋白)	5-11-0001	玉米蛋白粉 CP 60%(制酒后)
4-07-0288	玉米(优高 Lsy)	5-11-0002	玉米蛋白粉 CP 50%
4-07-0279	玉米一级	5-11-0003	玉米蛋白粉 CP 40%
4-07-0280	玉米二级	4-10-0026	玉米胚芽饼 CP 16%(榨油后)
4-07-0270	大麦	1-10-0031	向日葵仁饼 (CP 29%、CF 20.4%)

表 4-1-6　中国饲料分类依据

序号	饲料亚类	不同情况	前 3 位编码	自然含水量/%	干物质中粗纤维/%	干物质中粗蛋白/%
1	青绿多汁类	—	2-01-0000	＞45	—	—
2	树叶类	鲜树叶	2-02-0000	＞45	—	—
		风干树叶	1-02-0000	—	≥18	—
3	青贮类	常规青贮	3-03-0000	65～75	—	—
		半干青贮	3-03-0000	45～55	—	—
		谷实青贮	4-03-0000	28～35	＜18	＜20
4	块根、块茎、瓜果类	含天然水	2-04-0000	≥45	—	—
		脱水后	4-04-0000	—	＜18	＜20
5	干草类	第一类	1-05-0000	＜15	≥18	—
		第二类	4-05-0000	＜15	＜1	＜20
		第三类	5-05-0000	＜15	＜18	≥20
6	农副产品类	第一类	1-06-0000	—	≥18	—
		第二类	4-06-0000	—	＜18	＜20
		第三类	5-06-0000	—	＜18	≥20
7	谷实类	—	4-07-0000	—	＜18	＜20

续表 1-4-6

序号	饲料亚类	不同情况	前3位编码	自然含水量/%	干物质中粗纤维/%	干物质中粗蛋白/%
8	糠麸类	第一类	4-08-0000	—	<18	<20
		第二类	1-08-0000	—	≥18	—
9	豆类	第一类	5-09-0000	—	<18	≥20
		第二类	4-09-0000	—	<18	<20
10	饼粕类	第一类	5-10-0000	—	<18	≥20
		第二类	1-10-0000	—	≥18	≥20
		第三类	4-10-0000	—	<18	<20
11	糟渣类	第一类	1-11-0000	—	≥18	—
		第二类	4-11-0000	—	<18	<20
		第三类	5-11-0000	—	<18	≥20
12	草籽、树实类	第一类	1-12-0000	—	≥18	—
		第二类	4-12-0000	—	<18	<20
		第三类	5-12-0000	—	<18	≥20
13	动物性饲料	第一类	5-13-0000	—	—	≥20
		第二类	4-13-0000	—	—	<20
		第三类	6-13-0000	—	—	<20
14	矿物质	—	6-14-0000	—	—	—
15	维生素	—	7-15-0000	—	—	—
16	添加剂	—	8-16-0000	—	—	—
17	油脂类及其他	—	4-17-0000	—	—	—

为适应饲料工业和养殖业的发展需要，1987 年我国农业部正式批准筹建中国饲料数据库，已经将新中国成立以来积累的大量饲料化学成分和营养价值进行了整理、核对和筛选，并输入数据库中。目前，每年发布一期“中国饲料成分及营养价值表”，饲料编码可以在中国饲料成分及营养价值表中查询，或在网络共享平台上查询。

二、饲料产品分类

(一)按营养价值分类

1. 配合饲料(formula feed)

配合饲料是根据饲养动物的营养需要，将多种饲料原料和饲料添加剂按饲料配方经工业化加工的饲料。

理论上除水分以外能全部满足动物营养需要的配合饲料被称为全价配合饲料。动物采食全价配合饲料，能获得理想的生长发育和达到最佳生产水平，动物养殖者能获得最大的经济效益。全价配合饲料是饲料加工企业中生产量最大、所用原料最多的商品饲料。

2. 浓缩饲料(concentrate feed)

浓缩饲料又称蛋白质补充料、蛋白浓缩料等。主要由蛋白质饲料、矿物质饲料和饲料添加剂按一定比例配制的均匀混合物，与能量饲料按规定比例配合即可制成配合饲料。简单来说，浓缩料＝矿物质饲料＋饲料添加剂＋蛋白饲料；需另添加能量饲料才能成为配合饲料。浓缩饲料通常按20%～40%的用量,加上60%～80%能量饲料,就构成了配合饲料的全部组分。

3. 精料补充料(concentrate supplement feed)

精料补充料是为补充以饲喂粗饲料、青饲料、青贮饲料等为主的草食动物的营养,用多种饲料原料和饲料添加剂按一定比例配制的均匀混合物。

4. 添加剂预混合饲料(additive premix feed)

添加剂预混合饲料是由两种(类)或两种(类)以上饲料添加剂与载体或稀释剂按一定比例配制的均匀混合物,是复合预混合饲料、微量元素预混合饲料、维生素预混合饲料的统称。

仅有一种饲料添加剂的预混合饲料叫单一预混合饲料,如维生素A预混合饲料、磷酸钙预混合饲料、亚硒酸钠预混合饲料等等。由两种或两种以上饲料添加剂组成的预混合饲料叫复合预混合饲料。通常,在全价配合饲料中使用的复合预混合饲料,包括维生素、矿物质、微量元素、氨基酸等营养性添加剂及抑菌促生长剂、驱虫保健剂、防腐防霉剂、抗氧化剂、调味着色增香剂、抗结块及黏结剂等。这些原料经过前处理,并以一定技术和方法配制或复合的添加剂预混合饲料,可直接用于配合饲料生产,通常在配合饲料中用量为0.5%～0.2%。添加剂预混合饲料是全价配合饲料的核心原料,也是平衡饲料养分、保证饲料质量、提高饲料有效成分利用率的关键部分。

载体是能够承载微量活性成分、改善其分散性,并有良好的化学稳定性的可饲物质。微量成分和载体能很好地混合,且混合后的微量组分能够吸附或镶嵌在载体上面,同时改变微量成分的混合特性和外观性状。

稀释剂是一类与高浓度组分混合,以降低其浓度的可饲物质。它与载体不同之处是稀释剂本身不吸附活性成分,它与微量活性成分之间的关系是一种简单的机械混合,不改变微量组分的物理特性,可以不具备承载能力。

但在生产实践中,载体与稀释剂之间没有十分明确的划分界限,两者有不同的作用和要求,载体也具有稀释作用,某些稀释剂也具有一定的承载能力。

5. 复合预混合饲料(compound premix feed)

复合预混合饲料是由微量元素、维生素、氨基酸中任何两类或两类以上的组分与其他饲料添加剂及载体(或)稀释剂按一定比例配制的均匀混合物。

6. 微量元素预混合饲料(tracemineral premix feed)

微量元素预混合饲料是由两种或两种以上微量元素与载体和(或)稀释剂按一定比例配制的均匀混合物。

7. 维生素预混合饲料(vitamin premix feed)

维生素预混合饲料是由两种或两种以上维生素与载体和(或)稀释剂按一定比例配制的均匀混合物。

(二)按物理状态分类

1. 液体饲料(liquid feed)

液体饲料是可用作饲料原料或可直接饲喂动物的流体物质。

2. 粉状饲料(mash feed)

粉状饲料是将多种饲料原料经清理、粉碎、配料和混合工序加工而成的粉状产品。

3. 硬颗粒饲料(hard pellet feed)

硬颗粒饲料是将粉状饲料经调制、挤出压模模孔制成的规则粒状饲料产品。

4. 软颗粒饲料(soft pellet feed)

软颗粒饲料是有较高液体组分含量的颗粒饲料,需要立即除去粉末和冷却。

5. 碎粒饲料(crumbles feed)

碎粒饲料是将颗粒饲料破碎、筛分得到的不规则小粒状饲料产品。

6. 块状饲料(block feed)

块状饲料是将饲料压制或经化学硬化凝集而成,足以保持块状固体形状的饲料产品。

7. 膨化颗粒饲料(extruded feed)

膨化颗粒饲料是经调质、增压挤出模孔和骤然降压过程制成的规则膨松颗粒饲料。

8. 膨胀饲料(expanded feed)

膨胀饲料是经调质、增压挤出环形隙口和适度降压过程制成的不规则膨松饲料。

9. 沉性颗粒饲料(sinking pellet feed)

沉性颗粒饲料是因密度较大而在水中发生沉降的颗粒饲料。

10. 片状饲料(flake feed)

片状饲料是由籽粒状谷物或豆类经(或不经)调质、用压辊轧制而成的薄片。

三、常见饲料原料

(一)粗饲料

粗饲料是指自然状态下水分在45%以下、饲料干物质中粗纤维含量在18%及以上的一类饲料。本类饲料的营养特点是体积大,可利用养分少,质地较粗硬,适口性差,难消化;粗纤维含量高,可消化养分含量较低,有机物消化率在70%以下,尤其是收割较迟的劣质干草和秸秆秕壳类。本类饲料主要包括:干草类(1-05-0000)、农副产品类(壳、荚、秸、秧、藤)(1-06-0000)、树叶类(1-02-0000)、糟渣类(1-11-0000)及某些草籽树实类(1-12-0000)等。

干草是指凡青草在未结籽实前刈割下来,经晒干(或其他办法干制)制成。干草是由青绿植物制成,在干制后仍然保留一定青绿颜色,故又称之为青干草。干制青饲料主要是为了保存青饲料的营养成分,便于随时取用,以代替青饲料。

秸秕饲料即农作物秸秆秕壳,是农作物籽实成熟和收获以后所剩余的副产品。主要包括秸秆和秕壳两大部分。脱粒后的茎秆和秸叶称为秸秆,秕壳则是从籽粒上脱落下的小碎片和数量有限的小的或破碎的籽实颗粒构成。

大多数树叶(包括青叶和秋后落叶)及其嫩枝和果实,均可用作畜禽饲料。有些优质青树叶还是畜、禽很好的蛋白质和维生素饲料来源,如紫穗槐、洋槐和银合欢等树叶。树叶外观虽硬,但养分丰富,青嫩鲜叶很容易消化,不仅作草食家畜的维持饲料,而且可以用来生产配合饲料。树叶虽是粗饲料,但营养价值远优于秸秕类。

●思政花园

物以类聚,人以群分。

——汉·刘向《战国策·齐策三》

释义:同类的东西常聚在一起,志同道合的人相聚成群,反之就分开。

(二)青绿饲料

青绿饲料以富含叶绿素而得名。按饲料的分类,这类饲料的自然水分含量在45%以上。

主要包括天然牧草、人工栽培牧草、青饲作物、叶菜类、非淀粉质根茎瓜类、水生植物及树叶类等。中国饲料分类编码多为 2-01-0000、2-02-0000 和 2-04-0000。

我国幅员广大，地域辽阔，在西北、东北、西南地区均有大面积的优良草原、草山和草坡，农业地区内还分散有许多小面积的草地，利用这些天然草地牧草资源发展畜牧生产，有很大的潜力。

栽培青绿饲料是指人工播种栽培的各种牧草及其他青绿作物，其种类很多，主要是禾本科、豆科作物，也包括叶菜和瓜、块根类的可食部分，以及人工栽培或驯化的野生牧草和其他植物等。但以产量高、营养好的豆科和禾本科牧草占主要地位，总的来看，豆科的营养价值较高，禾本科虽然营养价值稍低，但一般适口性好，尤其是生长早期，幼嫩可口，采食量高，同时禾本科牧草的再生力强，较耐牧，故也不失为优良的青绿饲料。

除上述青绿饲料外，还有多种可供畜禽采食的叶菜类植物。例如，甘蓝、苦荬菜、聚合草、牛皮菜、猪苋菜、串叶松香草、菊苣、杂交酸模各种野草、野菜以及绿萍、水葫芦、水浮莲等水生植物，都是良好的青绿饲料。尤其在南方水资源丰富地区，因地制宜地发展水生饲料，并加以合理利用，是扩大青绿饲料来源的又一个重要途径。以干物质计，这类饲料能量较高，易消化，畜禽都能利用。

（三）青贮饲料

青贮饲料就是把饲料（如玉米秸秆等）在新鲜青绿时割下、切碎填入密闭的青贮窖里，经微生物发酵作用而制成的柔软多汁、营养丰富、气味芳香且耐储存的一种饲料。

（四）能量饲料

以干物质计，粗蛋白质含量低于 20%，粗纤维含量低于 18%，每千克干物质含有消化能 10.46 MJ 以上的一类饲料即为能量饲料，而高于 12.55 MJ/kg 的则称为高能量饲料。这类饲料主要包括谷实类、糠麸类、淀粉质块根、块茎类及其加工副产品、瓜果类和其他类（油脂、糖蜜、乳清粉等）。能量饲料在动物饲粮中所占比例最大，一般为 50%～70%，对动物主要起着供能作用。

谷实类饲料是指对禾本科作物的籽实的统称。主要的谷实类饲料包括玉米、高粱、大麦、小麦、燕麦和粟。

谷实经加工后形成的一些副产品，称之为糠麸类，一般谷实的加工分为制米和制粉两大类，制米的副产物称作糠，制粉的副产物则称为麸。主要包括米糠、小麦麸、大麦麸、玉米糠、高粱糠、谷糠等。无论糠与麸，都是由谷物的果实、种皮、胚部分、糊粉层和碎米、碎麦组成，与其对应的谷物籽实相比，糠麸类饲料的粗纤维、粗脂肪、粗蛋白质、矿物质和维生素含量高，无氮浸出物则低得多，营养价值随加工方法而异。

为满足生产动物对高能的需求，常将油脂作为能量饲料在畜禽日粮中应用。常用的油脂包括植物油脂、动物油脂、饲料级水解油脂及粉末状油脂等。植物油脂是从植物种子中提取而得，大豆油、菜籽油、棕榈油等是这类油脂的代表，植物油脂中的脂肪酸主要为不饱和脂肪酸；动物油脂是指用畜禽体组织提取的一类油脂，牛油、猪油等是这类油脂的代表。动物油脂中脂肪酸主要为饱和脂肪酸，但鱼油的不饱和脂肪酸含量较高；饲料级水解油脂是指制取食用油或生产肥皂过程中所得的副产品，其主要成分为脂肪酸；粉末状油脂是对油脂进行特殊处理，使其成为粉末状。这类油脂便于包装、运输、储存和应用。

糖蜜为制糖工业副产品，一般呈黄色或褐色液体，糖蜜中主要成分是糖类，因此有效能量较高。如甘蔗糖蜜含消化能（猪）为 12.54 MJ/kg，代谢能（鸡）为 9.82 MJ/kg。大多数糖蜜具有甜味，因此对各种畜禽适口性均好，但糖蜜具有轻泻性，日粮中含量大时，粪便发黑变稀，故不宜用糖蜜作为雏鸡、仔猪的饲料。在蛋鸡、肉鸡饲粮中用量应少于 5%，在生长育肥猪饲粮中用量以 10%～20%为宜。糖蜜在反刍动物混合精料中适宜用量如下：乳牛 5%～10%，肉牛 10%～20%，肉羊 10%以下。

乳清是乳品加工厂生产乳制品（奶酪、酪蛋白、奶油）后的液体副产品。主要成分是乳糖，残留的乳清蛋白和乳脂所占比例很少。乳清含水量大，不适合直接作为配合饲料。经喷雾干燥后得到的乳清粉是哺乳仔畜的良好调养饲料，成为代乳料中不可缺少的部分。

淀粉质块茎、块根类饲料主要包括马铃薯、甘薯与木薯、饲用甜菜与甜菜渣、瓜类等。这类饲料干物质中主要是无氮浸出物，而粗蛋白质、脂肪、粗纤维、粗灰分等较少或贫乏。

马铃薯又叫土豆、洋芋等。其块茎中干物质含量约 25%，其中淀粉占干物质的 80%～85%，粗纤维含量少，粗蛋白质含量为 4.6%，其中非蛋白氮约占粗蛋白质的 50%。用马铃薯饲喂动物时，可生喂，也可熟喂。生喂时宜切碎后投喂。脱水马铃薯块茎为较好的能量饲料，可将其粉碎后加到动物饲粮中。发芽、未成熟的马铃薯中含有龙葵素，大量投喂会引起中毒。

甘薯与木薯的含水量比一般多汁饲料少，粗纤维含量较低，因而就干物质而言有效能值较高。粗蛋白质含量较低。新鲜甘薯块是优良的多汁饲料，不论是生或熟，其适口性均佳。给育肥动物和泌乳动物饲用新鲜甘薯，能促进其肥育和泌乳。动物对生、熟甘薯的消化率有差异，生甘薯含有胰蛋白酶抑制因子，故熟甘薯的消化率高于生甘薯的消化率。甘薯保存不当，特别是块根伤处易受微生物侵染而出现黑斑病。黑斑甘薯有毒，家畜采食后将会引起腹痛，并有喘息症状，重者导致死亡。因此有黑斑病的甘薯不能作为畜禽的饲料。

各类甜菜所含的无氮浸出物主要为蔗糖。一般是先将甜菜制糖，然后以甜菜渣作为饲料。甜菜渣中主要成分是无氮浸出物，以干物质计，达 60%以上，因而其消化能值较高，达 12 MJ/kg 以上。粗蛋白质较少，且品质差，必需氨基酸少，特别是蛋氨酸极少。Ca、Mg、Fe 等矿物元素含量较多，但 P、Zn 等元素很少。甜菜渣中胆碱、烟酸含量较多而其他维生素较贫乏。甜菜渣多用于饲喂育肥牛。

（五）蛋白质饲料

蛋白质饲料在饲料分类系统中属于第 5 大类，是指干物质中蛋白质含量在 20%以上、粗纤维含量在 18%以下的饲料。蛋白质饲料主要包括豆类籽实（5-09-0000）、饼粕类（5-10-0000）、工业副产品（5-11-0000）、动物性蛋白质饲料（5-13-0000）、微生物蛋白质饲料及其他类蛋白质饲料等。

豆类籽实主要有大豆（黄豆）、黑豆、豌豆和蚕豆等，这些豆类都是动物良好的蛋白质饲料。它们共同的营养特点是蛋白质含量丰富，达 20%～40%，蛋白质的氨基酸组成也较好，其中赖氨酸含量丰富，而蛋氨酸等含硫氨基酸相对不足。无氮浸出物较谷实类低。

饼粕类饲料是油料籽实提取油分后的副产品。目前，我国脱油的方法有压榨法、浸提法和预压-浸提法。用压榨法榨油的产品通称“饼”，有大饼和瓦块饼之分；用浸提法脱油后的产品称“粕”。饼粕类的营养价值因原料种类品质及加工工艺而异。浸提法一般不经过高温高压，因而油粕中的营养物质除油脂外，变化不显著，脱油效率高，故相应的粕中残油量少，蛋白质含量高。压榨法则由于高温高压常常使蛋白质变性，特别是赖氨酸、精氨酸之类的碱性氨基酸损害最严重;高温高压也可使棉籽中所含的有毒物质棉酚、大豆中的胰蛋白酶抑制因子等抗营养因子受到不同程度的破坏,所以,加热处理有其有利的一面,也有因过度处理而损害蛋白质品质的不利一面;压榨法脱油效率低,因而与相应粕比较,含可利用能量高,但油脂易酸败和氧化,对保存不利。这一类饲料主要有大豆饼(粕)、菜籽饼(粕)、棉籽饼(粕)、花生仁饼(粕)、芝麻饼(粕)、胡麻饼(粕)、蓖麻饼(粕)、葵花子饼(粕)等。

工业副产品类包括玉米蛋白粉及玉米胚芽饼粕及糟渣类及其他加工副产品。玉米蛋白粉含蛋白 25%～60%,蛋白质含量高者呈橘黄色,因此,也是有效的着色剂。玉米胚芽饼粕是玉米胚脱油后的副产品,蛋白质含量为 13%～17%,消化能与代谢能属中等;糟渣类及其他加工副产品包括玉米面筋、各种酒糟与豆腐渣等,这些饲料都是在大量提走各种籽实中的碳水化合物后的多水分残渣物质,含水量高,不易保存,一般趁新鲜时利用。糟渣类饲料干物质中一般含粗蛋白质 25%左右,所以列为蛋白质饲料。常用的有糖糟、啤酒糟等,这类饲料对提高奶产量效果明显。

动物性蛋白质饲料主要是水产品、肉类、乳和蛋品加工的副产品,还有屠宰场、皮革厂的废弃物以及缫丝厂的蚕蛹。这类饲料的营养特点是干物质中蛋白质含量高达 50%～80%,所含必需氨基酸齐全,比例接近畜禽的需要。灰分含量高,特别是 Ca、P 含量很高,而且 Ca、P 比例适当。维生素 B 族含量高,特别是还含有植物性饲料中没有的维生素 B_{12}。碳水化合物特别少,无粗纤维。这类饲料主要有鱼粉、血粉、肉骨粉、肉粉、蚕蛹、乳清粉、羽毛粉及其他动物加工副产品等。

单细胞蛋白质饲料包括酵母(假丝酵母类、红酵母属)、微型藻(小球藻属、螺旋藻属)、非病原菌(氢极毛杆菌、甲烷极毛菌属)、真菌(曲霉菌、根霉属)等。

非蛋白氮(NPN)即非蛋白质态的含氮化合物。反刍动物的瘤胃内存在着大量的微生物,这些微生物可以利用非蛋白氮而形成菌体蛋白,最后菌体蛋白被反刍动物利用。作为反刍动物蛋白质饲料代用品的非蛋白含氮化合物较多,如尿素、缩二脲、硫胺、碳胺等。

(六)矿物质饲料

矿物质饲料在饲料分类中属于第 6 大类(6-14-0000),是补充动物矿物质需要的饲料。它包括人工合成的、天然单一的和多种混合的矿物质饲料,以及配合有载体或赋形剂的痕量、微量、常量元素补充料。

常用的含钙矿物质饲料有石灰石粉、白云石粉、贝壳粉、蛋壳粉及石膏等。

石粉主要指石灰石粉,为天然的碳酸钙,一般含纯钙 35%以上,是补充钙的最廉价、最方便的矿物质原料。贝壳粉是各种贝类外壳(蚌壳、牡蛎壳、蛤蜊壳、螺蛳壳等)经加工粉碎而成的粉状或粒状产品,主要成分也为碳酸钙,含钙量应不低于 33%。品质好的贝壳粉杂质少,含钙高,呈白色粉状或片状,用于蛋鸡或种鸡的饲料中,蛋壳的强度较高,破蛋软蛋少;禽蛋加工厂或孵化厂收集的蛋壳,经干燥、灭菌、粉碎后即得到蛋壳粉。无论蛋品加工后的蛋壳或孵化出雏后的蛋壳,都残留有壳膜和一些蛋白,因此除了含有 34%左右钙外,还含有 7%的蛋白质及 0.09%的磷;石膏为硫酸钙晶体($CaSO_4 \cdot 2H_2O$),有天然石膏粉碎后的产品,也有化学工业产品。石膏含钙量为 20%～30%,含硫量为 16%～17%,既可提供钙又是硫的良好来源,生物利用率高。此外,大理石、白云石、白垩石、方解石、熟石灰、石灰水等均可作为补钙饲料,甜菜制糖的副产品——滤泥也属于碳酸钙产品。

富含磷的矿物质饲料有磷酸钙类、磷酸钠类、骨粉及磷矿石等。磷酸钙类包括磷酸一钙、磷酸二钙和磷酸三钙等;磷酸钠类包括磷酸一钠、磷酸二钠等;骨粉是以家畜骨骼为原料加工而成的,由于加工方法的不同,成分含量及名称各不相同,化学式为[$3Ca_3(PO_4)_2 \cdot Ca(OH)_2$]。其他含磷的矿物质饲料还包括磷酸铵、磷酸水溶液、磷矿石粉、磷酸氢二氨、磷酸氢二钾及磷酸二氢钾等。

补充钠、氯的饲料包括氯化钠、碳酸氢钠、无水硫酸钠等。

饲料中含镁丰富,一般都在0.1%以上,因此不必另外添加。但早春牧草中镁的利用率很低,有时会使放牧家畜因缺镁而出现“青草痉挛”,故对放牧的牛羊以及用玉米作为主要饲料并补加非蛋白氮饲喂的牛,常需要补加镁。饲料工业中使用的氧化镁一般为菱镁矿在800～1 000 ℃煅烧的产物。此外,还可选用硫酸镁、碳酸镁和磷酸镁等。

硫的来源有蛋氨酸、胱氨酸、硫酸钠、硫酸钾、硫酸钙、硫酸镁等。

除了以上种类,矿物质饲料还包括其他天然矿石与黏土,包括沸石、麦饭石、膨润土、海泡石、凹凸棒石、泥炭、稀土元素等。

(七)维生素饲料

维生素饲料(7-15-0000)是指工业合成或提纯的单一维生素或复合维生素,不包括某种维生素含量高的青绿多汁饲料。由于动物对维生素需要量低,维生素饲料常作为饲料添加剂使用。维生素种类很多,按其溶解性分为脂溶性维生素和水溶性维生素。因此维生素饲料或叫维生素添加剂,包括脂溶性维生素添加剂和水溶性维生素添加剂两种,它们分别以脂溶性和水溶性维生素为活性成分,加上载体、稀释剂、吸收剂或其他化合物混合而成。主要有维生素A、维生素D、维生素E、维生素K、维生素B_1、维生素B_2、维生素B_6、维生素B_{12}、泛酸、烟酸、生物素、叶酸、胆碱、维生素C等。

(八)饲料添加剂

饲料添加剂(8-16-0000)是指在饲料加工、制作、使用过程中添加的少量或微量物质。饲料添加剂的种类很多,一般分为两大类:一类是给畜禽提供营养成分的物质,称为营养性添加剂,包括氨基酸、微量矿物元素等;另一类是促进动物生长、保健及保护饲料营养成分的物质,称为非营养性添加剂或一般添加剂,主要有抗生素、酶制剂、抗氧化剂等。

按照《饲料和饲料添加剂管理条例》的规定,营养性饲料添加剂是指用于补充饲料营养成分的少量或者微量物质,其包括饲料级氨基酸、维生素、矿物元素、酶制剂和非蛋白氮等。

氨基酸类添加剂包括L-赖氨酸、DL-蛋氨酸、L-色氨酸、苏氨酸、甘氨酸与谷氨酸饲料添加剂等。

矿物元素类饲料添加剂的原料基本上使用饲料级微量元素盐,不采用化工级或试剂级产品。常用微量矿物元素添加剂有:铁(七水硫酸亚铁,含铁20.1%)、铜(五水硫酸铜,含铜25.5%)、锰(五水硫酸锰,含锰22.8%)、锌(七水硫酸锌,含锌22.75%)、硒(亚硒酸钠,含硒45.6%)、碘(碘化钾,含碘76.45%)、钴(七水硫酸钴,含钴21%)。

一般性饲料添加剂是指为保证或者改善饲料品质、提高饲料利用率而掺入饲料中的少量或者微量物质。其包括药物饲料添加剂(抗生素类、人工合成的抑菌药物、驱虫保健剂、中草药类和其他促生长剂)、酶制剂(蛋白酶类、淀粉酶类、纤维素分解酶类、胰酶、糖分解酶类等单一酶制剂和复合酶制剂)、微生态制剂、着色剂、加工保存添加剂(抗氧化剂、防腐剂、青贮饲料添加剂)、粗饲料调节剂、食欲增进剂、黏结剂、流散剂、乳化剂(动植物胶类、脂肪酸、大豆磷脂、丙二醇、木质素磺酸盐、单硬脂酸甘油酯等)、缓冲剂(碳酸氢钠、石灰石、氢氧化铝、氧化镁、磷酸氢钙等)、未知生长因子添加剂(从深海鱼产品、苜蓿或酒糟中提取某些未知活性物质)、吸水剂(蛭石)、除臭剂、疏水防尘及抗静电剂、酸化剂、激素制剂等。

【技能训练】

实训　饲料分类与识别

一、饲料分类

根据国际饲料分类法和中国饲料分类法,在表4-1-7中写出下列饲料原料的类别编码(国际饲料分类编码写1～8中的一种,中国饲料分类编码写1～17中的一种)。

表4-1-7　常见饲料原料分类

饲料名称	国际饲料分类编码及其类别名称	中国饲料分类编码及其类别名称
麦麸		
稻糠		
鱼粉		
血粉		
大豆粉		
糖蜜		
玉米籽实		
磷酸二氢钾		
赖氨酸		
胆碱		
南瓜		
贝壳粉		
沸石		
干草		
青贮玉米		
马铃薯		
维生素 B_1		
丙二醇		

二、常见易混饲料原料识别

查找资料填写表4-1-8中饲料原料的外观特征,并根据实物写出你认为易混原料之间区别之处。

表 4-1-8 常见易混饲料原料区别

饲料名称	饲料外观特征	区别
麦麸		
稻糠		
鱼粉		
豆饼		
贝壳粉		
玉米面		
磷酸二氢钾		
赖氨酸		

【任务成果】

1. 知识测试

(1)国际饲料分类法将饲料分为哪几类？依据是什么？

(2)中国饲料分类法将饲料分为哪几类？依据是什么？

(3)饲料产品主要分成几类？这些饲料产品之间的关系如何？

2. 实训成果

调查当地饲料市场主要的饲料品种(包括饲料原料和饲料产品)及价格。

项目二

饲料样品采集、制备及保存

【项目分析】

从待测饲料原料或产品中获取一定数量、具有代表性部分的过程称为采样，采样是饲料分析过程的第一步。所采集的部分饲料称为样品或样本。饲喂家畜的饲料容积量都很大，而分析时所用的样本仅为其中的一部分，所采用供分析的样本是否能代表该饲料全部品质与采样的方法有很大关系。因此，采样技术在饲料分析工作中占有重要地位。样品的制备也是饲料分析过程中非常关键的步骤，制备的样品应该包含所采集样品的全部组分，确保饲料样品的代表性、均匀性和一致性。因此，样品的采集和制备与饲料分析结果密切相关，是饲料分析结果正确、可靠的前提与基础。饲料采样方法可参见《饲料　采样》(GB/T 14699.1—2005)。

任务一　样品的采集

【技能目标】

1. 能根据饲料状态确定采样方法，包括确定采样数量、采样时间及采样工具；
2. 能选择正确的工具用适当的方法采样。

【知识目标】

1. 掌握采样工具的种类；
2. 掌握采样方法的种类。

【素质目标】

1. 培养学生统计学思想，体会代表性原则；
2. 培养学生从局部推断整体的能力；
3. 培养学生“工欲善其事，必先利其器”的思想。

【知识学习】

一、采样基本词汇

(一)《工业用化学产品　采样　词汇》中采样基本词汇

为了更好地理解本次任务中出现的名词,首先了解一下《工业用化学产品　采样　词汇》(GB/T 4650—2012)中对各术语的定义。

1. 一般术语

化学产品的采样可以认为是多级采样,多级采样是一种逐级采样的采样方式,每一级采样单元是从前一级较大的单元中再次采样选取的,一般为两级。

(1)采样单元 sampling unit　限定的物料量,其界限可能是有形的,如一个容器,也可能是设想的,如物料流的某一具体时间或间隔时间。

注1:若干个采样单元可以收集在一起,例如装在一个袋子或箱子里。

注2:在英文中"个体"(individual)、"单元"(unit)以及"项"(item)在实际应用中有时与"采样单元"(sampling unit)是同义的。

(2)份样 increment　用采样器从一个采样单元中一次取得的定量物料。

(3)样品 sample　从数量较大的采样单元中取得的一个或几个采样单元,或从一个采样单元中取得的一个或几个样。

注1:样品可从一个份样或一个采样单元中取得,或者由合并多个份样或多个采样单元来得到。

注2:"样本"(specimen)这个词在某些情况下,特别是对一些分立物料的取样,用来代替"样品"(sample)。

(4)代表样 representative sample　一种与被采物料有相同组成的样品,而此物料被认为是完全均匀的。

(5)采样方案 sampling plan　为了从最终样品获得对特性的必要了解来对该批货物做出判断,从一批货物中选取和制备一份或几份样品的预定程序。

注:出于对成本、效率和时间的考虑,通常确定一个容许的采样误差。

(6)交货批 consignment　由具体的交货单据或装货单据所指明的一定数量的物料。

2. 采样体系的术语

(1)商品批 lot　按一定采样方案进行采样的物料总量,它可由若干交货批、生产批或采样单元组成。

(2)生产批 batch　一定量的物料,这可以是一个采样单元,或者假定其制造或生产条件相同而归在一起的若干个采样单元。

(3)二次采样单元 subsampling unit　用于评估品质变异情况的实际或假设划分的一种采样单元。

(4)原始样品 primary sample　采集的保持其个体性质的一组样品。

(5)大样 bulk sample　采集的不保持其个体性质的一组样品。

(6)混合大样 blended bulk sample　将采集的一组样品混合在一起得到的均匀大样。

(7)加权样品 weighted sample　按其所代表物料量的大小而不改变其组成而得到的

样品。

(8)缩分样品 reduced sample　缩减另一样品量的大小而不改变其组成而得到的样品。

注：在缩减样品量的大小时，有时也需要减少(样品)颗粒粒度。

(9)最终样品 final sample　按采样方案得到或制备并可以再等分成相同的几份供试验、参考或保存用的样品。

(10)实验室样品 laboratory sample　为送往实验室供检验或测试而制备的样品。注意"制备"二字，在最终样品名词解释中第一次出现，但前面是"或"字，说明最终样品也有可能不经过制备，只是份样的简单集合。而此处出现的"制备"前面是"而"字，说明实验室样品一定是被人为处理之后得到的。

(11)参考样品 reference sample　与实验室样品同时同样制备的样品，在有争议时可被有关方面接受用作实验室样品。

(12)保存样品 storage sample　与实验室样品同时同样制备的、日后有可能用作实验室样品的样品。

(13)试样 test sample　由实验室样品制备的从中抽取试料的样品。试样是原始样品在第一次制备成试验室样品之后再一次制备得到的，用于被抽取试料。但需注意的是，实验室样品有时也可以和试样一样，可不经过再一次处理。

(14)试料 test portion　从试样中取得的(如试样与实验室样品两者相同，则从实验室样品中取得)，并用以进行检验或观测的一定量的物料。所以一般用于测定的被前处理部分的样品应该被称为试料。

(15)特性 characteristic　可确定的物料性质。它一般可区分为定性(由属性)或定量(由变异性)两者。

(16)试验或观测 test or observation　为了测量或划分某种特性所进行的操作。

3. 有关采样过程的术语

(1)部位样品 spot sample　从物料的特定部位或在物料流的特定部位和时间取得的一定数量或大小的样品，它是代表瞬时或局部环境的一种样品。

注：英文中术语"瞬时样品"(snap sample)有时与"部位样品"(spot sample)同义。

●思政花园

以小见大，见一叶落而知岁之将暮。

——汉·刘安《淮南子·说山训》

释义：从一片树叶的凋落，知道秋天的到来。比喻通过个别的细微的迹象，可以看到整个形势的发展趋向与结果。

(2)几何样品 geometric sample　一种特定形状的样品，其三维尺寸与采样单元中物料在各个轴的变异性相关。

(3)截面样品 cross-sectional sample　一种只是两维是重要的几何样品，其中每一维都与采样单元中物料在两主轴之一的变异性相关。

(4)定向样品 directional sample　一种只有一维是重要的几何样品，此维与采样单元中物料的唯一主轴的变异性相关。

(5)表面样品 surface sample　在物料的表面取得的样品，以获得关于此物料表面的信息。

(6)底部样品 bottom sample　在物料的最低点取得的样品，以获得关于此物料该部位的信息。

(7)上部样品 upper sample　在液面下相对应于某一确定体积(如总体积的 1/6)的深处取得的一种部位样品。

(8)中部样品 middle sample　在液面下相对应于总体积一半的深处取得的一种部位样品。

(9)下部样品 lower sample　在液面下相对应于某一确定体积(如总体积的 5/6)的深处取得的一种部位样品。

(10)连续样品 continuous sample　一种从物料流中连续取得的样品。

(11)间断样品 intermittent sample　一种从物料流中间断取得的样品。

(12)样品缩分 sample size reduction　用以缩减样品量大小的过程。

注:在英文中术语“样品分割”(sample divion)有时与“样品缩分”(sample size reduction)同义。

(13)粒度缩分 particle size reduction　缩小样品物料粒度的过程(如破碎、研磨或粉碎)。

(14)预留容积 ullage/英国;outage/美国　在容器中不被物料占据的空间，或是物料面与容器顶部某固定参比点之间的距离。

注:对于液体，这个容积是作为膨胀用的空间。

4. 有关采样的统计学术语

(1)真值 true value　与给定的特定量的定义完全一致的值。这是个理想值，只有在所有引起测定误差的原因可消除时才能得到。

(2)商品批平均质量 average lot quality　从商品批中取得的重复代表样品，用有关的测试方法由许多实验室对特性进行重复测定，所得的大量结果的平均值。这个值就是理论上的商品批平均质量。

(3)变异性 variability　整个物料在某特性值上的差异。

(4)均匀物料 homogeneous material　如果物料各部分的特性平均值在测定该特性的测试误差范围内，此物料就该特性而言是均匀物料。

应该区别以下两者:

注 1:组成不均匀性是构成该物料的不同部分(如颗粒)之间的组成不同。

注 2:分布不均匀性是构成该物料的不同部分的局部不均匀，如果把这些部分混合起来，这种不均匀性就会消除(这样它就可以转变为组成不均匀性)。

(5)不均匀物料 heterogeneous material　一种不均匀的物料。

(6)缺陷 defect　采样单元的任何不符合某一特性值规定要求者。

(7)缺陷单元，缺陷项目 defective unit, defective item　包含有一个或几个缺陷的采样单元。

(8)准确度 accuracy　测试结果与被测量真值或约定真值间的一致程度。

注:当应用于一组测试结果时，“准确度”这个术语则包括随机成分的集合和一个共有系统误差或偏倚成分。

(9)精密度 precision　在规定的条件下所获得的多次独立的测试结果之间的一致程度。

注 1:影响结果的实验误差中系统误差越小，测定结果越精密。

注 2:该词已逐渐被重复性所取代。

(10)采样误差 sampling error　某一特性的总的估计误差的一部分,是由采样方案中已知的和容许的各个不足之处引起的。

(二)GB/T 14699.1—2005 中采样的基本词汇

GB/T 14699.1—2005《饲料采样》中的基本词汇如下:

(1)交付物 consignment　一次给予、发送或收到的某个特定量的饲料的总称。

注:它可能由一批或多批饲料组成。

(2)批(批次)lot　假定特性一致的某个确定量的交付物的总称。

(3)份样 increment　一次从一批产品的一个点所取的样品。

(4)总份样 bulk sample　通过合并和混合来自同一批次产品的所有份样得到的样品。

(5)缩分样 reduced sample　总份样通过连续分样和缩减过程得到的数量或体积近似于试样的样品,具有代表总份样的特征。

(6)实验室样品 laboratory sample　由缩分样分取的部分样品,用于分析和其他检测用,并且能够代表该批产品的质量和状况。

注:所取每种样品,一般分 3 份或 4 份实验室样品,一份提交检验,至少一份保存用于复核,如果要求超过 4 份实验室样品,需要增加缩分样,以满足最小实验室样品量的要求。

(三)GB/T 4650—2012 和 GB/T 14699.1—2005 中一些名词的比较

从图 4-2-1 中可以看出,在 GB/T 4650—2012 中实验室样品只是用于检测,与保存样品和参考样品并列,而在 GB/T 14699.1—2005 中,实验室样品来源于缩分样,包括用于检测的样品和保存样品。这可能是由于 GB/T 4650—2012 是针对所有工业用化学产品的采样词汇,需要兼顾不同实验室间的质量控制,而 GB/T 14699.1—2005 只是针对饲料采样而言,一般来说进行饲料质量的鉴定,多数情况下就是由一家检测单位给出相应的检测数据,不会用不同实验室间的数据来推断误差情况。从适应范围来看,GB/T 4650—2012 中的术语更广泛。但针对

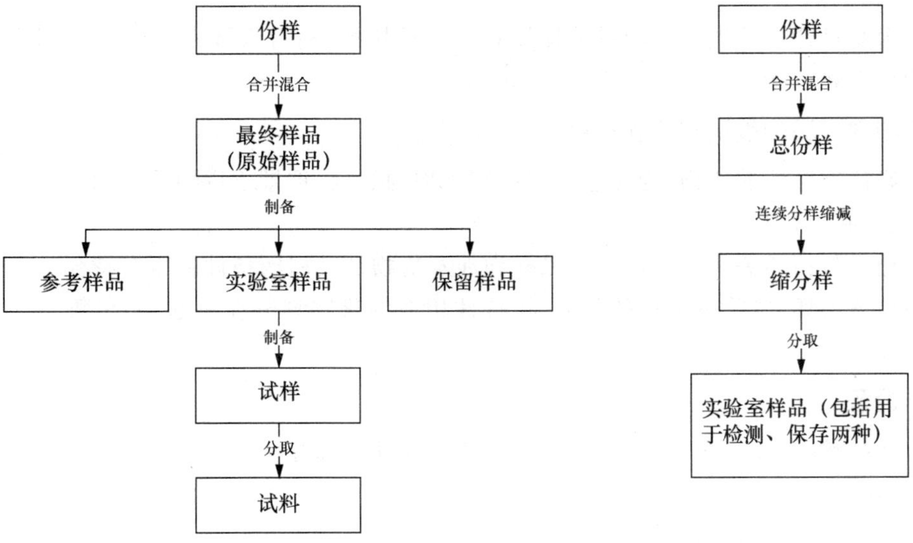

(a)GB/T 4650—2012采样体系术语间的关系　　(b)GB/T 14699.1—2005采样体系术语间的关系

图 4-2-1　采样体系术语间的关系

饲料检测来说，对 GB/T 14699.1—2005 中的术语使用得更多。不论是哪个国标中的术语，应该根据实际情况来看，只要知道真正的目的，应用时就不会犯错。本任务中具体采样方法来源于 GB/T 14699.1—2005。

二、采样原理知识

从大量的待测饲料原料或产品中获取一定数量、具有代表性部分的过程称为采样或取样，所采集的部分饲料称为样品。而采样的原理就是利用各种采样工具，根据待测饲料的种类、特性（如形态、均匀度、颗粒大小等）和数量，利用数学原理，按照科学方法来采集样品，使采集的样品具有代表性。

（一）采样的两种情况

一般情况下，饲料检测进行的采样为代表性采样，目的是从一批产品中获得小部分样品，而测定这小部分样品的任何特性均可代表该批产品的平均值。但有时被采样的一批（批次）样品的某部分在质量上明显不同于其他部分，则用选择性采样，这部分产品应区别对待，单独作为一批产品进行采样，并在采样报告中加以说明。

（二）份样数量的计算

认同采样是动物饲料采样的常用方法。对采样属性而言，存在着根据二项式分布进行的理论采样方法，但在实际工作中，这个方法应简化为批量大小和份样数量之间的平方根关系。

对于散装产品，如果批量在 2.5 t 以下，至少取 7 个份样；如果批量在 2.5 t 与 80 t 之间，所取份样数至少等于$\sqrt{20m}$，m 是批量的质量，以 t 计，样品变异应该是均匀的；如果批量超过 80 t，平方根关系仍然适用，但以此为依据做出错误决定的风险也会增加，可由各方协商确定。需要注意的是，平方根关系的应用对袋装饲料、液体饲料、半液体饲料、舔块以及粗饲料来说有点不同，因为样品的大小变化很大。

（三）对采样人员的要求

采样应该由受过适当培训并有饲料采样经验的人员执行，而且采样人员应意识到采样过程可能涉及的危害和危险。

（四）采样前对产品的确认和全面检查

采样前应确认有疑问的货物，为此应适当比较货物的数量、重量或货物的体积及容器上的标记和标签，以及有关资料。

采样报告记录包括相关代表性样品的采样和涉及货物及其周围条件的所有特征。

如果货物出现损坏，要除去损坏的部分，将特性相似的货物划分在一起，并把每一部分作为独立的产品处理。

（五）采样设备

选择适合产品颗粒大小、采样量、容器大小和产品物理状态等特征的采样设备。

1. 采样工具

(1)可用于固体产品采样的装置

①手工用于固体产品采样的工具举例：

散装饲料采样　普通铲子、手柄勺、柱状取样器（如取样针、管状取样器、套筒取样器）和圆锥取样器。取样针可有一个或更多的分隔室。流速比较慢的流动产品的采样可以手工完成。

袋装或其他包装饲料的采样　手柄勺、麻袋取样针或取样器、管状取样器、圆锥取样器和分割式取样器。

②机械采样装置举例：从流动的产品中周期采样可以使用认可的设备(例如气力装置)。速度较高的流动产品的采样可以通过手工控制机器来完成。

(2)用于液体或半液体产品手工或机械方法采样的装置　适当大小的搅拌器、取样瓶、取样管、带状取样器和长柄勺。

(3)清洁　采样、缩样、存贮和处理样品时，应特别小心，确保样品和被取样货物的特性不受影响。采样设备应清洁、干燥、不受外界气味的影响。用于制造采样设备的材料不影响样品的质量。在不同样品间，采样设备应完全清扫干净，当被取样的货物含油高时尤其重要。取样人员应带一次性的手套，不同样品间应更换手套，防止污染随后的样品。

2. 装样品容器

(1)一般要求　装样品的容器应确保样品特性不变直至检测完成。样品容器的大小以样品完全充满容器为宜。容器应当始终封口，只有检测时才能打开。

(2)清洁　样品容器应清洁、干燥、不受外界气味的影响。制造样品容器的材料应不影响样品的品质。

(3)固体产品的样品容器　固体产品的样品容器及盖子应是防水和防脂材料制成的(例如玻璃、不锈钢、锡或合适的塑料等)，应是广口的，最好是圆柱形的，并与所装样品多少相配套。合适的塑料袋也可以。容器应是牢固和防水的。如果样品用来测定像维生素 A、维生素 D、维生素 B_3、维生素 C、叶酸等对光敏感的物质和像维生素 K_3、维生素 B_6、维生素 B_{12} 等对光轻微敏感的物质，容器应是不透明的。

(4)液体和半液体产品的样品容器　容器应由合适材料制成(最好是玻璃或塑料)，并要求容量合适、密闭、深色，并注意对光敏感物质测定的样品要求。

三、采样步骤

在条件许可的情况下，采样应在不受诸如潮湿空气、灰尘或煤烟等外来污染危害影响的地方进行。条件许可时，采样应在装货或卸货中进行。如果流动中的饲料不能进行采样，被采样的饲料应安排在能使每一部分都容易接触到，以便取到有代表性的实验室样品。

(一)确定产品类别

按采样目的，饲料可分为以下几类：

(1)固体饲料——谷物、种子、豆类和颗粒饲料。

(2)固体饲料——粉状饲料。

(3)粗饲料。

(4)舔块。

(5)液体和半液体饲料。

(二)计算样品量

要得到能代表整个批次产品的样品，就必须设置足够的份样数量。根据批次产品数量和实际采样的特点制订采样计划，参考 2.2 中的计算方法，在计划中确定需采的份样数量和重量。

(三)采样前的准备

做好计划后,在采样前准备好多种采样用具,以免到现场因缺少工具而出现混乱或无法完成采样的情况。

(四)实施样品采集,记录采样单

准备好工具后,就到现场进行实地采集,同时注意填写记录单。记录单包括生产厂家、生产日期、批号、产品种类、规格、包装、存放方式、运输、贮存条件和采样时间等。

四、各类饲料采集过程

(一)谷物、种子、豆类和颗粒产品的采样

1. 该类产品的举例

谷物:玉米、小麦、大麦、燕麦、水稻、高粱等;

油料籽实:向日葵籽实、花生、油菜籽、大豆、棉籽、亚麻籽等;

片状物:豆类等;

颗粒产品:颗粒形态的饲料。

2. 批次产品量

对于袋装的产品批次量是由包装袋的数量决定和包装袋的容量确定。对于散装的产品,批次量是由盛该散样的容器数量决定的,或满装该产品的容器的最少数量。如果一个容器内装的产品量已超过一个批次产品的最大量时,该容器内产品即为一个批次。如果一批次散装产品形态上出现明显的分级,则需要分成不同的批次。

3. 份样数量

(1)对于贮存于罐或类似容器的产品,随机选择份样的最小数量见表 4-2-1。

表 4-2-1　贮存于罐或类似容器的产品随机选择份样的最小数量

批次的重量 m/t	份样的最小数量
≤2.5	7
>2.5	$\sqrt{20m}$,不超过 100

(2)如果产品包装于袋中,随机选择份样的最小数量。

①如果每袋总量小于 1 kg,见表 4-2-2。

表 4-2-2　产品包装于袋中(总量<1 kg)的选择份样的最小数量

批次的包装袋数 n	份样的最小数量
1～6	每袋取样
7～24	6
>24	$\sqrt{2n}$,不超过 100

②如果每袋总量大于 1 kg,见表 4-2-3。

表 4-2-3 产品包装于袋中(总量>1 kg)的选择份样的最小数量

批次的包装袋数 n	份样的最小数量
1～4	每袋取样
5～16	4
>16	$\sqrt{2n}$,不超过 100

4. 样品的重量

谷物、种子、豆类和颖粒产品的样品重量见表 4-2-4。

表 4-2-4 谷物、种子、豆类和颖粒产品的样品重量

批次产品总量/t	最小的总份样量/kg	最小的缩分样量[a]/kg	最小的实验室样品量/kg
1	4	2	0.5
>1≤5	8	2	0.5
>5≤50	16	2	0.5
>50≤100	32	2	0.5
>100≤500	64	2	0.5

注:[a] 最小量应可供取 4 个实验室样品量。

5. 采样程序

对于散装产品,尽可能地在装或卸时采样。同理,如果产品是直接装到料仓或仓库中,则尽可能地在装入时取样。

(1)从散装产品中采样　如果是从堆状等散装产品中取样,根据四.(一).3 的最小份样数,决定本次取样的份样数。然后,随机选取每个份样的位置,这些位置既覆盖产品的表面,又包括产品的内部,使该批次产品的每个部分都被覆盖。

在产品流水线上取样时,根据流动的速度,在一定的时间间隔内,人工或机械地在流水线的某一截面取样。根据流速和本批次产品的量,计算产品通过采样点的时间,该时间除以所需采样的份样数,即得到采样的时间间隔。

(2)从袋装产品中采样　随机选择需采样的包装袋,采样的包装袋总数量根据四.(一).3 的最小份样数来决定。打开包装袋,用正确的器具采取每个份样。

如果是在密闭的包装袋中采样,则需要取样器。采样时,不管是水平还是垂直,都必须经过包装物的对角线。份样可以是包装物的整个深度,或是表面、中间、底部这 3 个水平。在采样完成后,将包装袋上的采样孔封闭。

如果上述的方法不适合,则将包装物打开倒在干净、干燥的地方,混合后铲其一部分为份样。

6. 实验室样品的制备

在采样完成后应尽快处理,以避免样品质量发生变化或被污染,将所得到的每个份样进行充分混合后得到总份样,其重量不应小于 2 kg。总份样进行缩分得到缩分样,缩分样再分成 3 个或 4 个实验室样品放入适当的容器中,供实验室分析用,每个实验室样品重量最好相近,但不能小于 0.5 kg。

(二)粉状产品的采样

1. 产品的举例

这些产品是对下列物料进行加工(如粉碎、碾磨或干燥)获得的,其粒度远小于未加工处理的单种物料或混合物。

(1)植物源性的粉状物。

①整粒或部分谷物;

②未加工、加工或浸提的油料籽实;

③未加工、加工或浸提的豆科籽实;

④干苜蓿或干草;

⑤植物蛋白浓缩物;

⑥淀粉;

⑦酵母。

(2)动物源性的粉状物。

①鱼粉;

②血粉、肉粉、肉骨粉、骨粉;

③奶粉、乳清粉。

(3)预混合饲料。

(4)矿物质添加剂。

(5)配合饲料。

(6)饲料添加剂。

①有机物:维生素和维生素制剂、药物和药物制剂、抗氧化剂、氨基酸和香味剂等;

②无机化合物。

2. 批次产品量的大小

不论交付量有多大,一个批次内产品的量不宜超过 100 t。

3. 最小的份样数量

同四.(一).3。

4. 样品的重量

见四.(一).4。

5. 在采样时的注意事项

由于干的粉状饲料中粉尘的一致性高,采样时应防止其爆炸。由于产品是经加工处理的,因此受微生物侵害腐败的可能性增加。在预先检查整个批次产品时,应特别注意有无异常。如有异常,应将这部分与其他部分分开。

粉状物易于结块,有时需要添加抗结块剂。当发生结块时,应进行额外的处理或分开采样。如果产品产生较严重的分级,则应分步采样。

6. 采样程序

散装或袋装中采粉样的步骤参照四.(一).5。

(三)粗饲料的采样

1．举例

本处所指的粗饲料是按照采样目的形成分类中的命名，与国际饲料分类法中的是不同的，因此它包括的内容如下：

(1)鲜青绿饲料(苜蓿、牧草、玉米等)。

(2)青贮青绿饲料(苜蓿、牧草、玉米等)。

(3)干草(苜蓿、牧草等)。

(4)秸秆。

(5)饲用甜菜。

(6)干糖蜜。

(7)块根、块茎(马铃薯等)。

2．批次产品量

由于产品遗传因素变化大，加上贮存方式的不同，粗饲料产品的特性变化很大，量大时更是如此。在量大的一批次粗饲料产品间，要求其均匀性是非常困难的，因此应特别注意批次的划分。

3．采样时份样数的确定

通常粗饲料在贮存和搬运时为散装的，采样时的最小份样数规定见表 4-2-5。

表 4-2-5　粗饲料采样的最小份样数

批次的重量 m/t	份样的最小数量
≤5	10
>5	$\sqrt{40m}$，不超过 50

4．样品的重量

粗饲料采样的样品重量见表 4-2-6。

表 4-2-6　粗饲料采样的样品重量

产品种类	最小的总份样量/kg	最小的缩分样量[a]/kg	最小的实验室样品量/kg
青绿饲料、甜菜、块根、块茎、青贮粗饲料	16	4	1
干燥的粗饲料、块根、块茎	8	4	1

注：[a] 最小量应可供取 4 个实验室样品量。

5．采样程序

粗饲料采样时，通常是靠手工获得每一个份样。

(1)田间采样　对于田间生长的产品或收获后仍放置于田间的产品，采样位点应根据研究目的决定，利用在容易辨别统计目标的地图或地理信息系统(GIS)进行标记，如果参与采样，这个取样位点就可以被标记，以便用于比较测试或用于获得代表性样品。

(2)堆积产品、青贮窖、青贮堆内产品的采样　进行堆积产品、青贮窖、青贮堆内产品的采样时，按四.(一).3 计算需采样的份样数，随机布置各份样点，但应保证产品的各层均被覆盖。青贮塔内产品的采样应注意安全，最好在搬运过程中采样。

(3)捆状产品采样　进行捆状产品采样时，按四.(一).3 计算需采样的份样数，随机布置各份样点，每一捆取一个份样，应采集一个完整的截面。

(4)流动中的产品采样　对于流动中的产品采样，参照四.(一).5。

6. 实验室样品的制备

在采样完成后应尽快处理，以避免样品质量发生变化或被污染。在混合总份样时应注重其可操作性，通常应将样品切成小块。总份样经过逐步分取获得重量不小于 4 kg 的缩分样。对于大块块状产品，将总份样的块数减半，随机选择其中的块构建成缩分样。除非必须，不要在缩分阶段将总份样切短。

充分将缩分样混合后分成 3 个或 4 个实验室样品放入适当的容器中，供实验室分析用。每个实验室样品重量最好相近，但不能小于 0.5 kg。

(四)块状、砖状产品的采样

1. 举例

例如矿物质的舔砖、舔块等。

2. 批次产品量

该类产品一个批次量不应超过 10 t。

3. 采样时份样数的确定

采样时以该类产品的单位数计算最小份样数，规定见表 4-2-7。

表 4-2-7　块状、砖状产品的最小份样数

批次内含的产品单位数 n	最小的份样数(产品单位数)
≤25	4
26～100	7
＞100	$\sqrt{n}$，不超过 40

4. 样品的重量

块状、砖状产品的采样重量见表 4-2-8。

表 4-2-8　块状、砖状产品的采样重量

最小的总份样量/kg	最小的缩分样量[a]/kg	最小的实验室样品量/kg
4	2	0.5

注：[a]最小量应可供取 4 个实验室样品量

5. 采样程序

按四.(四).3 计算所需的最少采样的份样数。如果舔砖、舔块较小，则整个舔砖或舔块作为一个份样。

6. 实验室样品的制备

如果用整个或大部分舔砖(块)作为份样，则需打碎。

将所得到的每个份样进行充分混合后得到总份样，将总份样重复缩分获得适当的缩分样，其重量不应小于 2 kg。

充分将缩分样混合后分成 3 个或 4 个实验室样品放入适当的容器中。每个实验室样品重量最好相近，不能小于 0.5 kg。

(五)液体产品的采样

1. 产品举例

(1)低黏度产品:该类产品易于搅拌混合。

(2)高黏度产品:该类产品不易搅拌混合。

2. 批次产品量

该类产品一批次通常在 60 t 或 60 000 L 以内。如果一个容器含量超过 10 t 或 10 000 L 时,这一容器内产品即为一个批次。

3. 采样时份样数的确定

随机选择份样时,最小份样的数量规定如下:

(1)散装液体产品采样最小份样数见表 4-2-9。

表 4-2-9　散装液体产品采样最小份样数

批次产品量		最小份样数
重量/t	体积/L	
≤2.5	2 500	4
>2.5	2 500	7

如果不能保证产品的均匀性,则应该增加份样数以保证实验室样品的代表性。

(2)对于贮存容器体积不超过 200 L 的产品,采样时抽取容器的数量计算如下。

①如果容器体积不超过 1 L(含 1 L),参见表 4-2-10。

表 4-2-10　贮存容器体积不超过 1 L(含 1 L)产品的采样最小份样数

批次内含的容器 n	最小的抽取容器数
≤16	4
>16	$\sqrt{n}$,不超过 50

②如果容器体积超过 1 L,参见表 4-2-11。

表 4-2-11　贮存容器体积超过 1 L 产品的采样最小份样数

批次内含的容器数 n	最小的抽取容器数
1～4	逐个
5～16	4
>16	$\sqrt{n}$,不超过 50

4. 样品的重量

液体样品的采样重量见表 4-2-12。

表 4-2-12　液体样品的采样重量

最小的总份样量		最小的缩分样量[a]		最小的实验室样品量	
kg	L	kg	L	kg	L
8	8	2	2	0.5	0.5

注:[a]最小量应可供取 4 个实验室样品量。

5. 采样程序

(1)灌装产品的采样　如果产品贮存于罐中,则可能不均匀。采样前需要搅动混合,用适当的器具从表面至内部采样。如果采样前不可能搅动,则在产品装罐或卸罐过程中采样。如果在产品流动过程中不能采样,则整个批次产品都取份样,以保证获得有代表性的实验室样品。在产品特性不变的前提下,有时加热会提高样品的一致性。

(2)桶装产品的采样　采样前需对随机选取产品进行振动、搅动等,使其混合,混合后再采样。如果采样前不能进行混合,则每个桶至少在不同的方向、两个层面取 2 个份样。

(3)小容器装产品的采样　随机选择容器,混合后进行采样;如果容器很小,则每一个容器内的产品可作为一个份样。

6. 实验室样品的制备

将所有份样放入适当的容器内即获得总份样,充分混合后取其中部分形成缩分样,每个缩分样不应小于 2 kg 或 2 L。

对于不容易混合的产品,使用下列缩分样程序:

(1)将总份样分成 2 部分,分别为 A 和 B。

(2)再将 A 分成 2 部分,分别为 C 和 D。

(3)对 B 重复上述过程,形成 E 和 F。

(4)随机选择 C 和 D,E 和 F 中的之一。

(5)将两者放在一起,充分混合。

(6)重复该过程,直至获得 2～4 kg(L)的缩分样。

(7)尽可能充分地混合缩分样,将其分成 3～4 个部分(即为实验室样品),每个实验室样品不应少于 0.5 kg 或 0.5 L。

(8)置每份实验室样品于适当容器内。

如果需制备的实验室样品超过 4 份,则缩分样的数量做适当的增加。

(六)半液体(半固体)产品的采样

1. 产品举例

半液体(半固体)产品主要有脂肪、脂类产品、加氢油脂、皂脚等。

2. 批次产品量

同四.(五).2。

3. 采样时份样数的确定

同四.(五).3。

4. 样品的重量

同四.(五).4。

5. 采样

如有可能,产品应在液态下进行采样。

在产品装入或搬运过程中,使用可对角线插入罐底部的适当设备,至少在 3 个深度取样,在有可能的情况下,取整个截面。采样后,将采样孔填补好。

如果不可能混合,也不可能在产品的流动中采样,则根据容器对角线的长度,每隔 30 cm 采样作为一个份样。

6. 实验室样品的制备

将获得的总份样充分混合。将总份样放入可加热的容器中，采用加热或其他方法使其融化。如果加热对样品有不良影响，则使用其他方法。缩分样和实验室样品的制备同四.（五）.6。

五、样品和样品容器的包装、封口和标识

每个装实验室样品的容器应当由取样人员封口和盖章，不破坏封口，容器就不能打开。容器也可装入结实的信封或亚麻布、棉或塑料袋中，并进一步封口和盖章，不破坏封口，内容物就不能取出。

标签应附在内含实验室样品的容器上并封口，不破坏封口标签就不能去掉。标签应有要求的标识项目，封口未打开前，标识项目应是可见的。

标签应标识以下项目：

(1)采样人和采样单位名称。

(2)采样人和采样单位的身份标志。

(3)采样的地点、日期和时间。

(4)样品材料的标示(名称、等级、规格)。

(5)样品材料的明示成分。

(6)样品材料的商品代码、批号、追踪代码或被抽检样品交付物的确认。

六、实验室样品的发送

每批货物，至少有一个实验室样品，与测定所需信息一起被尽快地送至认可的分析实验室，应在适当冷藏或冷冻条件下发送随时间而变化的样品。

七、实验室样品的贮藏

实验室样品的贮藏应防止样品成分发生变化。没有呈交实验室的实验室样品的可贮藏公认的一段时间，一般为 6 个月。

八、采样报告

采样后，应由采样人尽快完成报告。在报告后，应尽量附上随包装或容器的标签的复印件或交付物单子的复印件。采样报告至少应包含以下信息：

(1)实验室样品标签所要求的信息。

(2)被采样人的姓名和地址。

(3)制造商、进口商、分装商和(或)销售商的名称。

(4)货物的多少(重量和体积)。可能的情况下，还应包括以下内容：

①采样目的；

②交付给认可实验室分析的实验室样品数量；

③采样过程中可能出现的任何偏差的详情；

④其他的相关事宜。

【技能训练】

实训　固体饲料原料取样

一、制订采样方案

(一)明确采样对象

采样对象为____________________。

(二)计算采样单位

饲料为散(袋)装,总质量为 t(或袋),因此所需采样的数量为____________________。

(三)选择采样工具

采样工具包括____________________。

二、准备物品

所需要的物品有__________________。

三、实地采样,填写采样单

样品编号:城市首位字母 2 位＋NL＋2 位流水号,如在沈阳抽样,即 SYNL01。

(1)产品名称,如牛槽头料商品名称/规格/注册商标/产品依据标准。

(2)生产企业名称,通信地址,邮政编码,联系人电话传真。

(3)受检企业名称,通信地址,邮政编码。

(4)产品生产日期(产品批号),保质期。

(5)抽样地点,如槽头抽样数量,抽样基数。

(6)抽查目的,如农牧办〔2012〕2 号。

(7)抽样人仔细阅读下列文字表述,确认后签字:

我认真负责地填写该抽查工作单,承认以上填写内容的合法性。该抽样单所证实的样品系按照抽样方法取得的,该样品系自检合格品具有代表性、真实性和公正性。

抽查单位(章)	被检单位(章)
抽样人(签字):	抽样人(签字):
电话:	电话:
传真:	传真:
抽样日期:	抽样日期:
备注:	
单位地址:	邮编:
联系电话:	传真:

【任务成果】

1. 知识测试

(1)饲料根据采样目的,被分为几类?

(2)饲料采样数量的总计算公式是什么？固体饲料如何确定采样数量？
(3)如何保证饲料采样的代表性？
(4)饲料采样工具有哪些？
2. 实训成果
设计某一具体饲料的采样方案。

任务二　样品的制备与保存

【技能目标】

1. 能制备样品；
2. 能正确保存样品。

【知识目标】

1. 掌握不同样品的制备步骤；
2. 掌握样品的保存方法。

【德育目标】

1. 培养学生严谨认真的科学态度；
2. 培养学生做事耐心的态度；
3. 培养学生团结合作的精神。

【知识学习】

一、饲料制备的定义和意义

饲料样品制备是指将采集的总份样按一定的方法与要求（如四分法或等格分取法将总份样缩减，将湿样品制备成风干样，并粉碎、过筛等）进行处理，制成可用于分析样品的过程。制备后的样品可以长期保存。

饲料样品制备的原理是基于饲料原料的颗粒大小、形态、均匀度等各异。

对于新鲜样品如青饲料、青绿多汁饲料（水生饲料）、青贮饲料等含有大批水分，不易保存，而饲料分析时称取的样品数量较小，因此，针对不同的饲料原料特性，通过烘干或粉碎等加工并达到一定的粒度要求，使饲料样品成为均一的混合物，保证饲料分析时称取的样品具有代表性，分析结果可靠。

对于固体，实验室样品需经特定的步骤充分混合及分样，直至获得适当粒度的试样。使用粉碎、研磨、绞碎或均质等方法以使试样及试料真实代表实验室样品。对于液体饲料，实验室样品经机械混合，混匀后就得到具有代表性的试样。

二、干燥

（一）风干样品的干燥

饲料样本中不含游离水，仅含有一般吸附于饲料蛋白质、淀粉等的吸附水，而且吸附水的含量在15%以下称为风干样本。例如玉米和小麦等作物籽实、糠麸、油饼、干草、秸秆、血粉、肉骨粉、配合饲料等。风干样品是在通风处自然风干的，这些样品不用测定初水分，可直接进行样品制备。

(二)半干样品的干燥

半干样品是由新鲜的青饲料、青贮饲料等干燥得到的。由于这些新鲜样品含水量高，占样品重的 70%～90%，不易粉碎和保存。除少数指标如胡萝卜素的测定可直接使用新鲜样品外，一般在测定饲料的初水分含量后制成半干样品，以便保存，供其余指标分析备用。

初水是指新鲜样品在 60～70 ℃的恒温干燥箱中烘 8～12 h，除去部分水分，然后回潮使其与周围环境条件的空气湿度保持平衡，在这种条件下所失去的水分称为初水分。去掉初水分之后的样品为半干样品。

饲料中初水分的测定步骤如下：

(1)瓷盘称重，计作 m_0。

(2)样品称重。称取鲜样 200～300 g，瓷盘和鲜样重合计为 m_1。

(3)灭酶活。将装有新鲜样品的瓷盘放入 120 ℃烘箱中烘 10～15 min。目的是使新鲜饲料中存在的各种酶失活，以减少对饲料养分分解造成的损失。

(4)第一次烘干。将装有样品的瓷盘放入 60～70 ℃烘箱中烘 8～12 h，直到样品干燥容易磨碎为止。烘干时间取决于样品含水量和样品数量，含水量低，数量少的样品也可能只需 5～6 h 即可烘干。

(5)回潮并称重。取出放置空气中冷却 24 h，充分回潮，称重。

(6)第二次烘干称重。再将装有样品的瓷盘放入 60～70 ℃烘箱内烘 2 h，回潮 24 h，称重，两次重量之差小于 0.5 g 为止，瓷盘和样品重合计为 m_2。

(7)按下式计算初水分含量：

$$w_{(初水)}=\frac{m_1-m_2}{m_1-m_0}\times 100\% \qquad (4\text{-}2\text{-}1)$$

三、研磨

(一)良好的样品

如果实验室样品能够完全通过 1.00 mm 的筛，则将之充分混合。用分样器或四分装置逐次分样直至得到需要量的试样。

1. 粗样一

(1)如果实验室样品完全不能通过 1.00 mm 的筛，能全部通过 2.80 mm 的筛，将其充分混合，逐次分样以制成适量的样品。

(2)小心地在已清洁干净的磨中研磨样品，直至能全部通过 1.00 mm 的筛。

2. 粗样二

(1)如果实验室样品不能完全通过 2.80 mm 的筛，仔细地在已清洁干净的磨中研磨样品，直至能全部通过 2.80 mm 的筛。

(2)将研磨过的实验室样品用分样器依次分样得到检测所需的试样。再将此样品用已清洁的磨研磨，直至能全部通过 1.00 mm 的筛。

(二)易于失水或吸水的样品

如果研磨操作导致失水或吸水，先测定充分混匀的实验室样品和制备的试样的水分含量，从而对原样水分含量进行校正。

(三)难研磨的样品

如果实验室样品不能通过 1.00 mm 的筛,而且研磨困难,应初混后预磨使其全部通过 2.80 mm 的筛,然后立即取一部分样品。测定这部分样品的水分含量。然后用杵和研钵研磨样品或用其他方法使其能完全通过 1.00 mm 的筛后,干燥样品,再次测定制备的试样的水分,从而将分析结果校正为原样的水分含量。

(四)湿饲料如罐装或冷冻宠物食品

用机械搅拌器或均质器将实验室样品(可以是整份罐装或其他包装)均质,将均质化的样品充分混合,装入一清洁干燥的样品容器中密封。应尽快进行实验,最好立即进行。否则应将试样贮存于 0～4 ℃条件下。

(五)冷冻饲料

用适当的工具将实验室样品切或打碎成块,立即将其放入绞肉机,将切碎的样品混合直至渗出的液体完全均匀地混入样品。将样品装入清洁干燥的样品容器中密封。应尽快进行实验,最好立即进行,否则应将试样贮存于 0～4 ℃条件下。

(六)中等水分含量饲料

将实验室样品缓慢地通过绞肉机,得到充分混合切碎的样品,立即将之通过 4.00 mm 的筛,装入清洁干燥的样品容器中密封。如果实验室样品无法切碎,则用手工尽量混合和研磨好。

(七)青贮饲料和液体样品

1. 草料或谷类青贮饲料

如可能将全部的实验室样品通过机械磨,或尽可能将其切碎,并充分混合后将至少 100 g 试样转入样品容器内。

如果此实验室样品无法通过机械磨或不能被充分切碎,则测定初水分,制成半干样品。然后将样品通过机械磨,并使其充分混合后将至少 100 g 样品放入样品容器内。测定制备的试样中的水分并对结果进行校正。

2. 液体样品(包括鱼饲料)

用一台机械搅拌器或均质器混合实验室样品,以使所有的独立物质(骨粉、油等)能完全分散开。边摇边用勺、烧杯或大口吸管转移 50～100 mL 样品到样品容器中。

●思政花园

假舆马者,非利足也,而致千里;
假舟楫者,非能水也,而绝江河。
君子生非异也,善假于物也。

——荀况《荀子·劝学》

释义:借助车马的人,并不是脚走得快,却可以到达千里之外;借助舟船的人,并不善于游泳,却可以横渡江河。君子的资质秉性跟一般人没有不同,只是君子善于借助外物罢了。

(八)有特殊要求的样品

有些测定需对试样进行特殊制备,这些特殊步骤请参考具体的实验方法。对于需要特殊细度的试样的测定,需进一步研磨,达到要求的细度。在有些情况下,应避免打碎或破坏实验室样品,例如测定颗粒硬度。

如认为实验室样品是非均质的,例如分析真菌或药物添加剂,可能需要将所有样品研磨并分样至适当的试验量。如样品是脂肪,制备试样时可能需加热和混合,有时需要预先抽提脂肪。如样品需做微生物检查,样品应在无菌条件下处理,这样才能保证微生物状况不发生变化。

四、试样的用量和储存

为全部测定准备足量的试样,应不少于100 g,将之全部放入容器中,立即良好密封。保存试样应使样品的变化最小,应特别注意避免样品暴露在阳光下及受到温度的影响。

五、计算校正因子

如果样品可能在研磨或混合的过程中失水或吸水,就有必要使用校正因子对分析结果进行校正,以获得原样的水分含量。如使用了脂肪提取亦同理。用下式计算校正因子:

$$f=\frac{100\%-w_0}{100\%-w_1} \tag{4-2-2}$$

式中:f——校正因子;

w_0——实验室样品的水分的质量分数,%;

w_1——制备试样的水分的质量分数,%。

将分析结果乘以校正因子进行校正。

【技能训练】

实训　制备固体颗粒饲料

一、准备工具

根据饲料的种类,做好计划,准备工具。

制备饲料所需的工具有:______________________________

二、研磨

注意事项:______________________________

三、过筛

筛子的目:______________________________

四、分样

分样的方法:______________________________

五、保存

请做好标签。

【任务成果】

1. 知识测试

(1)饲料制备的基本步骤有哪些？

(2)如果实验室样品不能通过 1.00 mm 的筛子，该如何操作？

2. 实训成果

展示制备好的饲料样品的照片。

项目三

饲料质量定性鉴定

【项目分析】

饲料质量定性鉴定主要包括感官鉴定、物理鉴定和快速化学方法鉴定等几种，这些方法主要是根据饲料的形态特征、理化性质等来鉴别饲料。本项目通过对这些手段的介绍，让学生学会利用适宜的方法快速、准确鉴定饲料的好坏。

任务　饲料质量定性鉴定

【技能目标】

1. 能利用视觉、味觉、嗅觉、触觉等感官对饲料原料的质量进行鉴别；
2. 能用筛分法、容重法或比重法进行饲料原料的质量鉴定；
3. 能用镜检法对饲料原料掺假进行鉴别；
4. 能用简单的化学分析法对饲料原料进行掺假鉴别。

【知识目标】

1. 掌握感官鉴定方法；
2. 理解筛分法和容重法；
3. 掌握常见的简单化学鉴定方法；
4. 掌握镜检方法步骤。

【素质目标】

1. 培养学生认真观察、细心工作的态度；
2. 培养学生“以诚待人”的做人基本原则；
3. 培养学生辨别事物的两面性，根据自己树立的良好人格品质进行正确的选择。

【知识学习】

一、感官鉴定

所谓感官鉴定就是指借助筛子、放大镜等基本工具，通过感官（视、尝、嗅、触）所进行的一般性外观检验。

（1）视觉　观察原料或辅料的形状、粒度、色泽、霉变、虫蛀、结块或杂质等。

（2）嗅觉　通过嗅觉来鉴别原料或辅料具有的特殊气味，鉴别有无霉臭、腐臭、氨臭、焦臭等。

（3）味觉　通过舌舔或牙咬来检查原料或辅料的味道、硬度及口感等。需要注意不要误尝对人体有毒有害的物质。

（4）触觉　用手指头捻取原料或辅料，通过感触来判定其水分、硬度、黏稠性等。

二、物理鉴定

（一）筛分法

筛分法是用规定的标准试验筛在振筛机上或人工对试料进行筛分，测定各层筛上留存物料质量，计算其占试料总质量的百分数。该方法用于判断颗粒的大小，细粉和异物含量及种类。

在筛分法中需要用到符合 GB/T 6005—2008 和 GB/T 6003.1—2012 规定的金属丝编织的标准试验套筛（图 4-3-1）和拍击式电动振筛机，筛体振幅为（35±10）mm，振动频率为（220±20）次/min，拍击次数为（150±10）次/min，筛体的运动方式为平面回转运动。

（二）容重法

容重是指单位体积的饲料所具有的质量，通常以 1 L 体积的饲料质量计。各种饲料原料均由其固有的容重。测定饲料样品的容重，并与标准值或标准样的测定值进行比较，可判断有无异物混入。容重器（图 4-3-2）测量容重的步骤如下：

（1）打开箱盖，取出所有部件，选好漏斗。

（2）将带有排气砣的容量筒放在电子秤上，空载时调节零点。

（3）取下容量筒，将容量筒安装在铁板底座上，套上中间筒。

（4）将制备的试样倒入谷物筒内，装满刮平。

图 4-3-1　电动套筛

图 4-3-2　容重器

(5)将谷物筒套在中间筒上，打开漏斗开关，让饲料自由下落，待试样全部经过中间筒落入容量筒后，关闭漏斗开关。

(6)用手握住谷物筒与中间筒的连接处，将插片准确地插入豁口槽中，依次取下谷物筒，拿起中间筒和容量筒，倒净插片上多余的试样，抽出插片，取下容量筒上的铁板底座，将容量筒放在电子秤上称量。

常见饲料原料的容重见表 4-3-1，需要注意的是，本表仅供参考，由于原料水分含量和粒度等的不同，容重会有变化，所以最好的处理方法是以本批次中涉及的样品的纯实物为准，进行比较。

表 4-3-1　常见饲料原料的容重　　g/L

饲料名称	容重	饲料名称	容重
贝壳粉(粗)	630	磷酸盐	915.2～931.3
贝壳粉(细)	600	米糠	360
麦(皮麦)	580	脱脂米糠	426
大麦(碎的)	460	棉籽饼粕	594.1～642.3
大麦混合糠	290	棉籽壳	192.7
大麦细糠	360	肉粉	786.8
小麦	610.2～626.2	肉骨粉	594.3
小麦麸	208.7	碳酸钙	850
燕麦	440	糖蜜	1413
稻壳	337.2	血粉	610.2
淀粉糟	340	亚麻籽饼	500
豆饼	340	盐	830
豆饼(粉末)	520	油脂(植物、动物)	843.9～867.1
豆粕	594.1～610.2	鱼粉	562
高粱	545.9	羽毛粉	545.9
高粱粉	706.9～733.7	玉米	626.2
黑麦	730	玉米(碎的)	580
花生饼粕	465.6	玉米粉	710.8～722.9

(三)比重法

根据饲料样品在一定比重的溶剂中的沉浮情况来鉴别是否混入异物、异物种类和混入比例。该方法比较简单有效，在实际中易于应用。常用比重液的种类及比重见表 4-3-2。

表 4-3-2　常用比重液的种类及比重

名称	低汽油	甲苯	水	三氯甲烷(氯仿)	四氯化碳	三溴甲烷
比重	0.64	0.88	1.00	1.47	1.58	2.90

一般常用比重法测定饲料中混杂的砂土等异物。用试管或烧杯呈上样品，加入 4～5 倍的干净自来水，充分振摇混合，静置，比重大的砂土等沉降在试管或烧杯的底部，可以用肉眼观察和用玻璃棒在容器底部摩擦，听到“吱吱”声就能证明有砂石。

(四)显微镜检测

饲料显微镜检测是以动植物形态学、组织细胞学为基础，借助于显微镜，根据被检样品的外部形状特征(如形状色泽、粒度、硬度等)和组织细胞布局特点及不一样的染色特性,对饲料样品的品种、质量进行判定评估的一种办法。

1. 饲料显微镜检测的用途

(1)饲料中微生物的检测。微生物常用的检测法有血球计数板法、平板培育计数法、最大或然计数法、酶联免疫法、DNA 探针检测法、聚合酶链式反应法等。其中,血球计数板法是直接在显微镜下对微生物进行计数,其他方法需使用显微镜从菌体大小、形状、芽孢、鞭毛、菌毛、荚膜以及革兰氏染色特性等方面进行判定。无论是对饲料中的病原微生物,如沙门菌、志贺菌,还是对微生物饲料添加剂中的有益微生物如嗜酸乳杆菌、活性酵母进行检测,均需使用显微镜。

(2)能够对某一饲料进行纯度查验,并能定性检出污染物和掺杂物,特别是一些严重影响饲料质量的有毒有害成分。经过挑选、浮选等手法,显微镜检测可大致断定某种物质的定量数据。如查看鱼粉、肉骨粉、饼粕类中的杂物超标,就用这种方法。

(3)用于预混饲料、微量元素、维生素及抗生素药物添加剂的定性判定。

(4)经过检测细菌、真菌等对饲料的污染程度,显微镜检测可给出饲料新鲜度方面的信息。

(5)经过酸碱处置,显微镜检测可对被检样品掺杂物进行细胞组分剖析,进而给掺杂物判断定性。例如,鱼粉中有羽毛粉、稻壳、棉仁饼、锯末等掺杂物时,就常用此法加以判定。

(6)显微镜检测能够发现加工过程对饲料质量的影响,如鱼粉的干燥方法是喷雾的,还是发酵的;饼粉类饲料加工进程是不是充分,是不是加热过度等。

2. 显微镜检测一般步骤

饲料显微镜检测的基本步骤如图 4-3-3 所示。

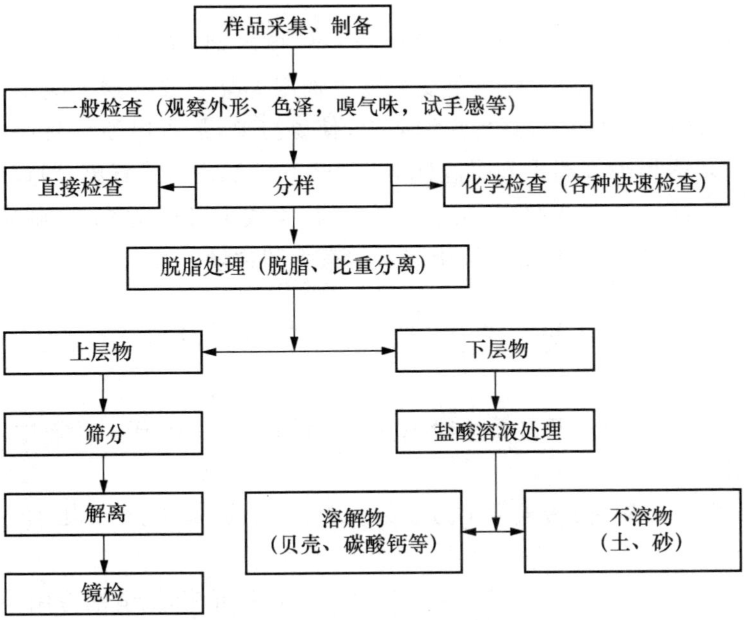

图 4-3-3　饲料显微镜检测的基本步骤

●思政花园

凡交，近则必相靡以信，远则必忠之以言。

——庄周《庄子·人间世》

释义：凡是交往，对于身边的朋友，一定要相互信任，对于远方的朋友，一定要忠实于自己的诺言。

三、简单化学鉴定

快速化学鉴定方法是利用饲料成分的化学性质所进行的点滴试验，主要用作定性分析，以快速判断饲料中是否存在某些特定的化学物质，如淀粉、木质素等。下面介绍一些常见的鉴别方法。

(一)掺有淀粉的检验

利用"淀粉遇碘变蓝"的原理进行检验。在点滴板或其他白色器皿上放入少量饲料样品，加入 $KI\text{-}I_2$ 溶液(取 0.75 g KI 和 0.1 g I_2 溶于 30 mL 水中)，若有淀粉存在，则呈明显的蓝紫色，就说明饲料中掺有淀粉或带淀粉的植物性物质。

(二)掺有木质素的检验

利用酸性条件下，木质素与间苯三酚反应生成樱红色或紫红色化合物的原理进行鉴别。取少量饲料样品，加入 20 g/L 的间苯三酚 95%乙醇溶液至浸过样品，再加入浓盐酸 1～2 滴。若有木质素存在，则呈紫红色。此时，如若再加入一些水，紫红色就会浮在水面上。

(三)掺有尿素的检验

甲酚红(邻甲酚磺酞)是滴定分析中常用的一种指示剂，浓度为 0.1%溶液的变色范围为 pH 7.2～8.8(黄色变为红色)，此颜色变化通过肉眼即能明显分辨。应用甲酚红法测定饲料中尿素的主要原理是在室温下，脲酶水解尿素，使氨游离，加入甲酚红后形成深红色复合物(H_2In^{4-} 和 HIn^{5-} 均为甲酚红离子基团。H_6In 至 H_2In^{4-} 都是酸式解离，即黄色，当 pH 为 5～6 时，甲酚红主要以 H_2In^{4-} 形式存在；当 pH 增大时，生成 H_5In_5 至 In^{6-}，则显红色)。根据颜色是否发生改变及深浅来定性判定溶液中尿素的有无和含量。

$$H_2In^{4-}(\text{黄}) \xrightleftharpoons{pH=6.3} H^+ + HIn^{5-}(\text{红})$$

具体的测定步骤如下。

(1)脲酶溶液的制备：称取新鲜黄豆粉 10 g，加蒸馏水 50 mL 于三角瓶中，充分搅拌，静置沉淀，上清液待用。

(2)标准尿素溶液的制备：尿素含量为 0 g/L、10 g/L、20 g/L、30 g/L、40 g/L、50 g/L(可按需制备)。

(3)称取 10 g 试样，加蒸馏水 100 mL，充分搅拌，静置沉淀，上清液待用。

(4)准确吸取 2 mL 标准尿素溶液和试样提取液，分别移滴于白瓷滴板上或白瓷坩埚内。

(5)加 3 滴甲酚红溶液，再加 4 滴脲酶溶液。最好都滴在一个中心点上，否则影响观察效果。

(6)让其反应 1～3 min。加入脲酶后 30 s 开始观察，若有尿素存在即显出玛瑙样放射状红色复合物，反应时间越长颜色越深，无尿素存在则显本色淡黄色。

将试样与不同标准量尿素样进行比较，可大致判断尿素的掺入量。但要注意各方面的一致性。观察时间应在 30 s～5 min 以内。

(四)掺有皮革粉的检验

皮革粉中铬经灰化后部分可变成六价铬，六价铬在强酸溶液中能与二苯基卡巴腙发生反应，生成紫红色水溶性铬——二苯硫代卡巴腙的紫红色水溶性化合物。该反应极为灵敏，微量铬即可检出。

具体的测定方法为：称取 2 g 饲料样品，经高温灰化，冷却后用水浸润，加入 1 mol/L 硫酸溶液 10 mL，使之呈酸性。滴加数滴二苯基卡巴腙溶液（取 0.2 g 二苯基卡巴腙，溶解于 100 mL 90%的乙醇中），如有紫红色物质产生，则有铬的存在，说明饲料中有皮革粉。

(五)掺有血粉的检验

血粉中含有铁质，该铁质具有类似过氧化物酶作用，能分解过氧化氢放出新生态氧，使联苯胺氧化成联苯胺蓝，出现蓝色环、点。根据环、点的有无，即可判断出鱼粉是否掺入血粉。

取少许待检样品放入白瓷皿或白色滴板中，加入联苯胺-冰醋酸混合液数滴（溶解 1 g 联苯胺于 100 mL 冰醋酸内，后用 150 mL 蒸馏水稀释）浸湿被检样品，再加 3%过氧化氢液 2 滴，如被检样品有血粉存在，血粒四周即呈现深绿或蓝绿色，如若没有血粉存在，则为淡绿色。

(六)掺有碳酸钙粉、石粉、贝粉和蛋壳粉的分析

可利用盐酸与碳酸盐产生二氧化碳气体的反应来判断。

取 1 g 试样，放在烧杯中，加水赶走试样颗粒间的气体，再加入 2 mL 的盐酸溶液（1+3，$V+V$），混摇，有气泡上浮，说明掺入了上述物质。

(七)掺入铵盐的分析

铵盐用奈斯勒试剂（也叫奈氏试剂）检验，主要是检验铵根离子，原理如下：

(1)碘化钾（KI）与氯化汞（$HgCl_2$）反应生成红棕色沉淀。

$$HgCl_2 + 2KI = HgI_2\text{(红棕色)} + 2KCl$$

(2)HgI_2 溶于过量的 KI 发生如下反应：

$$HgI_2 + 2KI = K_2[HgI_4]$$

(3)加入 NaOH 后，若有铵根离子存在的情况下可发生如下反应：

$$NH_4^+ + [HgI_4]^{2-} + 4OH^- = [Hg_2ONH_2]I\text{(红棕色)} + 7I^- + 3H_2O$$

奈氏试剂的配置：称取 KI 5 g，加水 5 mL，边搅拌边滴加 250 g/L $HgCl_2$ 饱和溶液至稍有红色沉淀出现。再加 500 g/L 氢氧化钠溶液 40 mL，最后用水稀释至 100 mL，混匀后于棕色试剂瓶中保存、备用。

检验的具体步骤如下：

(1)称取待检样品 1～2 g 加入 100 mL 烧杯中，加蒸馏水 25～50 mL，混合均匀，振动搅拌 3 min 后，静置 20 min，以便掺入的铵盐充分溶入水，备用。

(2)另取试管一支，加奈氏试剂 2 mL。

(3)沿管壁用滴管加上述待检样品浸出液 1～2 滴，若液面立即呈现出棕红色环，则表明被

检样品掺入有铵盐。若液面呈现出白或黄色环，被检样品疑掺入有尿素，再用脲酶法进行进一步检测。

(八)掺入双缩脲的分析

该法依据双缩脲在碱性介质中可与Cu^{2+}结合成紫红色化合物的原理，检测饲料中是否含有双缩脲。

在碱性溶液(NaOH)中，双缩脲($H_2NOC—NH—CONH_2$)能与铜离子(Cu^{2+})作用，形成紫红色络合物，该反应即双缩脲反应。除—CO—NH—有此反应外，$—CONH_2$、$—CH_2—$、—NH—、$—CS—CS—NH_2$等基团亦有此反应。

具体检测步骤如下：

(1)称取被检鱼粉 2 g，加入 20 mL 蒸馏水中，搅拌均匀后静置 10 min，用干燥滤纸过滤。

(2)取滤液 4 mL 加入试管中，再加 6 mol/L NaOH 溶液 1 mL，再加 1.5%$CuSO_4$ 溶液 1 mL，摇匀后立即观察，溶液显蓝色表示未掺双缩脲，显紫红色说明掺有双缩脲，且颜色越深，掺入比例越大。

(九)掺入脲醛聚合物的分析

脲醛聚合物("蛋白精")在浓硫酸的作用下分解成甲醛与氨，甲醛与变色酸(铬变酸，1,8-二羟基萘-3,6 二磺酸)的浓硫酸溶液一起微热，形成一种紫色或紫红色的化合物。

具体检测步骤如下：

(1)称取待检样品 1～2 g 于烧杯中，用石油醚(或乙醚)脱脂。

(2)吹干溶剂后将样品移至培养皿内，在体视镜下(放大 10～20 倍)将白色或浅黄色易碎的无定形固体可疑物，用眼科镊子小心夹取数粒于 50 mL 干烧杯内，再将烧杯放到体视镜下，确认可疑物已移放到烧杯内。

(3)滴加 0.5～1 mL 变色酸浓硫酸溶液。

(4)把烧杯放在电炉上微热 1～2 min，如溶液变成紫色(或紫红色)，则被检样品中含有脲醛聚合物。

2%变色酸溶液配制：称取变色酸 0.2 g 于 200 mL 干燥的烧杯中，加入 100 mL 浓硫酸，电炉上微热 2 min，并搅拌使之溶解，冷却后，移入 120 mL 棕色滴瓶内保存。

(十)掺入羽毛粉的分析

羽毛粉中主要是角蛋白，鱼粉中的物质主要是其他蛋白。角蛋白在常温常压下不溶于水、盐液、稀酸或稀碱。角蛋白来源于外胚层分化而来的细胞，是这些细胞内的结构蛋白之一。故角蛋白存在于发、毛、鳞、羽、甲、蹄、角、爪、喙、丝及其他表皮结构中，是羽毛、毛发、爪、喙、蹄、角以及脑灰质、脊髓和视网膜神经的蛋白质。根据 X 射线衍射分析，角蛋白的空间结构有 α-螺旋结构(α-角蛋白)和 β-折叠片层结构(β-角蛋白)两种类型。由于角蛋白含有较多的胱氨酸，二硫键含量特别多，在蛋白质肽链中起交联作用，因此角蛋白化学性质特别稳定，有较高的机械强度。角蛋白用稀硫酸高温水煮情况下水解不完全，而在碱的作用下水解率非常高。因此，利用这种差别来判断饲料中，尤其是鱼粉中是否掺入了羽毛粉。

具体鉴定步骤如下：

(1)取 2 份各 1 g 左右被检样品于两只 500 mL 三角瓶中，一瓶加 1.25%H_2SO_4 溶液 100 mL，另一瓶加 5%NaOH 溶液 100 mL，划线后煮沸 30 min(微火，并不断添加蒸馏水以保持煮沸的酸碱浓度)。

(2)静置,弃去上清液,用接种棒蘸取两瓶中残渣少许分别置两个载玻片上,要求薄层摊开。

(3)在50～100倍显微镜下观察。观察可见,经1.25% H_2SO_4 溶液处理的残渣,掺入由浅色羽制得的水解羽毛粉,颜色呈金黄色;掺入由深杂色羽制得的水解羽毛粉,颜色是深褐色至黑色。而经5% NaOH溶液处理的被检样品,因全部被溶,所以无法见到任何羽毛痕迹。

其镜下主要特征是:完全水解的羽毛粉呈半透明微粒状,像松香颗粒,颜色以黄为主,夹有灰色、褐色或黑色颗粒,光照有反光。水解不完全的羽毛粉,羽干像半透明塑料管(有时为空心竹节状),呈黄色、白色至褐色,长短不一,表面光滑、透明、羽毛脱落处多有锯齿边,加热过度者消失。羽支呈长、短碎片,蓬松,半透明,光泽暗淡,呈白或黄色,若加热过度呈黑色。羽小支呈粉状,白色或奶油色,40倍显微镜下为小而松脆的碎片,有光泽并结团。羽根呈圆扁管状,黄色至褐色,粗糙,坚硬,有光滑的边。一般优质水解羽毛粉,上述结构特点往往多被破坏,呈碎玻璃样小粒。所以镜检时应仔细搜索未水解羽毛或水解不完全羽毛,以利鉴别。

四、饲料原料掺杂的检测程序

确定原料是否掺杂、伪造是一项十分细致的工作,因为检测的正确与否,是判断品质优劣和是否掺杂的关键。饲料原料掺杂的检测一般按照以下程序进行:

(1)调查了解和掌握当前(地)原料掺杂、伪造的基本情况和动态,以缩小检测范围,做到心中有数。

(2)购入或送检原料时,首先应采用感观法、筛分法、容重法等确定是否掺杂。根据检测结果和经验,初步划定掺杂物范围。

(3)根据初步划定的掺杂物范围,可采取显微镜检和快速滴定进一步确定掺杂物的范围,最后再用化学检测及其他分析方法确认掺杂物的种类以及掺杂物的含量。

【技能训练】

实训　鱼粉的掺假鉴别

受生产原料、加工工艺、包装、运输以及贮存等因素的影响,鱼粉质量差异很大。显微镜检查是检查鱼粉是否掺假的最佳方法。

鱼粉显微镜检查的流程如图4-3-4所示。

图4-3-4　鱼粉显微镜检查的流程

一、检前处理

(一)相关标准

查找《饲料原料　鱼粉》(GB/T 19164—2021)并下载。

(二)感官鉴定

鱼粉的感官指标见表 4-3-3。

表 4-3-3 鱼粉的感官要求

项目	红鱼粉	白鱼粉	鱼排粉
色泽	黄褐色至褐色或青灰色	黄白色至浅黄褐色	黄白色至黄褐色
状态	肉眼可见粉状物,可见少量鱼骨、鱼眼等。显微镜下可见颗粒状或纤维状鱼肉、颗粒状内脏和鱼溶浆以及鱼骨、鱼鳞;鱼虾粉中可见虾、蟹成分,无生虫、霉变、结块	肉眼可见粉状物,可见鱼骨、鱼眼等。显微镜下可见纤维状鱼肉,有较多鱼骨,无生虫、霉变、结块	肉眼可见粉状物,可见鱼骨、鱼眼、鱼鳞等。显微镜下可见颗粒状或纤维状鱼肉,较多的鱼骨、鱼眼、鱼鳞及褐色块状内脏,无生虫、霉变、结块
气味	具有鱼粉正常气味,无腐臭味,油脂酸败味及焦糊味	具有白鱼粉正常气味,无腐臭味,油脂酸败味及焦糊味	具有鱼排粉正常气味,无腐臭味,油脂酸败味及焦糊味

1. 看色泽

掺杂或变质鱼粉,颜色往往无光泽、发暗或不均匀,多呈褐黑色,如鱼粉为灰白色或灰黄色均为掺假鱼粉;掺杂棉籽粕,有黑色的棉籽壳和棉絮;掺有血粉的有暗红色或黑色的粉状颗粒。

2. 看组织

若质地粗糙、易结块,粉状颗粒较细且多成团,触摸易粉碎,不见或少见肌肉束,此鱼粉则须做进一步的鉴定。

3. 闻气味

变质鱼粉常有怪味和臭味;有焦味则为储存不当引起自燃的烧焦鱼粉;有哈味则是由于鱼粉中的脂肪氧化的结果;有氨臭味则为鱼粉储存中的蛋白变性;既无香味又无臭味则有可能掺假。

综合上述分析,将鱼粉的感观鉴定结果填入表 4-3-4。

表 4-3-4 鱼粉的感官鉴定结果

项目	实验现象	实验结论
色泽		
状态		
气味		

(三)物理鉴定

1. 水溶法

取样品少许,放入洁净的玻璃烧杯中,加入 10 倍体积的水,剧烈搅拌,静置后,观察水面漂浮物和水底沉淀物。若水面漂有羽毛碎片或植物性物质如稻壳粉、花生壳粉、麦麸等,底有砂石及矿物质等,说明有水解羽毛粉或植物性掺假物质掺入。填写表 4-3-5。

表 4-3-5 水溶法鉴定表

试样名称	取样量	加水体积	实验现象	实验结论

2. 过筛法

将鱼粉样品用孔径为 2.80 mm 的标准筛网筛选，标准鱼粉至少有 98%的颗粒通过，否则说明鱼粉中有掺假物，使用不同网眼的筛子可检出掺入的杂物。填写表 4-3-6。

表 4-3-6 过筛法鉴定表

试样名称	取样量	过筛率	实验现象	实验结论

3. 燃烧法

根据样品燃烧时产生的气味可以判别鱼粉的真伪。燃烧时，若闻到似纯毛发燃烧后的气味，说明是动物性掺假物质；若闻到谷物干炒时的芳香味，说明鱼粉中掺有植物性物质。填写表 4-3-7。

表 4-3-7 燃烧法鉴定表

试样名称	实验现象	实验结论

4. 容重法

纯鱼粉的容重一般为 450～660 g/L，如果容重明显偏大或偏小，则说明鱼粉中掺有杂物。填写表 4-3-8。

表 4-3-8 容重法鉴定表

试样名称	实验现象	实验结论

二、样品制备

颗粒或团粒饲料：粉状饲料可不制备即可用作进一步分析；颗粒或团粒饲料需要研碎后再观察。具体做法：取几粒于研钵中，用研杵碾压使其分散成各种组分，但不要让组分本身研碎。初步研碎后过孔径为 0.42 mm 的筛。

脱脂：对鱼粉等高脂含量样品，由于脂肪溢于样品表面，黏附了许多细粉，难以直接观察，可用有机溶剂进行脱脂后再观察。具体做法如下：

(1)浮选脱脂法：取约 10 g 样品于高型烧杯中，加入约 90 mL 三氯甲烷(通风橱中进行)，充分搅拌，静置，过滤，滤渣置通风橱中室温条件下晾干、筛分。

(2)快速脱脂法:用丙酮、乙醚、石油醚等进行脱脂。

脱糖:因含高糖尤其有蜜糖而形成团块或模糊不清的样品,需要用丙酮进行脱糖处理。具体做法:取约 10 g 样品于高型烧杯中,加入约 75 mL 丙酮(通风橱中进行),充分搅拌,静置,过滤,滤渣置通风橱中室温条件下晾干、筛分。

三、镜检

根据《饲料原料显微镜检查图谱》(GB/T 34269—2017)中饲料显微图谱进行对照。

四、判断

看到可疑物要判断是故意掺假,或是偶然混入,还是前批残留。

偶然混入、前批残留:量少,可追溯(加工、运输等环节)。

故意掺假:量大,可获取高额回报。

可疑物是海洋生物吗?

可疑物的量有多少?

其他检测指标能提示什么吗?

五、鉴定

(一)掺有植物类物质

(1)植物中均含有淀粉和木质素。淀粉可与 $KI\text{-}I_2$ 溶液反应生成蓝色或黑色化合物(无氮浸出物含量在 40%以上有此反应),豆粕(29%)无此变色反应。

木质素在酸性条件下与间苯三酚反应,产生红色化合物(粗纤维含量在 5%以上有此反应),玉米(1.8%)、玉米蛋白粉(1.0%)无此变色反应。

故利用上述两种反应,即可迅速检测鱼粉中是否掺有植物来源的物质。

(2)测粗纤维含量。鱼粉属动物性饲料,不含粗纤维。但由于加工工艺不同,可能出现少量粗纤维。国产鱼粉粗纤维含量应在 1%以下,进口鱼粉不超过 0.30%。若粗纤维含量超过上述指标,则说明鱼粉中掺有植物蛋白或其他植物填充物。

(二)可见砂子和骨头多,判别是鱼骨还是掺有肉骨粉

(1)是否为虾壳粉、蟹壳粉、贝壳粉:根据气味不同判断。

(2)测砂分含量有无超标:优质鱼粉砂分在 1.5%以下,砂分大于 3%表明鱼粉有掺杂的问题。

(3)测粗灰分含量有无超标:灰分高表明骨多肉少,反之骨少肉多。灰分 23%以上表明是非全鱼所制,可能会含有鱼排或其他杂质,可能有掺砂或廉价钙原料等。钙、磷比例应在 2∶1 范围左右,钙一般不会超过 6%,磷一般不会超过 3%。

(三)鱼体较小,有很多粉状物,是否有鱼溶浆

盐分偏高表明鱼粉中可能掺有小干鱼或鱼溶浆等。优质鱼粉盐分在 2%以下,国产鱼粉含盐量应不高于 5%。

测粗灰分含量,在 12%~14%范围内表明鱼粉中可能掺有鱼溶浆。

(四)掺有非鱼动物类物质

可利用如下性质进行判断：

(1)皮革粉：铬的定性检测。

(2)羽毛粉：显微镜检查。

(3)血粉：血粉中含有铁质。

(4)肉骨粉：灰分高。

(5)结合氨基酸数据分析。

鱼粉蛋白质品质好，富含各种必需氨基酸，其中赖氨酸、色氨酸、蛋氨酸、胱氨酸尤为丰富，采用不同的鱼种、不同加工部位和加工工艺生产的鱼粉，氨基酸质量有很大的差异。氨基酸含量的高低是评定鱼粉质量的一个重要指标。不同蛋白质原料的各种氨基酸含量有着显著的差异，见表 4-3-9。

表 4-3-9 鱼粉及其他动物源蛋白质原料的氨基酸含量 %

氨基酸	鱼粉	羽毛粉	肉骨粉	皮革粉	血粉
丝氨酸	2.63	9.63	2.25	2.29	2.71
组氨酸	1.48	0.43	0.92	0.51	5.92
甘氨酸	4.11	6.52	7.22	5.17	3.82
苏氨酸	2.58	3.69	1.68	1.44	3.52
蛋氨酸	1.73	0.44	0.75	1.03	0.65
亮氨酸	4.40	6.67	3.12	1.20	11.67
赖氨酸	4.62	1.11	2.34	2.62	7.19
脯氨酸	2.89	8.24	4.91	10.04	2.5
粗蛋白	50～70	78	50～55	75	82.8

①从蛋氨酸及赖氨酸含量来看，羽毛粉、肉骨粉、皮革粉的蛋氨酸及赖氨酸含量均显著低于鱼粉。

血粉的赖氨酸含量高于鱼粉，蛋氨酸含量显著低于鱼粉。

鱼粉为氨基酸均衡的蛋白质饲料，是其他动物源蛋白质原料所不能代替的。合格鱼粉中丝氨酸、苏氨酸含量较接近。

②特征氨基酸含量：羽毛粉的丝氨酸含量极高，达到 9.63%，是鱼粉丝氨酸含量的 3.7 倍。

皮革粉的脯氨酸含量极高，达到 10%，是鱼粉脯氨酸含量的 3.4 倍。

血粉中组氨酸含量在 4%～6%、缬氨酸含量在 6.5%左右、亮氨酸含量在 11%左右，均是鱼粉中含量的 2 倍以上。

肉骨粉中甘氨酸含量较高，达 7%，是鱼粉甘氨酸含量的 1.8 倍。肉骨粉中脯氨酸含量也较高，接近 5%，是鱼粉中含量的 1.7 倍左右。

因此，可以进行特征氨基酸含量分析：

掺有羽毛粉的鱼粉中丝氨酸含量显著高于苏氨酸，且蛋氨酸、赖氨酸含量下降较多。

掺有肉骨粉的鱼粉中甘氨酸含量显著升高。

掺有皮革粉的鱼粉脯氨酸含量显著升高，且蛋氨酸、赖氨酸含量较低。

掺有血粉的鱼粉中组氨酸、亮氨酸含量升高，异亮氨酸含量下降，赖氨酸含量略有升高，蛋氨酸含量有所下降。血粉价格较高，所以在鱼粉中掺入血粉这种现象一般较少。

最后将显微镜检查和物理、化学分析、生物学检测的结果进行综合判断后给出结论。

六、鱼粉掺假数据分析

(一)练习1

(1)鱼粉样品1数据见表4-3-10。

表4-3-10　鱼粉样品1与纯鱼粉各项指标值

项目	鱼粉样品1	纯鱼粉
粗蛋白(CP)	61%	≥50%
粗灰分(Ash)	12.40%	≤23%
钙(Ca)	2.52%	≤6%
磷(P)	2.49%	≤3%
氯化钠(NaCl)	3.40%	≤4%
赖氨酸(Lys)	4.45%	4.60%
蛋氨酸(Met)	1.59%	1.73%
挥发性盐基氮(VBN)	186 mg/100 g	≤150%

镜检：可见鱼体各部，但鱼体较小，有很多粉状物，感观新鲜度差一点。

初步结论：本品为鱼粉。

请问这个鱼粉合格吗？

(2)结果分析及结论：从测定值来看，主要的异常值为VBN，且粗灰分含量在12%～14%，因此，结论为鱼粉中可能掺有鱼溶浆。

(二)练习2

(1)鱼粉样品2数据见表4-3-11。

镜检：可见鱼体各部，但鱼体较大，有很多丝状物，感观新鲜度尚可，另可见微量的蛋白精。

表4-3-11　鱼粉样品2与纯鱼粉各项指标值

项目	鱼粉样品2	纯鱼粉
粗蛋白(CP)	61%	≥50%
粗灰分(Ash)	18.10%	≤23%
钙(Ca)	3.92%	≤6%
磷(P)	2.05%	≤3%
氯化钠(NaCl)	3.40%	≤4%
赖氨酸(Lys)	4.45%	4.60%
蛋氨酸(Met)	1.63%	1.73%
挥发性盐基氮(VBN)	125 mg/100 g	≤150%

(2)结果分析及结论：

①除镜检看到__________，其余指标__________。

②蛋白精化学定性鉴别结论为__________。

③测定鱼粉真蛋白质含量。

鱼粉真蛋白质与粗蛋白质含量的百分比为79.4%～91.9%，进口鱼粉的比值在80%以上、国产鱼粉的比值在75%以上，可初步判定鱼粉中有无掺非蛋白高氮化合物。

比值正常，表明微量的蛋白精为偶然混入。

比值越低，表明鱼粉中掺杂蛋白精较多。

因此结论：本品为(轻度、重度)掺杂鱼粉。

(三)练习3

鱼粉样品3数据见表4-3-12。

镜检：可见鱼体各部，但鱼体较小，有很多粉状绿色、深褐色及砖红色的块状物或丝状物，像锯末似的物质。

氨基酸：脯氨酸、甘氨酸含量高，赖氨酸、蛋氨酸含量低。

表4-3-12　鱼粉样品3与纯鱼粉各项指标值　%

项目	鱼粉样品3	纯鱼粉
粗蛋白	62.6	63
丝氨酸	2.21	2.63
组氨酸	1.45	1.48
甘氨酸	9.31	4.11
苏氨酸	2.26	2.58
蛋氨酸	1.27	1.73
亮氨酸	4.09	4.10
赖氨酸	2.66	4.62
脯氨酸	10.37	2.89

结论：本品为掺杂的鱼粉。

七、注意

(1)粗蛋白含量仅能作为判断鱼粉质量的参考指标。粗蛋白含量低于55%的鱼粉，应偏重测定粗灰分、盐分、砂分以判别有无掺杂砂、廉价矿物质饲料等，测定粗纤维含量以判别有无掺杂植物蛋白饲料。

粗蛋白含量高于68%的鱼粉，可通过测定真蛋白氨基酸含量、显微镜检等方法，以排除是否掺入非蛋白高氮化合物、羽毛粉、血粉、皮革粉等高蛋白饲料。

(2)鱼粉氨基酸含量是判定鱼粉蛋白质品质的重要指标。通过对鱼粉氨基酸含量的测定，可以有效地鉴定鱼粉质量的优劣，同时还可以辨别鱼粉的真伪，因此必须加强对鱼粉氨基酸含量的检测。单依据赖氨酸、蛋氨酸指标评价鱼粉质量会有误差，应对多种氨基酸指标进行综合评价。

【任务成果】

1. 知识测试

(1)感官鉴定有哪些方法?

(2)物理鉴定有哪些方法?

(3)鉴定掺入淀粉、木质素、尿素、皮革粉、石粉的原理是什么?

(4)简述镜检步骤。

2. 实训成果

(1)鱼粉样品 4 数据见表 4-3-13。

色泽:正常、黄褐色。

闻气味:不新鲜,鱼粉特有的鱼腥味不明显。

粗蛋白、粗灰分、蛋氨酸、赖氨酸含量均正常。

客户拿到检测数据后认为鱼粉质量合格。

表 4-3-13 鱼粉样品 4 与纯鱼粉各项指标值 %

项目	鱼粉样品 4	纯鱼粉
粗蛋白	67.27	66.12
粗灰分	16.82	16.00
丝氨酸	5.04	2.33
组氨酸	0.77	1.49
蛋氨酸	1.86	1.82
苯丙氨酸	2.87	2.21
异亮氨酸	3.24	2.32
亮氨酸	4.97	4.47
赖氨酸	5.50	4.95
脯氨酸	4.82	2.99

(2)数据分析:

赖氨酸含量异常高(5.50%),怀疑掺入?

丝氨酸含量异常高(5.04%),怀疑掺入?

脯氨酸含量异常高(4.82%)
组氨酸含量异常低(0.77%)} 怀疑掺入?

镜检:

可见松香样黄色、红褐色、深褐色晶体,沥青状,无光泽质硬的颗粒。

可见透明白色晶体。

结论:本品新鲜度差,为掺杂鱼粉,掺有________________________。

项目四

饲料常规养分测定

【项目分析】

通过饲料水分、粗蛋白、粗脂肪、粗纤维、无氮浸出物和粗灰分的测定，掌握饲料常规养分含量的测定方法，了解测定饲料的常规养分构成。

任务　饲料常规养分测定

【技能目标】

1. 能测定饲料水分含量；
2. 能测定饲料粗蛋白含量；
3. 能测定饲料粗脂肪含量；
4. 能测定饲料粗纤维含量；
5. 能测定饲料粗灰分含量；
6. 能计算无氮浸出物含量。

【知识目标】

1. 掌握测定饲料水分含量步骤；
2. 掌握测定饲料粗蛋白含量步骤；
3. 掌握测定饲料粗脂肪含量步骤；
4. 掌握测定饲料粗纤维含量步骤；
5. 掌握测定饲料粗灰分含量步骤；
6. 掌握计算无氮浸出物含量的方法。

【素质目标】

1. 培养学生团队意识；
2. 培养学生环保意识；
3. 培养学生组织领导能力；
4. 培养学生责任担当意识。

【知识学习】

一、饲料中水分和其他挥发性物质含量的测定(GB/T 6435—2014)

(一)测定原理

根据样品性质选择特定条件对试样进行干燥,通过试样干燥损失的质量计算水分的含量。

(二)仪器和材料

(1)分析天平:感量为 1 mg。

(2)称量瓶。

玻璃称量瓶:直径 50 mm,高 30 mm,或能使样品铺开约 0.3 g/cm^2 规格的其他耐腐蚀金属称量瓶(减压干燥法须耐负压的材质)。

玻璃称量瓶:直径 70 mm,高 35 mm,或能使样品铺开约 0.3 g/cm^2 规格的其他耐腐蚀金属称量瓶(减压干燥法须耐负压的材质)。

(3)电热干燥箱:温度可控制在(103±2) ℃。

(4)电热真空干燥箱:温度可控制在(80±2) ℃,真空度可达 13 kPa 以下。应备有通入干燥空气导入装置或以氧化钙(CaO)为干燥剂的装置(20 个样品需 300 g 氧化钙)。

(5)干燥器:具有干燥剂。

(6)砂:经酸洗或市售(试剂)海砂。

(三)分析步骤

1. 直接干燥法

(1)固体样品　将洁净的称量瓶放入(103±2) ℃干燥箱中,取下称量瓶盖并放在称量瓶的边上。干燥(30±1) min 后盖上称量瓶盖,将称量瓶取出,放在干燥器中冷却至室温。称量其质量(m_1),准确至 1 mg。

称取 5 g 试料(m_2)于称量瓶内,准确至 1 mg,并摊平。将称量瓶放入(103±2)℃干燥箱内,取下称量瓶盖并放在称量瓶的边上,建议平均每立方分米干燥箱空间最多放一个称量瓶。

当干燥箱温度达(103±2)℃后,干燥(4±0.1)h。盖上称量瓶盖,将称量瓶取出放入干燥器冷却至室温。称量其质量(m_3),准确至 1 mg。再于(103±2)℃干燥箱中干燥(30±1)min,从干燥箱中取出,放入干燥器冷却至室温。称量其质量,准确至 1 mg。

如果两次称量值的变化小于等于试料质量的 0.1%,以第一次称量的质量(m_3)按式(4-4-1)计算水分含量;若两次称量值的变化大于试料质量的 0.1%,将称量瓶再次放入干燥箱中于(103±2)℃干燥(2±0.1)h,移至干燥器中冷却至室温,称量其质量,准确至 1 mg。若此次干燥后与第二次称量值的变化小于等于试料质量的 0.2%,以第一次称量的质量(m_3)按式(4-4-1)计算水分含量;大于 0.2%时按减压干燥法进行测定。

(2)半固体、液体或含脂肪高的样品　在洁净的称量瓶内放一薄层砂和一根玻璃棒。将称量瓶放入(103±2)℃干燥箱内,取下称量瓶盖并放在称量瓶的边上,干燥(30±1)min。盖上称量瓶盖,将称量瓶从干燥箱中取出,放在干燥器中冷却至室温。称量其质量(m_1),准确至 1 mg。

称取 10 g 试料(m_2)于称量瓶内,准确至 1 mg。用玻璃棒将试料与砂混匀并摊平,玻璃棒留在称量瓶内。将称量瓶放入干燥箱中,取下称量瓶盖并放在称量瓶的边上。建议平均每立方分米干燥箱空间最多放一个称量瓶。

当干燥箱温度达(103±2)℃后，干燥(4±0.1)h。盖上称量瓶盖，将称量瓶从干燥箱中取出，放入干燥器冷却至室温。称量其质量(m_3)，准确至1 mg。再于(103±2)℃干燥箱中干燥(30±1)min，从干燥箱中取出，放入干燥器冷却至室温。称量其质量，准确至1 mg。

如果两次称量值的变化小于等于试料质量的0.1%，以第一次称量的质量(m_3)按式(4-4-1)计算水分含量；若两次称量值的变化大于试料质量的0.1%，将称量瓶再次放入干燥箱中于(103±2)℃干燥(2±0.1)h，移至干燥器中冷却至室温，称量其质量，准确至1 mg。若此次干燥后与第二次称量值的变化小于等于试料质量的0.2%，以第一次称量的质量(m_3)按式(4-4-1)计算水分含量；大于0.2%时按减压干燥法测定水分。

2. 减压干燥法

(1)干燥称量瓶，称量其质量(m_1)，准确至1 mg。

(2)称取试料(m_2)。将称量瓶放入真空干燥箱中，取下称量瓶盖并放在称量瓶的边上，减压至约13 kPa。通入干燥空气或放置干燥剂。在放置干燥剂的情况下，当达到设定的压力后断开真空泵。在干燥过程中保持所设定的压力。当干燥箱温度达到(80±2)℃后，加热(4±0.1)h。干燥箱恢复至常压，盖上称量瓶盖，将称量瓶从干燥箱中取出，放在干燥器中冷却至室温。称量其质量，准确至1 mg。将试料再次放入真空干燥箱中干燥(30±1)min，直至连续两次称量值的变化之差小于试样质量的0.2%，以最后一次干燥称量值(m_3)计算水分的含量。

(四)测定结果的计算和表示

1. 测定结果的计算

试样中水分以质量分数 X 计，数值以%表示，按下式计算：

$$X = \frac{m_2 - (m_3 - m_1)}{m_2} \times 100\% \qquad (4\text{-}4\text{-}1)$$

式中：m_1——称量瓶的质量，如使用砂和玻璃棒，也包括砂和玻璃棒，g；

m_2——试料的质量，g；

m_3——称量瓶和干燥后试料的质量，如使用砂和玻璃棒，也包括砂和玻璃棒，g。

2. 测定结果的表示

取两次平行测定的算术平均值作为结果，结果精确至0.1%。

直接干燥法：两个平行测定结果，水分含量小于15%的样品绝对差值不大于0.2%。水分含量不小于15%的样品相对偏差不大于1.0%。

减压干燥法：两个平行测定结果，水分含量的绝对差值不大于0.2%。

●思政花园

食品安全源头在农产品，基础在农业，必须正本清源，首先把农产品质量抓好。要把农产品质量安全作为转变农业发展方式、加快现代农业建设的关键环节，用最严谨的标准、最严格的监管、最严厉的处罚、最严肃的问责，确保广大人民群众“舌尖上的安全”。

——摘自习近平总书记在中央农村工作会议上的讲话(2013年12月23日至24日)

(五)精密度

1. 实验室的对比试验

本方法实验室的测定精密度的详细情况见表4-4-1。该实验室比对测定的结果，可能不适用于表4-4-1以外的其他含量范围和饲料品种。

表4-4-1　实验室测定的统计结果

参数	样品					
	1	2	3	4	5	6
剔除异常值后保留的实验室数	23	23	19	23	23	23
水分和其他挥发性物质含量的平均值/%	11.43	10.20	7.92	11.77	85.05	80.30
重复性标准偏差 Sr/%	0.253	0.195	0.533	0.28	0.34	0.454
重复性变异系数/%	2.21	1.91	6.73	2.38	0.40	0.57
重复性限 $r(2.8\times Sr)$/%	0.71	0.55	1.49	0.78	0.95	1.27
再现性标准偏差 S_R/%	0.71	0.562	0.878	1.07	1.25	1.04
再现性变异系数/%	6.22	5.51	11.09	9.09	1.45	1.30
再现性限 $R(2.8\times S_R)$/%	1.99	1.57	2.46	3.00	3.50	2.91

注：样品1为配合饲料；样品2为浓缩料；样品3为糖蜜饲料；样品4为干牧草；样品5为甜菜渣；样品6为苜蓿(紫花苜蓿)。

2. 重复性

在同一实验室，由同一操作者使用相同设备，按相同的测定方法，在短时间内，对同一被测试样相互独立进行测定获得的两个测定结果的绝对差值，超过表4-4-2所给出的重复性限 r 的情况不大于5%。

表4-4-2　重复性限(r)和再现性限(R)

样品	水分/%	重复性限(r)/%	再现性限(R)/%
配合饲料	11.43	0.71	1.99
浓缩饲料	10.20	0.55	1.57
糖蜜饲料	7.92	1.49	2.46
干牧草	11.77	0.78	3.00
甜菜渣	86.05	0.95	3.50
苜蓿(紫花苜蓿)	80.30	1.27	2.91

3. 再现性

在不同实验室，由不同的操作者使用不同的设备，按相同的测定方法，对同一被测试样相互独立进行测定获得的两个测定结果的绝对差值，超过表4-4-2所给出的再现性限 R 的情况不大于5%。

(六)注意事项

(1)称量时要保证称量皿冷却至室温，防止称量误差和损害天平。

(2)从烘箱中拿称量皿时要戴厚棉手套，防止烫伤。

(3)每次实验完成后应马上将称样皿清洗干净。放在烘箱中烘干，置于干燥器内保存，待用。

(七)结果准确度的保证

(1)天平必须经过校正。

(2)控温要准,烘箱温度要以温度计的温度为准。

(3)玻璃干燥器中的硅胶需要经常更换,使之保持为蓝色。

(4)统一在鼓风状态下,置于烘箱内温度计周围烘网上,间隙均匀,利于散热。烘箱里不能放大量有碍箱内空气流动的物品。

(5)称取样时戴手套。

(6)称量瓶要洗干净,放入烘箱时要敞开盖,离开烘箱立即用匹配的称量皿盖盖住。

(7)称样前要混合均匀,以确保平行样分析结果在国标允许的误差范围内。

(八)其他特殊饲料水分测定方法

对 GB/T 6435—2014 中没有涵盖的其他几种饲料的水分测定方法的标准内容进行梳理,汇总成表 4-4-3。

二、粗蛋白含量的测定(GB/T 6432—2018)

(一)测定原理

饲料中含氮物质包括纯蛋白质和氨化物(氨化物有氨基酸、酰胺、硝酸盐及铵盐等),两者总称为粗蛋白质。凯氏定氮法的基本原理是用浓硫酸分解样本中蛋白质与氨化物,使之都转变成氨气,氨气被浓硫酸吸收变为硫酸铵。硫酸铵在浓碱的作用下放出氨气。通过蒸馏,氨气随水汽顺着冷凝管流入硼酸溶液,与之结合成为四硼酸铵,后者用盐酸标准溶液滴定,即可测定放出的氨氮量。根据氮量,乘以特定系数,一般为 6.25,即可得出样本中粗蛋白质含量。上述过程中的化学反应如下:

$$2CH_3CHNH_2COOH + 13H_2SO_4 \longrightarrow (NH_4)_2SO_4 + 6CO_2\uparrow + 12SO_2\uparrow + 16H_2O$$

$$(NH_4)_2SO_4 + 2NaOH \longrightarrow 2NH_3\uparrow + 2H_2O + Na_2SO_4$$

$$4H_3BO_3 + NH_3 \longrightarrow NH_4HB_4O_7 + 5H_2O$$

$$NH_4HB_4O_7 + HCl + 5H_2O \longrightarrow NH_4Cl + 4H_3BO_3$$

(二)仪器和材料

1. 试剂

(1)水:GB/T 6682,三级。

(2)硫酸:化学纯。

(3)氢氧化钠:化学纯。

(4)硫酸铵。

(5)蔗糖。

(6)混合催化剂:称取 0.4 g 五水硫酸铜、6.0 g 硫酸钾或硫酸钠,研磨混匀;或购买商品化的凯氏定氮催化剂片。

(7)硼酸吸收液:称取 20 g 硼酸,用水溶解并稀释至 1 000 mL。

表 4-4-3　动植物油脂、油料、油料饼粕、谷物及谷物制品及玉米等水分及挥发物含量测定标准内容整理

项目		动植物油脂	油料	油料饼粕	谷物及谷物制品	玉米
国标号		GB 5009.236—2016	GB/T 14489.1—2008	GB/T 10358—2008	GB 5009.3—2016	GB/T 10362—2008
仪器设备	分析天平	感量 0.001 g	感量 0.000 1 g	感量 0.000 1 g	感量 0.000 1 g	感量 0.001 g
仪器设备	粉碎机	—	易清理，适合各种油料，并且在粉碎过程中不会使物料受热，对试样的水分、挥发物及油含量没有影响。或有机械研磨机或人工研磨	易于清理，可粉碎油料饼粕至完全过孔径 1 mm 筛，并且在粉碎过程中不会对物料加热，不会对水分、挥发物和含油量等产生可测影响	—	磨膛材料不吸水，密闭，无死角，便于清理，能迅速而均匀粉碎 30 g 试样，达到所需粒度要求，粉碎时不发热
仪器设备	承装试料的容器	玻璃容器：平底，直径约 50 mm，高约 30 mm	金属或玻璃材质均可。若用金属盒，应能经受测定的条件。平底盒必须有配套的盖子并且每平方厘米允许分布大约 0.2 g。 试样（例如：直径 70 mm，高 30～40 mm）。底部密封的玻璃平底盒同样适用	平底皿：直径为 50～70 mm，高约 30 mm，每平方厘米试样分布约为 0.2 g。也可用带磨口塞的玻璃器皿	扁形铝制或玻璃制称量瓶	金属皿或玻璃皿：无盖，能使 100 g 试样整粒单层分布于皿底。 金属盒或玻璃皿：带有密封盖；对于整粒试样，直径 55～60 mm，高度 35～40 mm；对粉料试样，烘盒底面积要求每平方厘米的试样量不超过 0.3 g
仪器设备	电热干燥箱	主控温度（103±2）℃	带恒温控制器并具有良好的自然通风功能，可调节温度在 101～105℃	带温控及良好的自然通风，能维持相邻试样之间的空气温度在 101～105℃间循环	电热恒温干燥箱	（1）有鼓风装置，温度保持在 60～80℃。 （2）温度保持在 130～133℃
仪器设备	干燥器	内含有效的干燥剂	装有有效的干燥剂，比如五氧化二磷、硅胶、活性矾土等，并配有陶瓷板用于迅速冷却容器	装有有效的干燥剂，并放置一金属盘以便平底皿快速冷却	内附有效干燥剂	装有有效的干燥剂

续表 4-4-3

项目	动植物油脂	油料	油料饼粕	谷物及谷物制品	玉米
国标号	GB 5009.236—2016	GB/T 14489.1—2008	GB/T 10358—2008	GB 5009.3—2016	GB/T 10362—2008
试样制备	在预先干燥并称量的玻璃容器中，根据试样预计水分及挥发物含量，称取 5 g 或 10 g 试样，精确至 0.001 g	(1)根据需要，分析试样分为原始样或去除非含油大杂后的试样。 (2)椰干等试样可进行人工磨碎，但最好采用机械磨碎，能处理整个试样。经人工磨碎的试样，不允许存在大小和颜色差异，使得测试试样尽可能具有代表性。磨碎后颗粒长度可超过 2 mm，但不得大于 5 mm。混匀，并立即进行测定。 (3)除红花籽、葵花籽、大豆和含绒棉籽外，其他中等大小籽粒(花生等)，用洁净的粉碎机粉碎试样，得到的样品细度不大于 2 mm，丢弃初始样品(约占试样的 5%)。然后将剩余部分收集、仔细混匀，并立即进行测定。 (4)小籽粒(亚麻籽，油菜籽，大麻籽等)，以及红花籽、葵花籽、大豆和含绒棉籽在分析前不需要进行粉碎	若有必要，用已经清理好的机械磨粉碎所需样品。首先用大约 1/20 的试样彻底清洗机械磨，弃去粉碎物。然后将其余的试样粉碎至全部通过孔径 1 mm 筛，收集粉碎物，小心混匀，尽快用于测试	将混合均匀的试样迅速磨细至颗粒小于 2 mm，不易研磨的样品应尽可能切碎	(1)当试样水分含量在 9%～15%时，首先用少量试样清洗粉碎机，弃去粉碎物，再取 30 g 试样，粉碎至通过直径为 1.5 mm 圆孔筛的不少于 90%，合并筛上、筛下物，混合均匀，放入密闭容器中备用。 (2)当试样水分小于 9%或大于 15%时，可采取自然回潮或制备半干样品的方法，先将试样水分调节至 9%～15%，然后再进行测定

续表 4-4-3

项目		动植物油脂	油料	油料饼粕	谷物及谷物制品	玉米
国标号		GB 5009.236—2016	GB/T 14489.1—2008	GB/T 10358—2008	GB 5009.3—2016	GB/T 10362—2008
试样测定	容器的烘干温度	—	103℃	室温	101～105℃	—
	容器烘干时间	—	1 h	0.5 h	1 h	—
	在干燥器内放置时间	—	≥0.5 h	—	0.5 h	0.5～0.75 h
	复烘时间	—	—	—	1 h	—
	容器恒重标准	恒重	—	—	质量差不超过 2 mg	恒重
	取样量	5 g 或 10 g	(1)磨碎的试样：(5±0.5)g。适用于如椰干或粗粉以及大于红花籽、葵花籽、大豆或棉籽的中等籽粒。 (2)5～10 g。适用于红花籽、葵花籽、大豆或棉籽等较小籽粒。 (3)将样品均匀分布在平底盒的整个底层，铺平，盖上盒盖，称量	约 5 g。均匀地分布于皿底	2～10 g。试样放入到称量瓶中的厚度不超过 5 mm，如为疏松试样，厚度不超过 10 mm	(1)粉碎试样：约 8 g。 (2)整粒试样：25～40 g
	加试料后烘干温度	(103±2)℃	(103±2)℃	(103±2)℃	(103±2)℃	130～133 ℃
	第一次烘干时间	1 h	一般：3 h。 含绒棉籽：12～16 h	2 h	2 h～4 h	(1)粉碎试样：4 h。 (2)整粒试样：(38±2)h
	复烘时间	0.5 h	1 h	1 h	1 h	—
	恒重标准（前后两次差值）	≤2 mg (5 g 样品) ≤4 mg (10 g 样品)	<5 mg(5 g 样品)	≤5 mg	≤2 mg	—

(8)氢氧化钠溶液：称取 400 g 氢氧化钠，用水溶解，待冷却至室温后，用水稀释至1 000 mL。

(9)盐酸标准滴定溶液：$c_{(HCl)}$=0.1 mol/L，取 9 mL 盐酸溶解到蒸馏水中，定容到 1 000 mL 容量瓶中，得到粗略的 0.1 mol/L 的盐酸，用配制的溶液滴定无水碳酸钠溶液(用 0.2 g 基准无水碳酸钠溶解到蒸馏水中，定容到 50 mL 容量瓶)，计算盐酸标准溶液的准确浓度。

$c_{(HCl)}$=0.02 mol/L，取 1.8 mL 盐酸溶解到蒸馏水中，定容到 1 000 mL 容量瓶中，得到粗略的 0.02 mol/L 的盐酸，用配制的溶液滴定碳酸钠溶液(用 0.038 g 无水碳酸钠溶解到蒸馏水中，定容到 50 mL 容量瓶)，计算盐酸标准溶液的准确浓度。

(10)混合指示剂溶液：将甲基红乙醇溶液(称取 0.1 g 甲基红，用乙醇溶解并稀释至 100 mL)和溴甲酚绿乙醇溶液(称取 0.5 g 溴甲酚绿，用乙醇溶解并稀释至 100 mL)等体积混合。该溶液室温避光保存，有效期 3 个月。

2. 仪器

(1)分析天平：感量 0.000 1 g。

(2)消煮炉。

(3)消煮管：250 mL。

(4)定氮仪：以凯氏原理制造的半自动定氮仪。

(三)样品制备

所制样品全部通过 0.42 mm 试验筛，混匀，装入密闭容器中备用。

(四)分析步骤

1. 消煮管消煮

平行做两份试验。称取试样 0.5～2 g(含氮量 5～80 mg，准确至 0.000 1 g)，放入消煮管中，加入 2 片凯氏定氮催化剂片或 6.4 g 混合催化剂，12 mL 硫酸，于 420 ℃消煮炉上消化 1 h。取出，冷却至室温。

2. 氨的蒸馏

将带消煮液的消煮管插在蒸馏装置上，以 25 mL 硼酸吸收液为吸收液，加入 2 滴混合指示剂，蒸馏装置的冷凝管末端要没入装有吸收液的锥形瓶内，然后向消煮管中加入 50 mL 氢氧化钠溶液进行蒸馏，至流出液 pH 为中性。蒸馏时间以吸收液体积达到约 100 mL 时为宜。降下锥形瓶，用水冲洗冷凝管末端，洗液均需流入锥形瓶内。

3. 滴定

用 0.1 mol/L 或 0.02 mol/L 盐酸标准滴定溶液滴定吸收液，溶液由蓝绿色变成灰红色为终点。

4. 蒸馏步骤查验

精确称取 0.2 g 硫酸铵(精确至 0.000 1 g)，代替试样。按消解、蒸馏、滴定步骤进行操作。测得硫酸铵含氮量应为(21.19±0.2)%，否则应检查加碱、蒸馏和滴定各步骤是否正确。

5. 空白测定

精确称取 0.5 g 蔗糖(精确至 0.000 1 g)，代替试样，按消解、蒸馏、滴定的步骤进行空白测定。消耗 0.1 mol/L 盐酸标准滴定溶液的体积不得超过 0.2 mL，消耗 0.02 mol/L 盐酸标准滴定溶液体积不得超过 0.3 mL。

(五)测定结果的计算和表示

试样中粗蛋白质含量以质量分数 w 计，数值以(%)表示，按下式计算：

$$w=\frac{(V_2-V_1)\times c\times \frac{14}{1\ 000}\times 6.25}{m}\times 100 \tag{4-4-2}$$

式中：V_2——滴定试样所消耗盐酸标准滴定溶液的体积，mL；

V_1——滴定空白所消耗盐酸标准滴定溶液的体积，mL；

c——盐酸标准滴定溶液的浓度，mol/L；

m——试样质量，g；

14——氮的摩尔质量，g/mol；

6.25——氮换算成粗蛋白的平均系数。

每个试样取两个平行样进行测定，以其算术平均值为测定结果，计算结果表示至小数点后两位。

(六)精密度

在重复性条件下，两次独立测定结果与其算术平均值的绝对差值与该平均值的比值应符合以下要求：

粗蛋白质含量大于 25%时，不超过 1%；

粗蛋白质含量在 10%～25%时，不超过 2%；

粗蛋白质含量小于 10%时，不超过 3%。

(七)注意事项

(1)各种饲料的粗蛋白质中氮的含量，差异很大，变异范围在 14.7%～19.5%，平均为 16%。凡饲料的粗蛋白质中实际含氮量尚未确定的，可用 6.25 平均系数乘以含氮量换算成粗蛋白质含量。凡饲料粗蛋白质中实际含氮量已经确定的，可用它们的实际系数来换算。例如荞麦、玉米用系数 6.00，箭舌豌豆、大豆、蚕豆、燕麦、小麦、黑麦用系数 5.70，牛奶用系数 6.38。

(2)CH_3CHNH_2COOH 为 α-氨基丙酸，代表饲料粗蛋白质分解后的一种简单氨基酸，是饲料中有机态氮物质的来源之一。

(3)加入无水硫酸钠(或无水硫酸钾)的目的是提高浓硫酸的沸点，使消化效力提高。纯硫酸的沸点为 317 ℃，加入无水硫酸钠或无水硫酸钾后，硫酸沸点可增至 325～341 ℃。

(4)硫酸铜为还原催化剂，其反应原理如下：

$$2CuSO_4+C\xrightarrow[\text{(有机物质)}]{H_2SO_4}Cu_2SO_4+SO_2\uparrow+CO_2\uparrow$$

$$Cu_2SO_4+2H_2SO_4\longrightarrow 2CuSO_4+2H_2O+SO_2\uparrow$$

三、粗脂肪含量的测定(GB/T 6433—2006)

(一)测定原理

饲料的脂肪均可溶解于乙醚中，用乙醚反复浸提饲料，溶有脂肪的乙醚流集于盛醚瓶中，而后将乙醚蒸发，瓶中所剩残渣的质量即为饲料的脂肪量。此为索氏测定法的原理。

饲料被乙醚所溶解的物质，除真脂肪外，尚有麦角固醇、胆固醇、脂溶性维生素、叶绿素等。由于所得油脂残渣不纯，故称为粗脂肪。

测定脂肪所用饲料样品必须烘干，因样品中水分可影响乙醚的浸提和蒸发过程。

为了本方法的测定效果，将动物饲料分为 A、B 两类。B 类产品提取前需水解。B 类包括：①纯动物性饲料，包括乳制品；②脂肪不经预先水解不能提取的纯植物性饲料，如谷蛋白、酵母、大豆及马铃薯蛋白以及加热处理的饲料；③含有一定数量加工产品的配合饲料，其脂肪含量至少有 20%来自这些加工产品。

A 类：B 类以外的动物饲料。

脂肪含量较高的样品（至少 200 g/kg）预先用石油醚提取。B 类样品用盐酸加热水解，水解溶液冷却、过滤，洗涤残渣并干燥后用石油醚提取，蒸馏、干燥除去溶剂，残渣称量；A 类样品用石油醚提取，通过蒸馏和干燥除去溶剂，残渣称量。

(二)仪器和材料

1. 试剂

(1)水至少应为 GB/T 6682 规定的 3 级水。

(2)无水硫酸钠。

(3)石油醚主要由具有 6 个碳原子的碳氢化合物组成，沸点范围 40～60 ℃。溴值应低于 1，挥发残渣应小于 20 mg/L。也可使用挥发残渣低于 20 mg/L 的工业乙烷。

(4)金刚砂或玻璃细珠。

(5)丙酮。

(6)盐酸：$c(HCl)=3$ mol/L。

(7)滤器辅料如硅藻土，在盐酸[$c(HCl)=6$ mol/L]中消煮 30 min，用水洗至中性，然后在 130 ℃下干燥。

2. 仪器

(1)提取套管，无脂肪和油，用乙醚洗涤。

(2)索氏提取器，虹吸容积约 100 mL，或用其他循环提取器。

(3)加热装置有温度控制装置，不作为火源。

(4)干燥箱温度能保持在(103±2)℃。

(5)电热真空箱温度能保持在(80±2)℃，并减压至 13.3 kPa 以下，配有引入干燥空气的装置，或内盛干燥剂，例如氧化钙。

(6)干燥器内装有效的干燥剂。

(三)试样的制备

选取有代表性的试样，用四分法将试样缩减至 500 g，粉碎至 40 目，再用四分法缩减至 200 g，于密封容器中保存。

(四)分析步骤

1. 分析步骤的选择

如果试样不易粉碎，或因脂肪含量高（超过 200 g/kg）而不易获得均质的缩减的试样，需先进行预先提取。否则，直接称量饲料进行测定。

2. 预先提取

(1)称取至少 20 g 制备的试样(m_0),准确至 1 mg,与 10 g 无水硫酸钠混合,转移至一提取套管并用一小块脱脂棉覆盖。

将一些金刚砂转移至一干燥烧瓶,如果随后将对脂肪定性,则使用玻璃细珠取代金刚砂。将烧瓶与提取器连接,收集石油醚提取物。

将套管置于提取器中,用石油醚提取 2 h。如果使用索氏提取器,则调节加热装置使每小时至少循环 10 次;如果使用一个相当设备,则控制流速每秒至少 5 滴(约 10 mL/min)。

用 500 mL 石油醚稀释烧瓶中的石油醚提取物,充分混合。对一个盛有金刚砂或玻璃细珠的干燥烧瓶进行称量(m_1),准确至 1 mg,吸取 50 mL 石油醚溶液移入此烧瓶中。

(2)蒸馏除去溶剂,直至烧瓶中几无溶剂,加 2 mL 丙酮至烧瓶中,转动烧瓶并在加热装置上缓慢加温以除去丙酮,吹去痕量丙酮。残渣在 103 ℃干燥箱内干燥(10±0.1)min,在干燥器中冷却,称量(m_2),准确至 0.1 mg。也可采取:蒸馏除去溶剂,烧瓶中残渣在 80 ℃电热真空箱中干燥 1.5 h,在干燥器中冷却,称量(m_2),准确至 0.1 mg。

(3)取出套管中提取的残渣在空气中干燥,除去残余的溶剂,干燥残渣称量(m_3),准确至 0.1 mg。将残渣粉碎成 1 mm 大小的颗粒,然后称量开始测定。

3. 试料称量

称取 5 g 左右(m_4)制备的试样,准确至 1 mg。

对 B 类样品进行水解处理。

对 A 类样品,将试料移至提取套管并用一小块脱脂棉覆盖,直接进行提取。

4. 水解

将试料转移至一个 400 mL 烧杯或一个 300 mL 锥形瓶中,加 100 mL 盐酸和金刚砂,用表面皿覆盖,或将锥形瓶与回流冷凝器连接,在火焰上或电热板上加热混合物至微沸,保持 1 h,每 10 min 旋转摇动一次,防止产物附着于容器壁上。

在环境温度下冷却,加一定量的滤器辅料,防止过滤时脂肪丢失,在布氏漏斗中通过湿润的无脂的双层滤纸抽吸过滤,残渣用冷水洗涤至中性。

注:如果在滤液表面出现油或脂,则可能得出错误结果,一种可能的解决办法是减少测定试料或提高酸的浓度重复进行水解。

小心取出滤器并将含有残渣的双层滤纸放入一个提取套管中,在 80 ℃电热真空箱中于真空条件下干燥 60 min,从电热真空箱中取出套管并用一小块脱脂棉覆盖。

5. 提取

(1)将一些金刚砂转移至一干燥烧瓶,称量(m_5),准确至 1 mg。如果随后将要对脂肪定性,则使用玻璃细珠取代金刚砂。将烧瓶与提取器连接,收集石油醚提取物。

将套管置于提取器中,用石油醚提取 6 h。如果使用索氏提取器,则调节加热装置使每小时至少循环 10 次,如果使用一个相当设备,则控制回流速度每秒至少 5 滴(约 10 mL/min)。

(2)蒸馏除去溶剂,直至烧瓶中几无溶剂,加 2 mL 丙酮至烧瓶中,转动烧瓶并在加热装置上缓慢加温以除去丙酮,吹去痕量丙酮。残渣在 103 ℃干燥箱内干燥(10±0.1)min,在干燥器中冷却,称量(m_6),准确至 0.1 mg。也可采取:蒸馏除去溶剂,烧瓶中残渣在 80 ℃电热真空箱中干燥 1.5 h,在干燥器中冷却,称量(m_6),准确至 0.1 mg。

(五)测定结果的计算和表示

(1)预先提取测定法。试样的脂肪含量 W_1 按下式计算,以 g/kg 表示:

$$W_1=\left[\frac{10(m_2-m_1)}{m_0}+\frac{(m_6-m_5)}{m_4}\times\frac{m_3}{m_0}\right]\times f \qquad (4\text{-}4\text{-}3)$$

式中:m_0——为在三.(四).2 中称取的试样质量,g;

m_1——为在三.(四).2 中装有金刚砂的烧瓶的质量,g;

m_2——为在三.(四).2 中带有金刚砂的烧瓶和干燥的石油醚提取物残渣的质量,g;

m_3——为在三.(四).2 中获得的干燥提取残渣的质量,g;

m_4——为试料在三.(四).3 的质量,g;

m_5——为在三.(四).5 中使用的盛有金刚砂的烧瓶的质量,g;

m_6——为在三.(四).5 中盛有金刚砂的烧瓶和获得的干燥石油醚提取残渣的质量,g;

f——为校正因子,g/kg(f=1 000 g/kg)。

结果表示准确至 1 g/kg。

(2)无预先提取的测定法。试样的脂肪含量 W_2 按下式计算,以 g/kg 表示:

$$W_2=\frac{(m_6-m_5)}{m_4}\times f \qquad (4\text{-}4\text{-}4)$$

式中变量符号意义同上。结果表示准确至 1 g/kg。

(六)精密度

1. 重复性

用同一方法对相同的实验材料,在同一实验室内,由同一操作人员使用同一台设备,在短时间内获得的两个独立的测定结果之间的绝对差值,超过表 4-4-4 中列出的重复性限 r 的情况不大于 5%。

表 4-4-4　测定结果的重复性限(r)和再现性限(R)　　g/kg

样品	r	R
A 类(不需水解)	2.5	7.7[a]
B 类(需要水解)	5.0	12.0[b]

注:[a]椰子粉除外。

[b]鱼粉和肉粉除外。

2. 再现性

用同一方法对相同的实验材料,在不同实验室,由不同操作人员使用不同设备获得的两个独立实验结果之间的绝对差值超过表 4-4-4 中列出的或从表 4-4-4 得出的再现性限 R 的情况不大于 5%。

(七)注意事项

(1)乙醚易挥发,易燃、易爆,整个操作过程注意安全,特别是烘干含有醚的样品时,开始要打开烘箱门,防止醚积累过多发生爆炸。整个操作过程室内不能有明火。

(2)样品必须烘干,醚应无水状态,否则,影响测定和准确性。

(3)烘干时防止脂肪氧化而不溶于醚中,最好在惰性气体条件下烘干。

(4)整个操作过程应戴橡胶或白纱手套进行。

(5)估计样本中含脂肪20%以上时浸提时间需16 h;含5%~20%需12 h;含5%以下时需8 h。

(6)索氏测定脂肪法与饲料中其他概略营养成分测定法同样,准确度亦不够高。植物种子的乙醚提取物中真脂肪有86%,青饲料的乙醚提取物中真脂肪量极少,大部分为叶绿素。

(7)样本中粗脂肪量亦可根据样本滤纸包经乙醚提取前后的失重来计算。方法如下:

$$样本中粗脂肪含量=\frac{样本滤纸包乙醚提取前重(g)-样本滤纸包乙醚提取后重(g)}{样本重(g)}\times 100\% \tag{4-4-5}$$

样本滤纸包经乙醚提取后放入一个干净的已知重量的称重瓶中,在100~105 ℃烘箱烘1~2 h,在干燥器中冷却,称重,直至恒重。经乙醚提取后的滤纸包在称重时容易吸收空气中水分,影响包重,因此操作宜迅速。

四、粗纤维含量的测定(GB/T 6434—2006)

(一)测定原理

饲料中粗纤维的常规测定方法是在强行规定的一定条件下测定。内容如下:将脱脂饲料的样本,经用一定容量和一定浓度的预热硫酸和氢氧化钠溶液煮沸一定时间,继用乙醇处理,这样除去样本中可溶于酸、碱、醇的物质,再减去样本中矿物质重量,求得剩余残渣量。此类残渣称之为粗纤维,其中以纤维素为主,并有少量半纤维素和木质素。

在用此法处理饲料时,硫酸可水解饲料中全部淀粉和大部分半纤维素,并可水解部分饲料中蛋白质,溶解部分碱性矿物质及植物碱。碱处理饲料可水解饲料中大部分蛋白质,除去脂肪,并溶解酸不能溶解的全部半纤维素和水解饲料中大量木质素。酒精处理饲料可溶解饲料中的树脂、单宁和色素以及剩余的脂肪和蜡。

饲料中粗纤维的测定方法并非一个精确方法,所测结果只是一个在公认的强制条件下测定的数值。测定饲料中粗纤维的含量受饲料样本细度差异的影响。粗纤维并不是一个固定的(或明确的)化学实体。在测定粗纤维过程中相当数量的木质素(碳水化合物成分中惰性最大的一种)溶入煮沸的氢氧化钠溶液,因而饲料中部分木质素并不包括在饲料粗纤维的测定数值内,而被计算入饲料的无氮浸出物结果中。由此可见,所测出的饲料粗纤维量不包括饲料中全部最粗糙的有机物质。

由于粗纤维本身是在强制规定下测得的概略养分,目前尚无更好的测定粗纤维的方法;因此现在已改用中性洗涤纤维和酸性洗涤纤维测定法代替粗纤维测定法的趋势。但在大部分地区的饲料概略营养成分测定法中仍沿用粗纤维测定法。

(二)仪器和材料

1. 试剂

(1)水至少应为GB/T 6682规定的三级水。

(2)盐酸溶液:$c(HCl)=0.5$ mol/L。

(3)硫酸溶液:$c(H_2SO_4)=(0.13\pm0.005)$mol/L。

(4)氢氧化钾溶液:$c(KOH)=(0.23\pm0.005)$mol/L。

(5)丙酮。

(6)滤器辅料：海沙、硅藻土或质量相当的其他材料。使用前，海沙用沸腾盐酸[c(HCl)＝4 mol/L]处理，用水洗至中性，在(500±25)℃下至少加热 1 h。

(7)防泡剂：如正辛醇。

(8)石油醚：沸点范围 40～60 ℃。

2. 仪器

(1)粉碎设备：能将样品粉碎，使其能完全通过筛孔为 1 mm 的筛。

(2)分析天平：感量为 0.1 mg。

(3)滤埚：石英的、陶瓷的或硬质玻璃的，带有烧结的滤板，滤板孔径 40～100 μm(按 ISO7493：1983 孔隙度 P100)。

在初次使用前，将新滤埚小心地逐步加温，温度不超过 525 ℃，并在(500±25)℃下保持数分钟。也可使用具有同样性能的不锈钢坩埚，其不锈钢筛板的孔径为 90 μm。

(4)陶瓷筛板。

(5)灰化皿。

(6)烧杯或锥形瓶：容量 500 mL，带有一个适当的冷却装置，如冷凝器或一个盘。

(7)干燥箱：用电加热，能通风，能保持温度(130±2)℃。

(8)干燥器：盛有蓝色硅胶干燥剂，内有厚度为 2～3 mm 的多孔板，最好由铝或不锈钢制成。

(9)马弗炉：用电加热，可以通风，温度可调控，在 475～525 ℃条件下，保持滤埚周围温度准至±25 ℃。马弗炉的高温表读数不总是可信的，可能发生误差，因此对高温炉中的温度要定期检查。

因高温炉的大小及类型不同，炉内不同位置的温度可能不同。当炉门关闭时，必须有充足的空气供应。空气体积流速不宜过大，以免带走滤埚中物质。

(10)冷提取装置，附有一个滤埚支架、一个装有真空和液体排出孔旋塞的排放管、连接滤埚的连接环。

(11)加热装置(手工操作方法)：带有一个适当的冷却装置，在沸腾时能保持体积恒定。

(12)加热装置(半自动操作方法)：用于酸和碱消煮，附有一个滤埚支架、一个装有真空和液体排出孔旋塞的排放管、一个容积至少 270 mL 的量筒，供消煮用。带有回流冷凝器，将加热装置与滤埚及消煮圆筒连接的连接环，可选择性地提供压缩空气。使用前，设备用沸水预热 5 min。

(三)试样的制备

用粉碎装置将实验室风干样粉碎，使其能通过筛孔为 1 mm 的筛，充分混合备用。

(四)分析步骤

1. 手工操作法分析步骤

(1)试料　称取约 1 g 制备的试样，准确至 0.1 mg(m_1)。

如果试样脂肪含量超过 100 g/kg，或试样中脂肪不能用石油醚直接提取，则将试样转移至一滤埚，并进行预先脱脂处理。

如果试样脂肪含量不超过 100 g/kg，则将试样转移至一烧杯。如果其碳酸盐(碳酸钙形式)超过 50 g/kg，进行除去碳酸盐处理；如果碳酸盐不超过 50 g/kg，则进行酸消煮处理。

(2)预先脱脂　在冷提取装置中，在真空条件下，试样用石油醚脱脂 3 次，每次用石油醚 30 mL，每次洗涤后抽吸干燥残渣，将残渣转移至一烧杯。

(3)除去碳酸盐　将 100 mL 盐酸倾注在试样上，连续振摇 5 min，小心将此混合物倾注滤埚中，滤埚底部覆盖一薄层滤器辅料。用水洗涤 2 次，每次用水 100 mL，细心操作最终使尽可能少的物质留在滤器上。将滤埚内容物转移至原来的烧杯中进行酸消煮。

(4)酸消煮　将 150 mL 硫酸倾注在试样上。尽快使其沸腾，并保持沸腾状态(30±1)min。在沸腾开始时，转动烧杯一段时间。如果产生泡沫，则加数滴防泡剂。在沸腾期间使用一个适当的冷却装置保持体积恒定。

(5)第一次过滤　在滤埚中铺一层滤器辅料，其厚度约为滤埚高度的 1/5，滤器辅料上可盖一筛板以防溅起。当消煮结束时，将液体通过一个搅拌棒滤至坩埚中，用弱真空抽滤，使 150 mL 几乎全部通过。如果滤器堵塞，则用一个搅拌棒小心地移去覆盖在滤器辅料上的粗纤维。残渣用热水洗涤 5 次，每次约 10 mL 水，要注意使滤埚的过滤板始终有滤器辅料覆盖，使粗纤维不接触滤板。停止抽真空，加一定体积的丙酮，刚好能覆盖残渣，静置数分钟后，慢慢抽滤排出丙酮，继续抽真空，使空气通过残渣，使之干燥。

(6)脱脂　在冷提取装置中，在真空条件下，试样用石油醚脱脂 3 次，每次用石油醚 30 mL，每次洗涤后抽吸干燥。

(7)碱消煮　将残渣定量转移至酸消煮用的同一烧杯中。加 150 mL 氢氧化钾溶液，尽快使其沸腾，保持沸腾状态(30±1)min，在沸腾期间用同一适当的冷却装置使溶液体积保持恒定。

(8)第二次过滤　将杯内容物通过滤埚过滤，滤埚内铺有一层滤器辅料，其厚度约为滤埚高度的 1/5，上盖一筛板以防溅起。残渣用热水洗至中性。残渣在真空条件下用丙酮洗涤 3 次，每次用丙酮 30 mL，每次洗涤后抽吸干燥残渣。

(9)干燥　将滤埚置于灰化皿中，灰化皿及内容物在 130 ℃干燥箱中至少干燥 2 h。在灰化或冷却过程中，滤埚的烧结滤板有些部分可能变得松散，从而导致分析结果错误，因此将滤埚置于灰化皿中。滤埚和灰化皿在干燥器中冷却，从干燥器中取出后，立即对滤埚和灰化皿进行称量(m_2)，准确至 0.1 mg。

(10)灰化　将滤埚和灰化皿置于马弗炉中，其内容物在(500±25)℃下灰化，直至冷却后连续两次称量的差值不超过 2 mg。每次灰化后，让滤埚和灰化皿初步冷却，在尚温热时置于干燥器中，使其完全冷却，然后称量(m_3)，准确至 0.1 mg。

(11)空白测定　用大约相同数量的滤器辅料，进行空白测定，但不加试样。灰化引起的质量损失不应超过 2 mg。

2. 半自动操作方法的分析步骤

(1)试料　称取约 1 g 制备的试样，准确至 0.1 mg，转移至一带有约 2 g 滤器辅料的滤埚中。如果试样脂肪含量超过 100 g/kg，或样品所含脂肪不能用石油醚直接提取，则先进行预先脱脂处理。如果试样脂肪含量不超过 100 g/kg，其碳酸盐(碳酸钙形式)超过 50 g/kg，除去碳酸盐，如果碳酸盐不超过 50 g/kg，则直接进行酸消煮。

(2)预先脱脂　将滤埚与冷提取装置连接，试样在真空条件用石油醚脱脂 3 次，每次用石油醚 30 mL，每次洗涤后抽吸干燥残渣。

(3)除去碳酸盐　将滤埚与加热装置连接，试样用盐酸洗涤 3 次，每次用盐酸 30 mL，在每次加盐酸后在过滤之前停留约 1 min。约用 30 mL 水洗涤一次，进行酸消煮。

(4)酸消煮　将消煮圆筒与滤埚连接，将 150 mL 沸硫酸转移至带有滤埚的圆筒中，如果出现气泡，则加数滴防泡剂，使硫酸尽快沸腾，并保持剧烈沸腾(30±1)min。

(5)第一次过滤　停止加热，打开排放管旋塞，在真空条件下通过滤埚将硫酸滤出，残渣用热水至少洗涤 3 次，每次用水 30 mL，洗涤至中性，每次洗涤后抽吸干燥残渣。

如果过滤发生问题，建议小心吹起排出滤器堵塞。

如果样品所含脂肪不能直接用石油醚提取，进行脱脂；否则，进行碱消煮。

(6)脱脂　将滤埚与冷提取装置连接，残渣在真空条件下用丙酮洗涤 3 次，每次用丙酮 30 mL，然后，残渣在真空条件下用石油醚洗涤 3 次，每次用石油醚 30 mL。每次洗涤后抽吸干燥残渣。

(7)碱消煮　关闭排出孔旋塞，将 150 mL 沸腾的氢氧化钾溶液转移至带有滤埚的圆筒，加数滴防泡剂使溶液尽快沸腾，并保持沸腾状态(30±1)min。

(8)第二次过滤　停止加热，打开排出孔旋塞，在真空条件下通过滤埚将氢氧化钾溶液滤去，用热水至少洗涤 3 次，每次用水约 30 mL，洗至中性，每次洗涤后抽吸干燥残渣。如果过滤发生问题，建议小心吹气排出滤器堵塞。将滤埚与冷提取装置连接，残渣在真空条件下用丙酮洗涤 3 次，每次用丙酮 30 mL，每次洗涤后抽吸干燥残渣。

(9)干燥　将滤埚置于灰化皿中，灰化皿及内容物在 130 ℃干燥箱中至少干燥 2 h。在灰化或冷却过程中，滤埚的烧结滤板可能有些部分变得松散，从而可能导致分析结果错误，因此将滤埚置于灰化皿中。滤埚和灰化皿在干燥器中冷却，从干燥器中取出后，立即对滤埚和灰化皿进行称量(m_2)，准确至 0.1 mg。

(10)灰化　将滤埚和灰化皿置于马弗炉中，其内容物在(500±25)℃下灰化，直至冷却后连续两次称量的差值不超过 2 mg。每次灰化后，让滤埚和灰化皿初步冷却，在尚温热时置于干燥器中，使其完全冷却，然后称量(m_3)，准确至 0.1 mg。

(11)空白测定　用大约相同数量的滤器辅料，进行空白测定，但不加试样。灰化引起的质量损失不应超过 2 mg。

(五)测定结果的计算和表示

试样中粗纤维的含量(X)以克每千克(g/kg)表示，按下式计算：

$$X = \frac{m_2 - m_3}{m_1} \tag{4-4-6}$$

式中：m_1——试料的质量，g；

m_2——灰化盘、滤埚以及在 130 ℃干燥后获得的残渣的质量，mg；

m_3——灰化盘、滤埚以及在(500±25)℃获得的残渣的质量，mg。

结果四舍五入，准确至 1 g/kg。

注：结果亦可用质量分数(%)表示。

(六)精密度

1. 实验室间试验

表 4-4-5 详细列出了本方法精密度的实验室间的试验结果，从该试验得出的数值可能不适用于附录中列出以外的浓度范围及基质的样本。

表 4-4-5　实验室间试验结果

参数	样品[a]						
	1	2	3	4	5	6	7
剔除界外值后保留的实验室数	10	9	10	10	10	10	10
粗纤维平均含量/(g/kg)	223.3	190.3	115.8	73.3	60.2	30.0	22.6
重复性标准差 S_r/(g/kg)	3.00	6.93	1.89	2.07	2.00	1.14	0.96
重复性变异系数/%	1.3	3.6	1.6	2.8	3.3	3.8	4.2
重复性限 $r[r-2.8\times S_r]$/(g/kg)	8.4	19.4	5.3	5.8	5.6	3.2	2.7
再现性标准差 S_R/(g/kg)	5.75	15.18	4.93	3.25	3.14	3.18	2.29
再现性变异系数/%	2.6	8.0	4.3	4.4	5.2	10.6	10.0
再现性限 $R[R=2.8\times S_R]$/(g/kg)	16.1	42.5	13.8	9.1	8.8	8.9	6.4

注：[a]1 为向日葵饼粕粉；2 为棕榈仁饼粕；3 为牛颗粒饲料；4 为玉米谷蛋白饲料；5 为木薯；6 为狗粮；7 为猫粮。

2. 重复性

用同一方法，对相同的试验材料，在同一实验室内，由同一操作人员使用同一设备，在短时间内获得的两个独立试验结果之间的绝对差值超过表 4-4-6 中列出的或由表 4-4-6 得出的重复性限 r 的情况不大于 5%。

3. 再现性

使用同一方法，对相同的试验材料，在不同实验室内，由不同操作人员使用不同设备获得的两个独立试验结果之间的绝对差值超过表 4-4-6 中列出的或由表 4-4-6 得出的再现性限 R 的情况不大于 5%。

表 4-4-6　重复性限(r)和再现性限(R)　　g/kg

样品	粗纤维含量	重复性限(r)	再现性限(R)
向日葵饼粕粉	223.3	8.4	16.1
棕榈仁饼粕粉	190.3	19.4	42.5
牛颗粒饲料	115.8	5.3	13.8
玉米谷蛋白饲料	73.3	5.8	9.1
木薯	60.2	5.6	8.8
狗粮	30.0	3.2	8.9
猫粮	22.8	2.7	6.4

(七)注意事项

(1)仪器由于经常与酸、碱及水接触，且仪器通有 220V 交流电，故实验室插座一定要有良好的接地。

(2)每次用完仪器后，应用滤纸将抽滤座内的水吸干。

(3)当坩埚在 500 ℃的高温炉内灼烧 1 h 后，不要立即将坩埚取出，否则由于炉内温度与炉外温度的温差太大极易使坩埚炸裂。

(八)Van Soest 法测定中性洗涤纤维(NDF)及酸性洗涤纤维(ADF)

饲料养分的常规测定法中存在的重要缺点之一，是测得饲料的粗纤维与无氮浸出物的数值不能反映饲料的真实情况。测定的粗纤维不是一种纯化合物，而是几种化合物的混合物，其中主要组成是纤维素、半纤维素与木质素。纤维素与半纤维素具有相似的营养价值，它们的营养价值对反刍家畜较单胃家畜为高。木质素对全部家畜均不能被消化，但用常规法测定饲料的粗纤维时，饲料中仅有一部分半纤维素和木质素量包括在粗纤维的数值内，其余部分都被计算在无氮浸出物的数值中，且都被认为与糖和淀粉具有同样的消化性能。由此可见，常规法测得粗纤维的数值不能全部反映饲料中大部分的不消化成分。

由于上述原因，Van Soest 与其同伴提出测定饲料中中性洗涤纤维与酸性洗涤纤维的方法，其具体内容如下：

(1)中性洗涤纤维(NDF)　称取饲料样本 0.5～1.0 g 放入中性洗涤剂(3%十二烷基硫酸钠缓冲液调节至 pH7.0)煮沸 1 h，过滤。溶于中性洗涤液中物质(NDS)包括饲料中细胞内容物的大部成分，主要有脂肪、糖、淀粉和蛋白质，这些物质的消化率均高，平均真实消化率达 98%。

不溶中性洗涤液物质(存留在滤纸上的物质)称之为中性洗涤纤维(NDF)，即由植物细胞壁组成，它主要包括纤维素、半纤维素、木质素、硅酸和少量蛋白质。在常规粗略分析法中一定量的半纤维素和木质素由粗纤维中损失而被计算入无氮浸出物中。但在 Van Soest 法中半纤维素与木质素及纤维素均无损失，存在于中性洗涤纤维项内。

(2)酸性洗涤纤维(ADF)　称取 1.0 g 风干样本放入酸性洗涤溶液中(每升中含 49.04 g 硫酸)加 20 g 十六烷基三甲基溴化铵，煮沸 1 h，过滤。不溶解的沉淀称之为酸性洗涤纤维(ADF)，主要包括纤维素、木质素和一定量硅酸。

NDF 与 ADF 之差数即为饲料中半纤维素量。

为测定木质素，将 ADF 放入 72%硫酸液中在 15 ℃消化 3 h，过滤、洗涤沉淀，烘干，称至恒重后，再行灰化，留下的灰分即为饲料中硅酸量。烘干的沉淀量与灰化量之差数即为酸性洗涤木质素(ADL)或称为酸不溶木质素。

$$纤维素=ADF-ADL-灰分$$

五、粗灰分含量的测定(GB/T 6438—2007)

(一)测定原理

饲料中的灰分，即饲料中的矿物质或称无机盐，主要为钾、钠、钙、镁、硫、硅、磷、铁及其他微量元素。测定方法是，饲料样本中有机物质的主要元素如氮、氢、氧、碳等在高温下(400～600 ℃)烧灼后被氧化而逸失，所剩残渣总称为“粗灰分”。粗灰分包括饲料中所含各种矿物质元素的氧化物和少量杂质，如黏土、砂石等，纯灰分则不含杂质。杂质无营养价值。

(二)仪器和材料

(1)实验室用样品粉碎机或研钵。

(2)分样筛：孔径为 0.45 mm(40 目)。

(3)分析天平：感量为 0.001 g。

(4)干燥箱：温度控制在(103±2)℃。

(5)电热板或煤气喷灯。

(6)马弗炉:电加热,可控制温度,带温度计。马弗炉中摆放煅烧盘的地方,在 550 ℃时温差不超过 20 ℃。

(7)煅烧盘:铂或铂合金(如 10%铂,90%金)或在实验室条件下不受影响的其他物质(如瓷质材料),最好是表面积约为 20 cm^2、高约为 2.5 cm 的长方形容器。对易于膨胀的碳水化合物样品,用灰化盘的表面积约为 30 cm^2、高为 3 cm 的容器。

(8)干燥器:用氯化钙(干燥试剂)或变色硅胶作干燥剂。

(9)0.5%氯化铁墨水溶液:称 0.5 g 氯化铁 $FeCl_3 \cdot 6H_2O$ 溶于 100 mL 蓝墨水中,在使用坩埚作为容器时,在坩埚上编号用,准备 20 mL。

(三)试样的制备

取具有代表性试样,粉碎至 40 目。用四分法缩减至 200 g,装于密封容器,防止试样的成分变化或变质。

(四)分析步骤

将煅烧盘(或坩埚)放入高温炉,在 550 ℃下灼烧至少 30 min。移入干燥器冷却至室温,称重,准确至 0.001 g(m_0)。称取约 5 g 试样(精确至 0.001 g)于煅烧盘(试样加容器的质量为 m_1)。

将盛有试样的煅烧盘放在电热板或煤气喷灯上小心加热至试样炭化,转入预先加热到 550 ℃的高温炉中灼烧 3 h,观察是否有炭粒,如无炭粒,继续于高温炉中灼烧 1 h。如果有炭粒或怀疑有炭粒,将煅烧盘冷却并用蒸馏水湿润,在(103±2)℃的干燥箱中蒸发至干,再将煅烧盘置于高温炉中灼烧 1 h,从干燥器中取出,冷至室温迅速称量,准确至 0.001 g(m_2)。

对同一试样取两份试料进行平行测定。

(五)测定结果的计算和表示

粗灰分含量 W,用质量分数(%)按下式计算:

$$W = \frac{m_2 - m_0}{m_1 - m_0} \times 100 \tag{4-4-7}$$

式中:m_0——恒重煅烧盘(或空坩埚)质量,g;

m_1——煅烧盘(或坩埚)加试样的质量,g;

m_2——灰化后煅烧盘(或坩埚)加粗灰分的质量,g;

取两次测定的算术平均值为测定结果,所得结果应表示至 0.1%(质量分数)。

(六)精密度

1. 实验室间试验

表 4-4-7 中详细列出了本方法精密度的实验室间试验结果,从该试验得出的结果可能不适用表中列出以外的物质和浓度范围。

2. 重复性

用同一方法,对相同的试验材料,在同一实验室内,由同一操作人员使用同一台设备,在短时间内获得的两个独立的实验结果之间的绝对差值超过表 4-4-8 中列出的重复性限 r 的情况不大于 5%。

表 4-4-7　实验室间试验结果

参数	样品[a]							
	1	2	3	4	5	6	7	8
实验室数	52	48	47	50	48	48	40	49
可接受的结果	50	47	43	49	44	45	39	46
灰分平均值/(g/kg)	179.8	59.1	175.6	50.2	42.7	20.0	119.9	35.8
重复性标准差(S_r)/(g/kg)	1.0	0.9	0.9	0.8	0.3	0.4	1.3	0.2
重复性变异系数/%	1.5	4.1	1.4	4.2	2.1	5.0	3.0	2.0
重复性限(r)[$r-2.8\times S_r$]/(g/kg)	2.7	2.4	2.4	2.1	0.9	1.0	3.6	0.7
再现性标准差(S_R)/(g/kg)	1.4	1.1	1.9	1.1	0.7	0.6	3.1	0.5
再现性变异系数/%	2.5	6.0	3.2	6.6	5.1	9.6	7.6	4.4
再现性限(R)[$R=2.8\times S_R$]/(g/kg)	4.4	3.6	5.6	3.3	2.2	1.9	3.1	1.6

注：[a]1 为鱼粉；2 为木薯；3 为肉粉；4 为仔猪饲料；5 为仔鸡饲料；6 为大麦；7 为糖蜜；8 为挤压棕榈粕。

3. 再现性

用相同的方法，对同一试样，在不同的实验室内，由不同的操作人员，用不同的设备得到的两个独立的实验结果之差的绝对值超过表 4-4-8 列出的或由表 4-4-8 得出的再现性限 R 的情况不大于 5%。

表 4-4-8　测定结果的重复性限(r)和再现性限(R)

样品	粗灰分/%	r/%	R/%
鱼粉	179.8	2.7	4.4
木薯	59.1	2.4	3.6
肉粉	175.6	2.4	5.6
仔猪饲料	50.2	2.1	3.3
仔鸡饲料	42.7	0.9	2.2
大麦	20.0	1.0	1.9
糖蜜	119.9	3.6	9.1
挤压棕榈粕	35.8	0.7	1.6

(七)注意事项

(1)试样必须放置在垫有石棉网的电炉上进行炭化，半掩坩埚盖，调节电炉缓慢升温，防止因电炉升温过快而使部分样品颗粒被逸出气流带走或使样品快速膨胀逸出坩埚。某些含糖较高的单一饲料(如乳清粉)，炭化时易逸出坩埚，应预先加数滴纯度较高的植物油再炭化，同时注意缓慢升温。含糖和脂肪高的样品炭化过程中不能出现明火。

(2)马弗炉温度在 200 ℃时，放入样品进行灰化，应控制马弗炉的温度不能超过 600 ℃。

(3)灼烧完毕，应先关闭马弗炉电源，不应立即打开炉门，以免炉膛突然受冷破裂，应先开一条小缝，让其降温加快，待炉膛温度降至 200 ℃左右时，全开炉门，用长柄坩埚钳取出坩埚。坩埚烧热后必须用烧热的坩埚钳才能夹取。

(4)较多较热的坩埚放入干燥器后，内部空气受热膨胀会把盖子顶起而有打翻盖子的可能；应当用手按住盖子，不时把盖子稍微推开小口放出热空气后立即盖紧，待内部空气稳定时静置降温即可。

(5)用后的坩埚应加入 10 mL 盐酸溶液(1+3)及 10 滴硝酸，加热至沸腾后经自来水冲洗干净，过蒸馏水后，沥干，放烘箱中干燥后备用。平时坩埚钳要保持头部清洁，尖头向上放于桌上。

(6)灼烧残渣颜色与试样中各元素含量有关，含铁高时为红棕色，含锰高时为淡蓝色。灰化后如果还能观察到炭粒，须加蒸馏水或过氧化氢进行处理。

六、饲料中无氮浸出物(NFE)的计算

饲料中的无氮浸出物(nitrogen free extract，NFE)是非常复杂的一组物质，主要包括淀粉、单糖(五碳糖、葡萄糖、果糖)、双糖蔗糖、糊精、有机酸，一部分果胶、木质素、单宁、色素和不属于纤维素的其他化合物。由于无氮浸出物的成分复杂，因此常规饲料分析不能直接分析饲料中无氮浸出物含量，而是通过计算求得。饲料中各种营养成分都包括在干物质中，因此饲料中无氮浸出物含量可按下式计算：

样本中无氮浸出物含量＝干物质 %－(粗蛋白 %＋粗脂肪 %＋粗纤维 %＋粗灰分 %)　(4-4-8)

注意：

(1)样本中无氮浸出物含量(%)计算到小数点后 1 位数，其后四舍五入。

(2)根据风干或半干样本中各种营养成分的分析结果，计算风干或半干样本中无氮浸出物的含量。

(3)如果分析的样本是新鲜饲料，须将测得半干样本中各种营养成分含量的结果换算成新鲜饲料中各种营养成分的含量。换算方式如下：

半干样本中干物质含量＝80%

半干样本中粗蛋白质含量＝12%

鲜样中干物质含量＝30%

鲜样中粗蛋白质含量＝半干样本中粗蛋白质(%)×鲜样中干物质(%)/半干样本中干物质(%)＝12%×30%/80%＝4.5%

新鲜样本中干物质、粗蛋白质、粗脂肪、粗纤维和粗灰分的百分数均换算完毕后，才可计算新鲜样本中的无氮浸出物的含量。

【技能训练】

实训　麦麸常规养分含量测定

根据任务学习中的国标方法，对饲料原料麦麸的各种养分进行测定，填写各项目的原始记录表(表 4-4-9 至表 4-4-13)。

一、水分检验的原始记录

表 4-4-9　水分检验原始记录单

样品编号	样品名称	检验方法	仪器名称/编号	检验地点	湿度/%	室温/℃	检验日期

称皿号	称量皿质量		称样皿＋样品质量 (m_1)/g	样品质量 $(m=m_1-m_0)$/g	烘后瓶＋样品质量		水分质量 (m_1-m_2)/g	水分含量/%	平均值/%	差值/%	允许范围(≤)/%
	次数	m_0/g			次数	m_2/g					
1	1				1						
	2				2						
	3				3						
2	1				1						
	2				2						
	3				3						
计算公式			水分(%)$=\frac{m_1-m_2}{m}\times 100$		备注：						

检验人：　　　　校核人：　　　　审核人：

二、粗蛋白检验的原始记录

表 4-4-10　粗蛋白检验原始记录单

样品编号	样品名称	检验方法	仪器名称/编号	检验地点	室温/℃	检验日期

称皿号	样品质量 m/g	标准酸浓度 c/(mol/L)	滴定时所耗标准酸体积/mL		V_1-V_0/mL	粗蛋白/%		相对偏差/%	允许范围(≤)/%
			样品(V_1)	空白(V_0)		测定值	平均值		
1									
2									
计算公式		粗蛋白质(%)$=\frac{(V_1-V_0)\times c\times A\times 6.25}{m}\times 100$ $A=$			备注：				

检验人：　　　　校核人：　　　　审核人：

三、粗脂肪检验的原始记录

表 4-4-11　粗脂肪检验原始记录单

样品编号	样品名称	检验方法	仪器名称/编号	检验地点	室温/℃	检验日期

提抽瓶号	空提抽瓶恒质量		样品质量	脂肪+瓶恒质量		粗脂肪质量	粗脂肪含量/%	平均值/%	相对偏差/%	允许范围(≤)/%
	次数	m_1/g	m/g	次数	m_2/g	(m_2-m_1)/g				
1	1			1						
	2			2						
	3			3						
2	1			1						
	2			2						
	3			3						
计算公式	粗脂肪(%)$=\frac{m_2-m_1}{m}\times 100$				备注：					

检验人：　　　　校核人：　　　　审核人：

四、粗纤维检验的原始记录

表 4-4-12　粗纤维检验原始记录单

样品编号	样品名称	检验方法	仪器名称/编号	检验地点	室温/℃	检验日期

称皿号	样品质量 m/g	烘后质量 m_1/g	灰化后质量 m_2/g	粗纤维质量 (m_1-m_2)/g	粗纤维/%		偏差/%	允许范围(≤)/%
					测定值	平均值		
1								
2								
计算公式		粗纤维(%)$=\frac{m_1-m_2}{m}\times 100$		备注：				

检验人：　　　　校核人：　　　　审核人：

五、粗灰分检验的原始记录

表 4-4-13　粗灰分检验原始记录单

<table>
<tr><td colspan="2">样品编号</td><td>样品名称</td><td colspan="2">检验方法</td><td>仪器名称/编号</td><td>检验地点</td><td>湿度/%</td><td>室温/℃</td><td colspan="2">检验日期</td></tr>
<tr><td colspan="2"></td><td></td><td colspan="2"></td><td></td><td></td><td></td><td></td><td colspan="2"></td></tr>
<tr><td rowspan="2">称皿号</td><td colspan="2">坩埚质量</td><td rowspan="2">样品质量
m/g</td><td colspan="2">灰化后坩埚+样品质量</td><td rowspan="2">灰分质量
(m_1-m_0)/g</td><td rowspan="2">灰分含量
/%</td><td rowspan="2">平均值
/%</td><td rowspan="2">相对偏差
/%</td><td rowspan="2">允许范围
(≤)/%</td></tr>
<tr><td>次数</td><td>m_0/g</td><td>次数</td><td>m_1/g</td></tr>
<tr><td rowspan="3">1</td><td>1</td><td></td><td rowspan="6"></td><td>1</td><td></td><td rowspan="3"></td><td rowspan="3"></td><td rowspan="6"></td><td rowspan="6"></td><td rowspan="6"></td></tr>
<tr><td>2</td><td></td><td>2</td><td></td></tr>
<tr><td>3</td><td></td><td>3</td><td></td></tr>
<tr><td rowspan="3">2</td><td>1</td><td></td><td>1</td><td></td><td rowspan="3"></td><td rowspan="3"></td></tr>
<tr><td>2</td><td></td><td>2</td><td></td></tr>
<tr><td>3</td><td></td><td>3</td><td></td></tr>
<tr><td colspan="2">计算公式</td><td colspan="2">粗灰分(%)$=\frac{m_1-m_0}{m}\times100$</td><td colspan="7">备注：</td></tr>
</table>

检验人：　　　　　　　　校核人：　　　　　　　　审核人：

六、无氮浸出物的计算

无氮浸出物的计算结果：________________。

七、判断

(一)判断标准

中国饲料营养成分价值表 2018 年第 29 版中国饲料营养价值库中小麦麸的营养价值数据见表 4-4-14。

表 4-4-14 传统制粉工艺生产的小麦麸营养价值 %

指标	干物质	粗蛋白质	粗脂肪	粗纤维	无氮浸出物	粗灰分
数值	87.0	14.3	4.0	6.8	57.1	4.8
指标	中性洗涤纤维	酸性洗涤纤维	淀粉	钙	总磷	有效磷
数值	41.3	11.9	19.8	0.10	0.93	0.33

其他标准可以自行查找。

(二)判断

将测定值和标准值填入表 4-4-15,并判断该饲料是否符合标准。

表 4-4-15 测定结果判定表 %

指标	测定值	标准值	是否符合标准
水分			
粗蛋白质			
粗脂肪			
粗纤维			
中性洗涤纤维			
酸性洗涤纤维			
无氮浸出物			
粗灰分			

【任务成果】

1. 知识测试

(1)饲料的水分分为哪两种?初水分是什么?

(2)粗蛋白测定的原理是什么?

(3)粗脂肪测定的原理是什么?

(4)粗纤维测定的原理是什么?

2. 实训成果

某种饲料的养分分析报告。

●思政花园

持而盈之,不如其已。揣而锐之,不可长保。金玉满堂,莫之能守。富贵而骄,自遗其咎。功遂身退,天之道也。

——老子《道德经》

释义:执持盈满,不如适可而止。将铁器磨出锋利的刃,并不能长久地保持刃的锋利。金玉满堂,不能长久守住。富贵而骄纵,必然会给自己带来祸害。功成身退,才是自然运行的规则。

项目五

饲料添加剂分析测定

【项目分析】

饲料添加剂是指在饲料的加工、制作、使用过程中添加的少量或者微量物质，包括营养性饲料添加剂和一般饲料添加剂。营养性添加剂包括维生素类、微量元素类和氨基酸类，非营养性添加剂是指保证或改善饲料品质、促进动物生长、保障动物健康、提高饲料利用率而掺入饲料中的少量和微量的添加剂。本项目主要涉及营养性添加剂的检测。矿物元素饲料添加剂多为无机盐或氨基酸螯合物；饲料级添加剂氨基酸和维生素由于成分较为单一，检测的干扰成分较少，结构相似，性质也相似，通常采用化学分析，主要是滴定分析法进行检测。

【技能目标】

能用滴定分析方法进行微量矿物元素添加剂含量的检验。

【知识目标】

1. 掌握碘酸钙、甲酸钙、硫酸锰、硫酸钠、硫酸锌、亚硒酸钠、氧化锌、碱式氯化铜、硫酸铜、硫酸亚铁、氯化钴、碳酸氢钠、硫酸镁、磷酸氢钙、磷酸二氢钙等的测定原理；

2. 掌握以上各种微量矿物质测定方法。

【素质目标】

1. 培养团队意识；

2. 培养环保意识；

3. 培养组织领导能力；

4. 培养责任担当意识。

【知识学习】

一、饲料级碘酸钙的测定

(一)原理

在酸性溶液中，碘酸根离子被碘离子还原成游离碘，然后用硫代硫酸钠标准滴定溶液滴定。反应式如下：

$$IO_3^- + 5I^+ + 6H^+ \longrightarrow 3I_2 + 3H_2O$$

$$I_2 + 2S_2O_3^{2-} \longrightarrow S_4O_6^{2-} + 2I^-$$

(二)试剂和材料

(1)盐酸溶液:1 mol/L。

(2)硫代硫酸钠标准滴定溶液:0.1 mol/L。

(3)淀粉指示液:10 g/L。

(4)碘化钾。

(三)测定步骤

称取约 0.5 g 试样(精确至 0.000 2 g),置于 250 mL 碘量瓶中,加 30 mL 水使其溶解,加入 3 g 碘化钾、5 mL 盐酸溶液,放置暗处反应 5 min,溶解摇匀后,用硫代硫酸钠标准滴定溶液滴定至淡黄色,加 1 mL 淀粉指示剂,继续滴定至溶液无色,即为终点。同时做空白试验。

(四)结果分析

以质量百分数表示的碘酸钙含量(X_1)按下式计算:

$$X_1 = \frac{c \times (V - V_0) \times 0.032\ 49}{m} \times 100\% \tag{4-5-1}$$

式中:c——硫代硫酸钠标准滴定溶液的实际浓度,mol/L;

V——试液消耗的硫代硫酸钠标准滴定溶液的体积,mL;

V_0——空白消耗的硫代硫酸钠标准滴定溶液的体积,mL;

m——试样的质量,g;

0.032 49——与 1.00 mL $Na_2S_2O_3$ 标准溶液[$c(Na_2S_2O_3)$=1.000 mol/L]相当的以克表示的碘酸钙的质量。

二、饲料级甲酸钙的测定

(一)原理

甲酸根在碱性条件下被过量的高锰酸钾氧化成二氧化碳,酸化后加入碘化钾,用硫代硫酸钠回滴过量的高锰酸钾,计算出甲酸钙的含量。

主要反应方程式:

$$HCOO^- + 2MnO_4^- + OH^- \longrightarrow 2MnO_4^- + CO_2\uparrow + H_2O$$

$$2MnO_4^- + 16H^+ + 10I^- \longrightarrow 2Mn^{2+} + 5I_2 + 8H_2O$$

$$MnO_4^{2-} + 8H^+ + 4I^- \longrightarrow Mn^{2+} + 2I_2 + 4H_2O$$

$$I_2 + 2S_2O_3^{2-} \longrightarrow S_4O_6^{2-} + 2I^-$$

(二)试剂与材料

(1)无水碳酸钠:分析纯。

(2)碘化钾:分析纯。

(3)高锰酸钾溶液:$c(1/5KMnO_4)$=0.1 mol/L。

(4)硫代硫酸钠标准滴定溶液:$c(Na_2S_2O_3)$=0.1 mol/L。

(5)硫酸溶液:$c(1/2H_2SO_4)=4$ mol/L。

(6)淀粉溶液:10 g/L。

(7)氢氧化钠溶液:1.5 mol/L。

(三)测定步骤

称取0.5 g(准确至0.000 2 g)样品于100 mL容量瓶内,用水溶解并定容至刻线,取5 mL于250 mL碘量瓶内,加10 mL NaOH溶液和20 mL $KMnO_4$溶液,水浴在80~90 ℃中30 min,冷却后加10 mL稀硫酸,2 g碘化钾,振荡溶解后放暗处5 min,之后加入100 mL水,2 mL淀粉溶液,用硫代硫酸钠标准溶液滴定,终点前加2 mL淀粉溶液,滴定到蓝色刚好消失为终点。同样条件做空白试验。

(四)结果分析

以质量百分数表示的甲酸钙含量(X)按下式计算:

$$X=\frac{(V-V_0)\times c\times 0.032\ 52}{m\times\frac{5}{100}}\times 100\% \qquad (4\text{-}5\text{-}2)$$

式中:c——硫代硫酸钠标准溶液的浓度,mol/L;

V_0——空白消耗硫代硫酸钠的体积,mL;

V——移取分解液消耗硫代硫酸钠的体积,mL;

m——试样质量,g;

0.032 52——与1.00 mL $Na_2S_2O_3$标准溶液[$c(Na_2S_2O_3)=1.000$ mol/L]相当的以克表示的甲酸钙的质量。

三、饲料级硫酸锰的测定

(一)原理

将硫酸锰溶于水中,以盐酸羟胺为还原剂,防止产生高价锰。用氨-氯化铵缓冲溶液控制pH为10,以铬黑T为指示剂,用EDTA标准溶液滴定至溶液由紫红色变为蓝色。

注:此法只适于$MnSO_4\cdot H_2O$含量98%以上样品,铬黑T指示剂易被Mn^{2+}氧化褪色。因铬黑T作指示剂时,干扰很多,此法只可测纯样品。

(二)试剂和溶液

(1)盐酸羟胺。

(2)10 g/L的酒石酸溶液。

(3)氨-氯化铵缓冲溶液:pH≈10,取氯化铵5.4 g,加水20 mL溶解,加浓氨溶液35 mL,再加水稀释至100 mL。

(4)铬黑T指示剂:将1.0 g铬黑T与100 g氯化钠混合,研细。

(5)EDTA标准滴定溶液:0.1 mol/L。

(三)测定步骤

称取0.2 g试样(精确至0.000 2 g)于250 mL锥形瓶中,加水使之溶解,加入150 mL水使之溶解,再加0.5 g盐酸羟胺,溶解后,加5 mL酒石酸掩蔽剂,加热至63~65 ℃,马上加10 mL氨-氯化铵缓冲溶液,摇匀,用EDTA标准溶液滴定(滴定时温度保持60 ℃),近终点时，加入少许铬黑 T 指示剂，继续滴定至溶液由紫红色变为蓝色。

(四)结果分析

硫酸锰(以 $MnSO_4 \cdot H_2O$ 计)百分含量(X_1)按下式计算：

$$X_1 = \frac{c \times (V - V_0) \times 0.1690}{m} \times 100\% \quad (4\text{-}5\text{-}3)$$

硫酸锰(以 Mn 计)百分含量(X_2)按下式计算：

$$X_2 = \frac{c \times (V - V_0) \times 0.05494}{m} \times 100\% \quad (4\text{-}5\text{-}4)$$

式中：c——EDTA 标准溶液的浓度，mol/L；

V——试样消耗的 EDTA 标准溶液的体积，mL；

V_0——空白消耗的 EDTA 标准溶液的体积，mL；

m——试样的质量，g；

0.169 0——与 1.00 mL EDTA 标准溶液[c(EDTA)=1.000 mol/L]相当的以克表示的硫酸锰的质量；

0.054 94——与 1.00 mL EDTA 标准溶液[c(EDTA)=1.000 mol/L]相当的以克表示的锰的质量。

四、饲料级硫酸钠的测定

(一)原理

硫酸根和钡离子在溶液中发生反应生成硫酸钡沉淀。

$$SO_4^{2-} + Ba^{2+} \longrightarrow BaSO_4 \downarrow$$

(二)试剂与材料

氯化钡溶液：10%。

硝酸溶液：1+1(V∶V)。

(三)测定步骤

准确称取样品 0.2 g(精确至 0.000 2 g)于 250 mL 烧杯中，加 50 mL 水溶解，之后加入氯化钡(10%)，逐滴加入，边加边摇。加入 10 mL 硝酸溶液(1∶1)，充分搅拌摇匀，然后用定量滤纸过滤，用水冲洗烧杯 5～6 次，然后将沉淀连同滤纸一起放入已知质量的坩埚内，在电炉灼烧至无烟后，再放入马弗炉中，700 ℃灼烧 2 h，然后放到干燥器内冷却，称重。同时做空白试验。

(四)计算

以质量百分数表示的硫酸钠含量(X)按下式计算：

$$X = \frac{[(m_3 - m_1) - (m_4 - m_2)] \times 142}{m \times 233} \times 100\% \quad (4\text{-}5\text{-}5)$$

式中：m_3——坩埚与沉淀烘后的质量，g；

m_1——未装沉淀之前坩埚的质量，g；

m_4——坩埚与空白的质量，g；

m_2——未装空白之前坩埚的质量，g；

m——试样的质量，g；

142——硫酸钠的摩尔质量，g/mol；

233——硫酸钡的摩尔质量，g/mol。

(五)注意事项

(1)硝酸的作用是防止其他沉淀的生成，如碳酸钡。

(2)一定要做空白试验，因为硝酸溶液内可能含有硫酸根影响结果。

五、饲料级硫酸锌的测定

(一)原理

硫酸锌溶解于水，加入氟化铵溶液作为掩蔽剂，以乙酸-乙酸钠缓冲溶液调节 pH 为 5～6，以二甲酚橙为指示剂，用 EDTA 标准滴定溶液滴定。

(二)试剂和材料

(1)氟化铵：200 g/L。

(2)乙酸-乙酸钠缓冲溶液：pH≈5.5，称取 200 g 乙酸钠溶于水，加 10 mL 冰乙酸，稀释至 1 000 mL。

(3)二甲酚橙指示剂：2 g/L，使用期不超过一周。

(4)EDTA 标准滴定溶液：0.1 mol/L。

(三)测定

称取样品 0.2 g(精确至 0.000 2 g)于 250 mL 锥形瓶内，加 50 mL 水溶解，加 10 mL 氟化铵溶液，15 mL 乙酸-乙酸钠缓冲溶液，加 3 滴二甲酚橙指示剂，用 EDTA 标准溶液滴定溶液变为亮黄色为滴定终点。

(四)结果分析

硫酸锌(以 $ZnSO_4 \cdot H_2O$ 计)百分含量(X_1)按下式计算：

$$X_1 = \frac{c \times (V - V_0) \times 0.179}{m} \times 100\% \tag{4-5-6}$$

硫酸锌(以 Zn 计)含量(X_2)按下式计算：

$$X_2 = \frac{c \times (V - V_0) \times 0.065\ 37}{m} \times 100\% \tag{4-5-7}$$

式中：c——EDTA 标准溶液的浓度，mol/L；

V——试验溶液消耗的 EDTA 标准溶液的体积，mL；

V_0——空白消耗的 EDTA 标准溶液的体积，mL；

m——试样的质量，g；

0.179——与 1.00 mL EDTA 标准溶液[c(EDTA)＝1.000 mol/L]相当的以克表示的一水硫酸锌的质量；

0.065 37——与 1.00 mL EDTA 标准溶液[c(EDTA)＝1.000 mol/L]相当的以克表示的锌的质量。

六、饲料级亚硒酸钠的测定

(一)原理

在酸性介质中,亚硒酸钠与碘化钾发生氧化-还原反应产生游离碘,用硫代硫酸钠标准滴定溶液滴定产生的游离碘,以淀粉为指示剂,根据颜色变化判断反应终点。

相关反应式如下:

$$SeO_3^{2-}+4I^-+6H^+\longrightarrow 2I_2+Se+3H_2O$$

$$I_2+2S_2O_3^{2-}\longrightarrow 2I^-+S_4O_6^{2-}$$

(二)试剂和材料

(1)碘化钾。

(2)四氯化碳(或三氯甲烷)。

(3)盐酸:1+1。

(4)硫代硫酸钠标准滴定溶液:$c(Na_2S_2O_3)$约为 0.1 mol/L。

(5)淀粉指示液:10 g/L。

(三)测定步骤

称取 2 g(精确至 0.000 2 g)样品于 250 mL 碘量瓶中,加 50 mL 水使其溶解,加入 1 g 碘化钾、10 mL 四氯化碳(或三氯甲烷)和 3 mL 盐酸,摇匀,在暗处放置 5 min,用硫代硫酸钠标准滴定溶液滴定,近终点时加 2 mL 淀粉指示剂,强力振摇,继续滴定至水层蓝色消失。同时做空白试验。

(四)结果分析

以质量百分数表示的亚硒酸钠(以 $NaSeO_3$ 计)含量(X_1)按下式计算:

$$X_1=\frac{c\times(V-V_0)\times 0.043\,23}{m}\times 100\% \tag{4-5-8}$$

以质量百分数表示的亚硒酸钠(以 Se 计)含量(X_2)按下式计算:

$$X_2=\frac{c\times(V-V_0)\times 0.019\,74}{m}\times 100\% \tag{4-5-9}$$

式中:c——硫代硫酸钠标准滴定溶液的实际浓度,mol/L;

V——试验溶液消耗的硫代硫酸钠标准滴定溶液的体积,mL;

V_0——空白溶液消耗的硫代硫酸钠标准滴定溶液的体积,mL;

m——试样的质量,g;

0.043 23——与 1.00 mL 硫代硫酸钠标准滴定溶液[$c(Na_2S_2O_3)=1.000$ mol/L]相当的以克表示的亚硒酸钠的质量;

0.019 74——与 1.00 mL 硫代硫酸钠标准滴定溶液[$c(Na_2S_2O_3)=1.000$ mol/L]相当的以克表示的硒的质量。

七、饲料级氧化锌的测定

(一)原理

将氧化锌溶解于盐酸中,以氨-氯化铵缓冲溶液调节溶液 pH 为 10 左右,以铬黑 T 为指示剂,用 EDTA 标准溶液滴定,溶液由紫色变为蓝色为终点。

(二)试剂

(1)氨水:1+1。

(2)氨氯化铵缓冲溶液:pH≈10。

(3)铬黑 T 指示剂:将 1.0 g 铬黑 T 与 100 g 氯化钠混合,研细。

(4)盐酸溶液:1+1。

(5)EDTA 标准滴定溶液:$c(\mathrm{EDTA})=0.1$ mol/L。

(三)测定步骤

称取样品 0.1 g(精确至 0.000 2 g)于 250 mL 锥形瓶内,加 10 mL 盐酸溶解,待溶解之后加入 50 mL 水、10 mL 氨水、10 mL 氨-氯化铵缓冲溶液,加入适量的铬黑 T,用 EDTA 标准滴定溶液滴定,溶液由紫红色变为蓝色为滴定终点。同样条件做空白试验。

(四)结果分析

以质量百分数表示的氧化锌含量(X)按下式计算:

$$X=\frac{c\times(V-V_0)\times 0.065\ 39}{m}\times 100\% \qquad (4\text{-}5\text{-}10)$$

式中:c——EDTA 标准溶液的浓度,mol/L;

V——试液消耗 EDTA 标准溶液的体积,mL;

V_0——空白消耗 EDTA 标准溶液的体积,mL;

m——试样的质量,g;

0.065 39——与 1.00 mL EDTA 标准溶液[$c(\mathrm{EDTA})=1.000$ mol/L]相当的以克表示的氧化锌的质量,g。

八、碱式氯化铜的测定

(一)原理

碱式氯化铜中含有部分氯化铜、氢氧化铜,测定其中总铜的含量。

相关反应式如下:

$$2Cu^{2+}+4I^{-}\longrightarrow 2CuI+I_2$$

(二)试剂与材料

(1)盐酸溶液:1+1。

(2)碘化钾:分析纯。

(3)淀粉指示液:10 g/L。

(4)硫代硫酸钠标准滴定溶液:$c(Na_2S_2O_3)=0.1$ mol/L。

(三)测定步骤

准确称取碱式氯化铜样品 0.25 g(精确至 0.000 2 g)于 250 mL 碘量瓶中,加水 50 mL,加盐酸溶液 5 mL,振荡使之完全溶解,加碘化钾 3 g 左右,迅速盖上盖子,在暗处放置 10 min,使之充分反应后,取出,用 0.1 mol/L 的硫代硫酸钠标准滴定溶液滴定,在溶液变为浅黄色悬浊液时加 2 mL 淀粉指示剂,继续滴定至浊液由浅蓝色变为白色即为滴定终点。同时做空白试验。

(四)结果分析

以质量百分数表示的碱式氯化铜(以 Cu 计)含量(X)按下式计算:

$$X=\frac{c\times(V-V_0)\times 0.063\ 55}{m}\times 100\% \qquad (4\text{-}5\text{-}11)$$

式中:c——硫代硫酸钠标准滴定溶液浓度,mol/L;

V——试液所消耗硫代硫酸钠标准滴定溶液体积,mL;

V_0——空白所消耗硫代硫酸钠标准滴定溶液体积,mL;

m——试样质量,g;

0.063 55——与 1.00 mL 硫代硫酸钠标准滴定溶液[$c(Na_2S_2O_3)=1.000$ mol/L]相当的以克表示的铜的质量。

九、饲料级硫酸铜的测定

(一)原理

试样用水溶解,在弱酸性条件下,加入适量的碘化钾与二价铜离子作用,析出等当量碘,以淀粉为指示剂,用硫代硫酸钠标准滴定溶液滴定析出的碘。根据消耗硫代硫酸钠标准滴定溶液的体积,计算试样中硫酸铜含量。

$$2Cu^{2+}+4I^-\longrightarrow 2CuI+I_2$$

$$I_2+2S_2O_3^{2-}\longrightarrow 2I^-+S_4O_6^{2-}$$

(二)试剂和材料

(1)碘化钾:分析纯。

(2)冰乙酸:1+1(体积比)。

(3)淀粉指示液:10 g/L。

(4)硫代硫酸钠标准滴定溶液:$c(Na_2S_2O_3)$约为 0.1 mol/L。

(三)测定步骤

称取约 0.2 g 试样(精确至 0.000 2 g),置于 250 mL 碘量瓶中,加入 100 mL 水溶解,加入 4 mL 冰乙酸,加入 2 g 碘化钾,摇匀后,于暗处放置 10 min。用硫代硫酸钠标准滴定溶液滴定,直至溶液呈现淡黄色,加 3 mL 淀粉指示液,继续滴定至蓝色消失,即为终点。

(四)结果分析

以质量百分数表示的硫酸铜(以 $CuSO_4\cdot 5H_2O$ 计)含量(X_1)按下式计算:

$$X_1=\frac{c\times(V-V_0)\times 0.249\ 7}{m}\times 100\% \qquad (4\text{-}5\text{-}12)$$

以质量百分数表示的硫酸铜(以 Cu 计)含量(X_2)按下式计算：

$$X_2 = \frac{c \times (V - V_0) \times 0.063\ 55}{m} \times 100\% \qquad (4\text{-}5\text{-}13)$$

式中：c——硫代硫酸钠标准滴定溶液的实际浓度，mol/L；

V——试液消耗的硫代硫酸钠标准滴定溶液的体积，mL；

V_0——空白消耗的硫代硫酸钠标准滴定溶液的体积，mL；

m——试样的质量，g；

0.249 7——与 1.00 mL 硫代硫酸钠标准滴定溶液[$c(Na_2S_2O_3)=1.000$ mol/L]相当的以克表示的五水硫酸铜的质量；

0.063 55——与 1.00 mL 硫代硫酸钠标准滴定溶液[$c(Na_2S_2O_3)=1.000$ mol/L]相当的以克表示的铜的质量。

十、饲料级硫酸亚铁的测定

(一)原理

在酸性介质中，用高锰酸钾滴定硫酸亚铁发生如下反应：

$$5Fe^{2+} + MnO_4^- + 8H^+ \longrightarrow 5Fe^{3+} + Mn^{2+} + 4H_2O$$

在硫酸溶液中，反应是迅速和定量进行的。通常加入磷酸使其与 Fe^{3+} 生成无色络合物而削除 Fe^{3+} 的颜色。高锰酸钾自身用来作指示剂。

(二)试剂和材料

(1)浓硫酸。

(2)磷酸。

(3)高锰酸钾标准滴定溶液：$c(KMnO_4)$约为 0.1 mol/L。

(三)测定步骤

称取约 0.2 g 试样(精确至 0.000 2 g)，置于 250 mL 三角瓶中，溶于 50 mL 不含氧的水中，加 5 mL 浓硫酸，加 2 mL 磷酸，用高锰酸钾标准滴定溶液滴定至溶液呈粉红色在 30 s 内不褪色即为终点。同时做空白试验。

(四)结果分析

以质量百分数表示的七水硫酸亚铁含量(X_1)按下式计算：

$$X_1 = \frac{c \times (V - V_0) \times 0.278\ 0}{m} \times 100\% \qquad (4\text{-}5\text{-}14)$$

以质量百分数表示的铁含量(X_2)按下式计算：

$$X_2 = \frac{c \times (V - V_0) \times 0.055\ 85}{m} \times 100\% \qquad (4\text{-}5\text{-}15)$$

式中：c——高锰酸钾标准滴定溶液的实际浓度，mol/L；

V——试液消耗的高锰酸钾标准滴定溶液的体积，mL；

V_0——空白消耗的高锰酸钾标准滴定溶液的体积，mL；

m——试样的质量，g；

0.278 0——与 1.00 mL 高锰酸钾标准滴定溶液[$c(KMnO_4)=1.000$ mol/L]相当的以克表示的七水硫酸亚铁的质量；

0.055 85——与 1.00 mL 高锰酸钾标准滴定溶液[$c(KMnO_4)=1.000$ mol/L]相当的以克表示的铁的质量。

十一、饲料级氯化钴的测定

(一)原理

在酸性介质中，Co^{2+} 与 SCN^- 生成具有$[Co(SCN)_4]^{2-}$离子式的蓝色络合物。在丙酮存在下，用 EDTA 标准溶液滴定，Co^{2+} 与 EDTA 生成淡红色络合物，到达终点时，蓝色消失。

(二)试剂和溶液

(1)盐酸羟胺：分析纯。

(2)乙酸铵：饱和溶液。

(3)硫氰酸铵：分析纯。

(4)丙酮：分析纯。

(5)EDTA 标准滴定溶液：c(EDTA)约为 0.1 mol/L。

(三)测定步骤

称取约 2 g 试样(精确至 0.000 2 g)，置于 250 mL 三角瓶中，加入 50 mL 水使之溶解，加 0.25 g 盐酸羟胺，加 10 g 硫氰酸铵，加 4 mL 饱和乙酸铵溶液，摇匀，再加 50 mL 丙酮，以 EDTA 标准溶液滴定至蓝色全部消失即为终点。

(四)结果分析

以氯化钴($CoCl_2 \cdot 6H_2O$)计百分含量(X_1)按下式计算：

$$X_1=\frac{c\times(V-V_0)\times 0.2379}{m}\times 100\% \tag{4-5-16}$$

以钴(Co)计百分含量(X_2)按下式计算：

$$X_2=\frac{c\times(V-V_0)\times 0.05893}{m}\times 100\% \tag{4-5-17}$$

式中：c——EDTA 标准溶液的浓度，mol/L；

V——试验溶液消耗的 EDTA 标准溶液的体积，mL；

V_0——空白消耗的 EDTA 标准溶液的体积，mL；

m——试样的质量，g；

0.237 9——与 1.00 mL EDTA 标准滴定溶液[c(EDTA)=1.000 mol/L]相当的以克表示的硫酸钴的质量；

0.058 93——与 1.00 mL EDTA 标准滴定溶液[c(EDTA)=1.000 mol/L]相当的以克表示的钴的质量。

十二、小苏打($NaHCO_3$)的测定

(一)原理

碳酸氢根与酸反应生成水和二氧化碳。

$$HCO_3^- + H^+ \longrightarrow H_2O + CO_2\uparrow$$

(二)试剂材料

(1)盐酸标准滴定溶液:0.1 mol/L。

(2)溴甲酚绿指示液(1 g/L):称取 0.10 g 溴甲酚绿,溶于乙醇,用乙醇稀释至 100 mL。

(3)甲基红指示液(2 g/L):称取 0.20 g 甲基红,溶于乙醇,用乙醇稀释至 100 mL。

(4)溴甲酚绿-甲基红指示液:将溴甲酚绿乙醇溶液(1 g/L)与甲基红乙醇溶液(2 g/L)按 3∶1 体积比混合,摇匀。

(三)测定步骤

称取试样 0.2 g(精确至 0.000 2 g),置于 250 mL 锥形瓶中,加入 50 mL 蒸馏水溶解,摇匀,加入溴甲酚绿-甲基红指示液数滴,用盐酸标准滴定溶液滴定至溶液由绿色变为暗红色,煮沸 2 min,冷却后继续滴定至溶液再呈暗红色,即为滴定终点。同时做空白试验。

(四)结果分析

以质量百分数表示的碳酸氢钠含量(X)按下式计算:

$$X = \frac{c \times (V - V_0) \times 0.084}{m} \times 100\% \qquad (4\text{-}5\text{-}18)$$

式中:c——盐酸标准滴定溶液的浓度,mol/L;

V——试样所消耗盐酸的体积,mL;

V_0——空白所消耗盐酸的体积,mL;

m——称取试样的质量,g;

0.084——与 1.00 mL 盐酸标准滴定溶液[c(HCl)=1.000 mol/L]相当的以克表示的碳酸氢钠的质量。

十三、饲料级硫酸镁的测定

(一)原理

将硫酸镁溶解于盐酸中,以氨-氯化铵缓冲溶液调节溶液 pH 为 10 左右,以铬黑 T 为指示剂,用 EDTA 标准溶液滴定,溶液由紫红色变为蓝色为终点。

(二)试剂

(1)氨水:10%。

(2)氨-氯化铵缓冲溶液:pH≈10。

(3)铬黑 T 指示剂:将 1.0 g 铬黑 T 与 100 g 氯化钠混合,研细。

(4)盐酸溶液:1+1。

(5)EDTA 标准滴定溶液:c(EDTA)=0.1 mol/L。

(三)测定步骤

称取样品 0.2 g(精确至 0.000 2 g),用水溶解,转移到 100 mL 容量瓶内,加水定容至刻线,摇匀。取 10 mL 样液于 250 mL 锥形瓶内,加 50 mL 水、10 mL 氨水(1∶1)、10 mL 氨-氯化铵缓冲液,加入适量铬黑 T,用 EDTA 标准滴定溶液滴定,溶液由紫红色变为蓝色为滴定终点。同样条件做空白试验。

(四)结果分析

以质量百分数表示的硫酸镁(以 Mg 计)含量按下式计算：

$$W_{Mg}=\frac{c\times(V-V_0)\times 0.024\ 31}{m}\times 100\% \tag{4-5-19}$$

式中：c——EDTA 标准滴定溶液的浓度，mol/L；

V——试液消耗 EDTA 标准滴定溶液的体积，mL；

V_0——空白消耗 EDTA 标准滴定溶液的体积，mL；

m——试样的质量，g；

0.024 31——与 1.00 mL EDTA 标准滴定溶液[c(EDTA)=1.000 mol/L]相当的以克表示的镁的质量，g。

十四、饲料级磷酸氢钙的测定

(一)实验原理

本方法适用于工业磷酸与石灰乳或碳酸钙中和生产的饲料级磷酸氢钙，不适用于有毒有害的磷酸生产的磷酸氢钙，该产品在饲料加工中作为钙和磷的补充剂。

在酸性介质中，试验溶液中的磷酸根全部与喹钼柠酮形成磷钼酸喹啉沉淀，过滤、干燥、称量，计算出磷含量。

用三乙醇胺、乙二胺、盐酸羟胺和淀粉溶液消除干扰离子的影响，在碱性溶液中以钙黄绿素为指示剂，用 EDTA 标准溶液络合滴定钙，快速测定钙的含量。

(二)测定

1. 枸溶磷的测定

(1)试剂与材料

1)喹钼柠酮溶液：

①称取 70 g 钠溶解于 150 mL 水中；

②称取 60 g 柠檬酸溶解于 150 mL 水和 85 mL 硝酸中；

③在搅拌下将溶液①倒入溶液②中；

④在 100 mL 水中加入 35 mL 硝酸和 5 mL 喹啉；

⑤将溶液④倒入溶液③中，放置 24 h 后，用坩埚式过滤器过滤，再加入 280 mL 丙酮，用水稀释至 1 000 mL，混匀。并贮存于聚乙烯瓶中。

2)柠檬酸溶液：20 g 柠檬酸溶于 1 000 mL 的蒸馏水中。

(2)仪器与设备

1)电烘箱：温度控制在(180±5)℃。

2)玻璃砂芯坩埚 4＃：孔径为 5～15 μm。

3)抽滤机。

(3)测定步骤　称取 0.2 g(精确至 0.000 2 g)试样，置于 100 mL 容量瓶中，加入 40 mL 柠檬酸溶液，将容量瓶置于(65±1)℃的水浴中保温 1 h，时常打开瓶塞，每隔 15 min 摇动约 30 s，取出容量瓶，冷却至室温，用水定容。移取 20 mL 样液于 250 mL 烧杯中，加水至总体积约 100 mL，加入 50 mL 喹钼柠酮溶液，盖上表面皿，于水浴中加热至杯内物温度达(75±

5)℃,保温 30 s(在加入试剂和加热过程中,不得使用明火,不得搅拌,以免生成凝块)后冷却至室温。在冷却过程中搅拌 3~4 次,用预先在(180±5)℃下烘干至恒重的玻璃砂芯坩埚抽滤。先将上层清液过滤,用倾斜法洗涤沉淀 5~6 次,每次用水约 20 mL,最后将沉淀移入玻璃砂芯坩埚中过滤,再用水洗涤沉淀 3~4 次,将玻璃砂坩埚连同沉淀置于电烘箱中从温度稳定时计时,在(180±5)℃下烘 45 min,置于干燥器中冷却至室温,称量,精确至 0.000 2 g。

(4)结果分析　以质量百分数表示的枸溶磷含量按下式计算:

$$W=\frac{(m_2-m_1)\times 0.01400}{m\times\frac{V_1}{V_2}}\times 100\% \quad (4\text{-}5\text{-}20)$$

式中:m_1——干燥至恒重的玻璃砂芯坩埚的质量,g;

m_2——烘干后的玻璃砂芯坩埚和磷钼酸喹啉沉淀的质量,g;

m——试样的质量,g;

V_1——移取试样分解液的体积,mL;

V_2——试样分解液的总体积,mL;

0.014 00——磷钼酸喹啉换算成磷的系数。

(5)测定时的注意事项

1)玻璃砂坩埚的质量:必须用 4#:孔径为 5~15 μm 的玻璃砂坩埚。

2)喹钼柠酮溶液的制备:按顺序加入,不可产生沉淀。

2. 钙的测定

(1)试剂与材料

1)盐酸:1+1。

2)淀粉溶液(10 g/L):称取 5 g 可溶性淀粉于 100 mL 烧杯中,加 10 mL 水润湿,转入 490 mL 沸水中搅拌,煮沸,加少许硼酸,冷却备用。

3)三乙醇胺:1+1。

4)乙二胺:1+1。

5)氢氧化钾溶液(200 g/L):称取 20 g 氢氧化钾溶于 100 mL 水中。

6)盐酸羟胺:分析纯。

7)钙黄绿素-甲基百里香草酚兰指示剂:0.1 g 钙黄绿素与 0.10 g 甲基百里酚蓝与 0.03 g 百里香酚酞、5 g 氯化钾(在马弗炉中 300 ℃中烘 30 min,于干燥器中冷却后再用),研细均匀,贮存于磨口瓶中备用。

8)EDTA 标准滴定溶液:称取 3.8 g EDTA 于 200 mL 烧杯中,加 200 mL 水,加热溶解冷却后转至 1 000 mL 容量瓶中,用水稀释至刻度。

(2)测定步骤　称取 0.3~0.5 g(精确至 0.000 2 g)试样于烧杯中,加少许水润湿,再加入盐酸 10 mL,在电炉上煮沸取下,待试样溶解冷却后,将此溶液转入 100 mL 容量瓶中,用蒸馏水将烧杯冲洗干净,用蒸馏水稀释至刻度,摇匀,作为试样分解液。准确移取试样分解液 5.00 mL,加入 50 mL 水,加 10 mL 淀粉溶液,2 mL 三乙醇胺,1 mL 乙二胺,15 mL 氢氧化钾溶液,加 0.1 g 盐酸羟胺,(每加一种试剂都须摇匀),加钙黄绿素少许,在黑色背景下立即用 EDTA 标准溶液滴定至绿色荧光消失呈现紫红色为滴定终点。同样条件做空白试验。

(3)结果分析　以质量百分数表示的钙的含量按下式计算:

$$W=\frac{T\times(V_2-V_3)}{m\times\frac{V_1}{V_0}}\times100\%=\frac{T\times(V_2-V_3)\times V_0}{m\times V_1}\times100\% \quad (4\text{-}5\text{-}21)$$

式中：W——以质量分数表示的钙含量，%；

T——EDTA 标准滴定溶液对钙的滴定度，g/mL；

V_0——试样分解液的总体积，mL；

V_1——分取试样分解液的体积，mL；

V_2——分取试样分解液消耗 EDTA 标准滴定溶液的体积，mL；

V_3——空白消耗 EDTA 标准滴定溶液的体积，mL；

m——试样的质量，g。

十五、饲料级磷酸二氢钙的测定

（一）试剂与材料

(1)喹钼柠酮溶液。

①称取 70 g 钼酸钠溶解于 150 mL 水中；

②称取 60 g 柠檬酸溶解于 150 mL 水和 85 mL 硝酸中；

③在搅拌下将溶液①倒入溶液②中；

④在 100 mL 水中加入 35 mL 硝酸和 5 mL 喹啉；

⑤将溶液④倒入溶液③中，放置 24 h 后，用坩埚式过滤器过滤，再加入 280 mL 丙酮，用水稀释至 1 000 mL，混匀，并贮存于聚乙烯瓶中。

(2)硝酸：1+1。

（二）仪器与设备

(1)电烘箱：温度能控制在(180±5)℃。

(2)玻璃砂芯坩埚 4＃：孔径为 5～15 μm。

(3)抽滤机。

（三）测定步骤

称取事先在研钵中研细的试样 0.3 g(精确至 0.000 2 g)，置于 100 mL 容量瓶中，加入 50 mL 水，振摇 30 min，用水定容。移取 20 mL 样液于 250 mL 烧杯中，加入 10 mL 硝酸(1+1)，加水至总体积约 100 mL，加入 50 mL 喹钼柠酮溶液，盖上表面皿，于水浴中加热至杯内物温度达(75±5)℃，保温 30 s(在加入试剂和加热过程中，不得使用明火，不得搅拌，以免生成凝块)后冷却至室温。在冷却过程中搅拌 3～4 次，用预先在(180±5)℃下烘干至恒重的玻璃砂芯坩埚抽滤。先将上层清液过滤，用倾斜法洗涤沉淀 5～6 次，每次用水约 20 mL，最后将沉淀移入玻璃砂芯坩埚中过滤，再用水洗涤沉淀 3～4 次，将玻璃砂芯坩埚连同沉淀置于电烘箱中从温度稳定时计时，在(180±5)℃下烘 45 min，置于干燥器中冷却至室温，称量，精确至 0.000 2 g。

（四）结果分析

$$W=\frac{(m_2-m_1)\times0.105\,78}{m\times\frac{V_1}{V_2}}\times100\% \quad (4\text{-}5\text{-}22)$$

式中：m_1——干燥至恒重的玻璃砂芯坩埚的质量，g；

m_2——烘干后的玻璃砂芯坩埚和磷钼酸喹啉沉淀的质量，g；

m——试样的质量，g；

V_1——移取试样分解液的体积，mL；

V_2——试样分解液的总体积，mL；

0.105 78——磷钼酸喹啉换算成磷酸二氢钙的系数。

(五)钙的测定

同磷酸氢钙中钙含量的测定。

十六、饲料级L-赖氨酸盐酸盐的测定

(一)鉴别

1. 试剂和溶液

茚三酮：0.1%(m/V)溶液。

硝酸银：0.1 mol/L 溶液。

硝酸：(1+9)溶液。

氢氧化铵：(1+2)溶液。

2. 操作步骤

氨基酸的鉴别：称取试样 0.1 g，溶于 100 mL 水中，取此溶液 5 mL，加 1 mL 茚三酮溶液，加热 3 min 后，加水 20 mL，静置 15 min，溶液呈紫红色。

氯化物的鉴别：称取试样 1 g，溶于 100 mL 水中，加硝酸银溶液，即产生白色沉淀。加入稀硝酸，沉淀不溶解；另取白色沉淀，加入过量的氢氧化铵溶液，沉淀溶解。

(二)含量测定

1. 试剂和溶液

(1)甲酸。

(2)冰乙酸。

(3)α-萘酚苯基甲醇指示液：0.2 g α-萘酚苯基甲醇，溶于 100 mL 冰乙酸。

(4)乙酸汞冰乙酸溶液：60 g/L。

(5)高氯酸冰乙酸标准滴定溶液：$c(HCHO_4)=0.1$ mol/L。

2. 操作步骤

试样预先在 105 ℃干燥至恒重，称取干燥试样 0.2 g(准确至 0.000 2 g)，加 3 mL 甲酸和 50 mL 冰乙酸，再加入 5 mL 乙酸汞的冰乙酸溶液。加入 10 滴 α-萘酚苯基甲醇指示液，用 0.1 mol/L 高氯酸的冰乙酸标准溶液滴定，试样液由橙黄色变为黄绿色即为滴定终点。用同样方法另做空白试验以校正之。

3. 结果计算

$$W(C_4H_{14}N_2O_2\cdot HCl)=\frac{c\times(V-V_0)\times 0.091\ 32}{m}\times 100\% \qquad (4\text{-}5\text{-}23)$$

式中：c——高氯酸标准溶液的浓度，mol/L；

V——试样所消耗的高氯酸标准溶液的体积，mL；

V_0——空白试验所消耗的高氯酸标准溶液的体积，mL；

m——试样质量，g；

0.091 32——每毫摩尔赖氨酸盐酸盐的克数。

十七、饲料级 DL-蛋氨酸的测定

（一）鉴别

1. 试剂和溶液

（1）无水硫酸铜。

（2）硫酸饱和溶液。

（3）氢氧化钠：（1+5）水溶液。

（4）氨基乙酸：（1+100）溶液。

（5）硝基铁氰酸钠：（1+10）溶液。

（6）盐酸：（1+5）溶液。

（7）茚三酮：2%（m/V）溶液。

（8）乙酸钠。

2. 操作步骤

称取试样 25 mg，加 1 mL 无水硫酸铜饱和溶液，呈现黄色；称取试样 5 mg，加 5 mL 水溶解，再加氢氧化钠溶液 2 mL，振荡混合，加 1 mL 氨基乙酸溶液，0.3 mL 硝基铁氰酸钠溶液，然后再充分振荡混合，在 35～40 ℃下放置 10 min，冰浴冷却 2 min，加入 10 mL 稀盐酸溶液，振荡混合，溶液呈赤色。称取试样 1 g，溶于 30 mL 水中，取 1 mL 该试液，加 1 mL 茚三酮溶液和 100 mg 的乙酸钠，加热至沸腾，溶液呈蓝紫色。

（二）蛋氨酸含量的测定

1. 试剂和溶液

（1）磷酸氢二钾。

（2）磷酸二氢钾。

（3）碘化钾。

（4）碘：0.05 mol/L 的溶液。

（5）可溶性淀粉：0.5%（m/V）溶液。

（6）硫代硫酸钠：0.1 mol/L 溶液。

2. 操作步骤

称取 0.3 g（精确至 0.000 2 g）试样，放入具塞三角瓶中，加水 100 mL、磷酸氢二钾 2 g、磷酸二氢钾 2 g、碘化钾 2 g，振荡混合溶解，准确加入 0.05 mol/L 碘液 50 mL，密塞后充分振荡混合，放置 30 min 后，以 1 mL 淀粉试液为指示剂，用 0.1 mol/L 硫代硫酸钠溶液滴定过量的碘。按同样的方法做空白试验。每 1 mL 0.1 mol/L 硫代硫酸钠溶液含有 7.460 mg $C_5H_{11}NO_2S$。

3. 结果计算

$$W=\frac{c\times(V-V_0)\times 0.074\ 6}{m}\times 100\% \qquad (4\text{-}5\text{-}24)$$

式中：W——每毫升硫代硫酸钠的毫克数，g/kg；

V——试样消耗的硫代硫酸钠的体积，mL；

V_0——空白试验消耗的硫代硫酸钠的体积，mL；

m——试样质量，g。

十八、饲料添加剂维生素 B_2（核黄素）的测定

（一）鉴别试验

1. 仪器与试剂

（1）连二亚硫酸钠。

（2）紫外分光光度计。

2. 测定方法

第一种方法：称取样品约 1 mg，加水 100 mL 溶解后，溶液在透射光下显黄绿色并有强烈的黄绿色荧光；分成 2 份，一份中加无机酸或碱溶液，荧光即消失，另一份中加连二亚硫酸钠结晶少许，摇匀后，黄色即消退，荧光即消失。

第二种方法：按含量测定制备溶液，用分光光度计测定，以 1 cm 比色皿在 200～500 nm 波长范围内测定试样溶液的吸收光谱，应在（267±1）nm、（375±1）nm、（444±1）nm 的波长处有最大吸收，375 nm 处吸收度与 267 nm 处吸收度的比值应为 0.31～0.33；444 nm 处吸收度与 267 nm 处吸收度的比值应为 0.36～0.39。

（二）含量测定

1. 仪器与试剂

（1）氢氧化钠溶液：$c(NaOH)=2.00$ mol/L。

（2）冰乙酸。

（3）乙酸钠溶液：1.4%。

（4）紫外分光光度计，附 1 cm 比色皿。

2. 测定步骤

称取试样约 0.065 g（精确至 0.000 2 g），置 500 mL 棕色容量瓶中，加 5 mL 水，使样品完全湿润，加 5 mL 氢氧化钠溶液使其全部溶解。立即加入 100 mL 水和 2.5 mL 冰乙酸，加水稀释至刻度，摇匀。精密吸取 10 mL 试液于 100 mL 棕色容量瓶中，加乙酸钠溶液 1.8 mL，并用水稀释至刻度，摇匀。另取乙酸钠溶液 1.8 mL 于 100 mL 棕色容量瓶中，用水稀释至刻度，作为空白于 1 cm 比色皿内，用紫外分光光度计在 444 nm 处测定吸光度。

3. 结果计算

维生素 B_2 含量 X_1（以质量分数表示，数值以%计），按下式计算：

$$X_1=\frac{A\times 5\ 000}{328\times m} \tag{4-5-25}$$

式中：A——试液在（444±1）nm 波长处测得的吸光度；

5 000——稀释倍数；

328——维生素 B_2 在（444±1）nm 波长处的吸光系数；

m——试样质量，g。

结果保留三位有效数字，同一分析者对同一试样同时两次平行测定结果的相对偏差应不大于2%。

【技能训练】

实训　饲料添加剂的测定

一、确定要测定的添加剂种类

添加剂种类：____

____

二、样品的采集与制备

制备的过程描述：____

____

三、测定步骤

测定步骤描述：____

____

四、测定原始记录

将测定的原始数据填入表4-5-1。

表4-5-1　测定原始记录

样品编号	样品名称	检验方法	仪器名称/编号	检验地点	室温/℃	检验日期

称皿号	样品质量 m/g	标准溶液浓度 c/(mol/L)	消耗标准溶液体积 V/mL	空白溶液消耗标准溶液体积 V_0/mL	稀释倍数 f	滴定度 r	含量/% 测定值	含量/% 平均值	相差值/%	允许范围(≤)/%
1										
2										
计算公式	含量(%)$=\dfrac{C\times(V-V_0)\times f\times r}{m}\times 100$					备注：				

检验人：　　　　校核人：　　　　审核人：

【任务成果】

1. 知识测试

(1)饲料添加剂的测定方法包括哪些？

(2)饲料添加剂包括哪些？

2. 实训成果

测定某一饲料添加剂的质量，完成实验报告。

●思政花园

我们要有钉钉子的精神，钉钉子往往不是一锤子就能钉好的，而是要一锤一锤接着敲，直到把钉子钉实钉牢，钉牢一颗再钉下一颗，不断钉下去，必然大有成效。如果东一榔头西一棒子，结果很可能是一颗钉子都钉不上、钉不牢。我们要有"功成不必在我"的精神。

——摘自习近平总书记 2013 年 2 月 28 日在十八届二中全会第二次全体会议上的讲话

项目六

饲料矿物元素分析测定

【项目分析】

通过对钙、磷元素测定方法的学习，掌握常量元素的准确、快速的测定方法。

【技能目标】

1. 能测定饲料中钙元素含量；
2. 能测定饲料磷元素含量。

【知识目标】

1. 掌握测定饲料钙元素含量测定步骤；
2. 掌握测定饲料磷元素含量测定步骤。

【素质目标】

1. 培养团队意识；
2. 培养安全意识；
3. 培养组织领导能力；
4. 培养责任担当意识。

【知识学习】

一、饲料中钙的测定(高锰酸钾法)

(一)测定原理

饲料样品灰化后，用盐酸溶解使成氯化钙。然后在溶液中加入草酸铵，使钙成为草酸钙沉淀而分离，经过滤、洗涤后再把草酸钙溶解于硫酸中，以标准高锰酸钾溶液滴定游离的草酸根离子，由于 1 mol Ca^{2+} 相当于 1 mol $C_2O_4^{2-}$，故根据高锰酸钾标准液的用量，可计算出饲料中钙的含量。主要化学反应如下：

(1)溶解灰分：灰分＋$HCl \longrightarrow CaCl_2$；

(2)沉淀：$CaCl_2+(NH_4)_2C_2O_4 \longrightarrow CaC_2O_4\downarrow+2NH_4Cl$；

(3)沉淀溶解：$CaC_2O_4+H_2SO_4 \longrightarrow H_2C_2O_4+CaSO_4$；

(4)滴定草酸：$5H_2C_2O_4+2KMnO_4+3H_2SO_4 \longrightarrow 10CO_2\uparrow+MnSO_4+K_2SO_4+8H_2O$。

(二)仪器设备

电炉，棕色滴定管，长颈漏斗，ϕ12 cm 滤纸等。

(三)试剂

(1)HCl 与 H_2O 体积比为 1∶3。

(2)NH_4OH 与 H_2O 体积比为 1∶1。

(3)4.2%草酸铵饱和液。

(4)0.05 mol/L KMnO4 溶液：称 1.6 g $KMnO_4$ 溶于 100 mL 蒸馏水中，煮沸 10～15 min，冷却过夜，过滤标定(滤去所生成的 MnO_2)，贮存于棕色瓶中。

(5)$KMnO_4$ 溶液的标定：称 $Na_2C_2O_4$ 0.1 g 溶于 50 mL 蒸馏水中，加硫酸溶液(1+3) 10 mL，加热至 75～85 ℃，趁热用 $KMnO_4$ 溶液滴定至呈粉红色，且 1 min 内不褪色为止，滴定完溶液温度应在 60 ℃以上。

$$N_{KMnO_4}=\frac{m_{Na_2C_2O_4}\times 1\,000}{V_{KMnO_4}\times 134/2} \tag{4-6-1}$$

(四)测定步骤

(1)盐酸溶解灰分　在测定灰分的坩埚内加入 40 mL HCl(1+3)和几滴浓硝酸，然后把溶液移入 50 mL 烧杯中，煮沸，随即过滤入 250 mL 容量瓶中，用热蒸馏水充分洗涤烧杯、坩埚及漏斗中滤纸，冷却后，加水定容，此溶液可作钙和磷的分析用。同时进行一个试剂空白试验。

(2)草酸钙的沉淀　从容量瓶中准确吸取试样分解液 20 mL 于 500 mL 的烧杯中，加入 100 mL 蒸馏水，滴加 2 滴甲基红指示剂，使溶液呈红色，再滴加 NH_4OH(1+1)溶液，使溶液呈橘黄色或橙色(pH≈5.6)。然后加数滴 HCl(1+3)使溶液呈粉红色(pH 为 2.5～3)，搅拌均匀并煮沸。徐徐加入热的饱和$(NH_4)_2C_2O_4$ 10 mL[边搅拌边加，如此时溶液由红色转橙色，则须再加 HCl(1+3)使其转为红色]，继续煮沸 3～4 min，使沉淀颗粒增大，不至在过滤时损失，然后静置过夜。

(3)沉淀的洗涤　将上述溶液用定性滤纸过滤，用 1∶50 NH_4OH 洗净氯离子和草酸铵。洗涤沉淀时，应自滤纸的边缘向中间冲洗，使沉淀集中在滤纸的中心，避免损失。在每次洗涤时，必须待上一次的洗液全部滤净后，才能再添加。每次所用的稀 NH_4OH 溶液均不应超过滤纸容积的 2/3。草酸铵是否洗净的检测：用滤液少许，加几滴 H_2SO_4(1+3)并加热至 80～90 ℃，加入 0.05 mol/L $KMnO_4$ 溶液 1 滴，如红色 30 s 内不消失，即证明已无草酸铵存在。

(4)沉淀的溶解与滴定　沉淀洗净后，将滤纸移入原来沉淀的烧杯中，用玻璃棒将滤纸捣碎，加入 H_2SO_4(1+3)溶液 10 mL，再加蒸馏水约 50 mL，加热至 75～85 ℃，以 0.05 mol/L $KMnO_4$ 标准溶液滴定至溶液呈微红色。记录所用 0.05 mol/L $KMnO_4$ 的体积(V)。

(5)按上述测定步骤，同时进行空白溶液的测定。

(五)计算

1 mL 的 1 mol/L $KMnO_4$ 相当于 20 mg 的钙。

$$W=\frac{N\times(V-V_0)\times 0.02}{m}\times\frac{250}{20}\times 100\% \tag{4-6-2}$$

(六)注意事项

(1)吸取样品分解液的量由样品中含钙量决定,一般采用滴定的 $KMnO_4$ 量为 20 mL 左右。

(2)沉淀时应加入足够的草酸铵溶液,以免引起负的误差。

(3)$KMnO_4$ 溶液不稳定,至少每个月要标定一次。

(4)每种滤纸本底不同,消耗的 $KMnO_4$ 量也不同,至少每盒滤纸做一次空白测定。

(5)精密度:钙含量在 5%以上,允许相对偏差为 3%;钙含量在 1%～5%,允许相对偏差为 5%;钙含量在 1%以下,允许相对偏差为 10%。

二、磷的测定(钼黄比色法)

(一)测定原理

将样品中有机物破坏(灰化),磷在酸性溶液中与钒钼酸铵生成黄色钒钼黄络合物[$(NH_4)_3PO_4NH_4V_3 \cdot 16MoO_3$]。钒钼黄的吸光度值与总磷的浓度成正比。在波长 400 nm 下进行比色测定。此法测得为总磷,包括动物难以吸收的植物磷。

(二)仪器设备

(1)分析天平:感量为 0.000 1 g。

(2)紫外-可见分光光度计:带 1 cm 比色皿。

(3)高温炉:可控温度在(550±20)℃。

(4)电热干燥箱:可控温度在(103±2)℃。

(5)可调温电炉:1 000 W。

(三)试剂

(1)硝酸。

(2)高氯酸。

(3)盐酸溶液:盐酸+水=1+1(V_1+V_2)。

(4)磷标准贮备液(50 μg/mL):称 0.2195 g KH_2PO_4(经 105 ℃干燥处理 2 h)溶于 1 000 mL 容量瓶中,加 3 mL 浓硝酸,用蒸馏水稀释至刻度,摇匀即得。置聚乙烯瓶中 4 ℃下可贮存 1 个月。

(5)钒钼酸铵显色剂:取 1.25 g 偏钒酸铵(NH_4VO_3)加热溶解,冷却后再加入 250 mL 水加热溶解,在冷却的条件下,将两种溶液混合,用水稀释至 1 000 mL,避光保存。若生成沉淀,则不能继续使用。

(四)试样的制备

取有代表性的饲料样品,用四分法缩减取约 200 g,粉碎后过 0.42 mm 孔径的分析筛,混匀,装入磨口瓶中,备用。

(五)试样的前处理

1. 干灰化法

称取试样 2～5 g 精确到 1 mg,置于坩埚中,在电炉上小心炭化,再放入高温炉,在 550 ℃灼烧 3 h(或测粗灰分继续进行),取出冷却。加盐酸溶液 10 mL 和硝酸数滴,小心煮沸约

10 min，冷却后转入 100 mL 容量瓶中，加水稀释至刻度，摇匀，为试样溶液。

2. 湿法消解法

称取试样 0.5～5 g(精确到 1 mg)置于凯氏烧瓶中，加入硝酸 30 mL，小心加热煮沸至黄烟逸尽，稍冷，加入高氯酸 10 mL，继续加热至高氯酸冒白烟(不得蒸干)，溶液基本无色，冷却，加水 30 mL，加热煮沸，冷却后用水转入 100 mL 容量瓶中并稀释至刻度，摇匀，为试样溶液。

3. 盐酸溶解法(适用于微量元素预混料)

称取试样 0.2～1 g(精确到 1 mg)置于 100 mL 烧杯中，缓缓加入盐酸溶液 10 mL，使其全部溶解，冷却后转入 100 mL 容量瓶中，加水稀释至刻度，摇匀，为试样溶液。

(六)磷标准工作液的制备

准确移取磷标准贮备液 0 mL、1 mL、2 mL、5 mL、10 mL、15 mL 于 50 mL 容量瓶中(即相当于含磷量为 0 μg、50 μg、100 μg、250 μg、500 μg、750 μg)，于各容量瓶中分别加入钒钼酸铵显色剂 10 mL，用水稀释至刻度，摇匀。常温下放置 10 min 以上，以 0 mL 磷标准溶液为参比，用 1 cm 比色皿，在 400 nm 波长下用分光光度计测各溶液的吸光度。以磷含量为横坐标，吸光度为纵坐标，绘制工作曲线。

(七)试样的测定

准确移取试样溶液 1～10 mL(含磷量 50～750 μg)于 50 mL 容量瓶中，加入钒钼酸铵显色剂 10 mL，用水稀释至刻度，摇匀，常温下放置 10 min 以上，用 1 cm 比色皿，在 400 nm 波长下用分光光度计测定试样溶液的吸光度，通过工作曲线计算试样溶液的磷含量。若试样溶液磷含量超过磷标准工作曲线范围，应对试样溶液进行稀释。

(八)试验数据处理

1. 结果计算

试样中磷的含量 W，以质量分数计，数值以%表示，结果按下式计算：

$$W=\frac{m_1\times V}{m\times V_1\times 10^6}\times 100\% \qquad (4\text{-}6\text{-}3)$$

式中：W——试样中磷的含量，%；

m_1——通过工作曲线计算出试样溶液中磷的含量，μg；

V——试样溶液的总体积，mL；

m——试样质量，g；

V_1——试样测定时移取试样溶液的体积，mL；

10^6——换算系数。

2. 结果表示

每个试样称取两个平行样进行测定，以其算术平均值为测定结果，所得到的结果应表示至小数点后两位。

(九)精密度

在同一实验室，由同一操作者使用相同设备，按相同的测试方法，并在短时间内对同一饲料样品相互独立进行测试获得的两次独立测试结果的绝对差值，当试样中总磷含量不大于 0.5%时，不得大于这两次测定值的算术平均值的 10%；当试样中总磷含量大于 0.5%时，不得大于这两次测定值的算术平均值的 3%。以大于这两次测定值的算术平均值的百分数的情况不超过5%为前提。

(十)注意事项

(1)比色时,待测液中的磷含量不宜过浓,最好控制在0.5 mg/mL以下。

(2)取比色液时,勿将消化液底层的硅酸及其浑浊物吸入,以免妨碍比色。

(3)采样液时,所用吸管必须用已校正过的大肚吸管。

(4)作标准曲线时所用容量瓶必须与稀释供试液时所用的大小要一致。

三、饲料中钙、铜、铁、镁、锰、钾、钠和锌含量的测定(原子吸收光谱法)

(一)测定原理

试料在高温电阻炉(550±15)℃下灰化之后,用盐酸溶液溶解残渣并稀释定容,然后导入原子吸收分光光度计的空气-乙炔火焰中。测量每个待测元素的吸光度,并与对应元素标准曲线的吸光度比较定量。

(二)试剂和溶液

除非另有说明,分析时均使用符合国家标准的分析纯试剂。

(1)水:符合GB/T 6682,三级。

(2)盐酸(HCl)。

(3)盐酸溶液:6 mol/L,盐酸+水=1+1。

(4)盐酸溶液:0.6 mol/L,盐酸+水=5+100。

(5)硝酸镧溶液:溶解133 g的$La(NO_3)_3 \cdot 6H_2O$于1 L水中。也可以使用其他镧盐配制成镧浓度相同的溶液。

(6)氯化铯溶液:溶解100 g氯化铯(CsCl)于1 L水中。也可以使用其他铯盐配制铯浓度相同的溶液。

(7)Cu、Fe、Mn、Zn的标准储备溶液:取100 mL水,125 mL盐酸于1 L容量瓶中,混匀。称取下列试剂于容量瓶中溶解并用水定容。

①392.9 mg硫酸铜($CuSO_4 \cdot 5H_2O$);

②702.2 mg硫酸亚铁铵[$(NH_4)_2SO_4 \cdot FeSO_4 \cdot 6H_2O$];

③307.7mg硫酸锰($MnSO_4 \cdot H_2O$);

④439.8 mg硫酸锌($ZnSO_4 \cdot 7H_2O$)。

此贮备溶液中Cu、Fe、Mn、Zn的含量均为100 μg/mL。

注:可以使用市售的标准溶液。

(8)Cu、Fe、Mn、Zn的标准溶液:准确移取20.0 mL的储备溶液加入100 mL容量瓶中,用水稀释定容。此标准溶液中Cu、Fe、Mn、Zn的含量均为20 μg/mL。该标准溶液使用时当天配制。

(9)Ca、K、Mg、Na的标准储备溶液:称取下列试剂于1 L容量瓶中。

①1.907 g氯化钾(KCl);

②2.028 g硫酸镁($MgSO_4 \cdot 7H_2O$);

③2.542 g氯化钠(NaCl)。

另称取2.497 g碳酸钙($CaCO_3$)放入烧杯中,加入50 mL 6 mol/L盐酸溶液。

注意：当心产生的二氧化碳。

(10)在电热板上加热 5 min，冷却后将溶液转移到含有 K、Mg、Na 盐的容量瓶中，用 0.6 mol/L 盐酸溶液定容。此储备溶液中 Ca、K、Na 的含量均为 1 mg/mL，Mg 的含量为 200 μg/mL。

注：可以使用市售的标准溶液。

(11)Ca、K，Mg、Na 的标准溶液：准确移取 25.0 mL 储备溶液于 250 mL 容量瓶中，用 0.6 mol/L 盐酸溶液定容。此标准溶液中 Ca、K、Na 的含量均为 100 μg/mL，Mg 的含量为 20 μg/mL。配制的标准溶液贮存在聚乙烯瓶中，可以在 1 周内使用。

(12)镧/铯空白溶液：取 5 mL 硝酸铜溶液、5 mL 氯化铯溶液和 5 mL 6 mol/L 盐酸溶液加入 100 mL 容量瓶中，用水定容。

(三)仪器设备

所有的容器，包括配制标准溶液的吸管，在使用前用 0.6 mol/L 盐酸溶液冲洗。如果使用专用的灰化坩埚和玻璃器皿，每次使用前不需要用盐酸溶液煮沸。实验室常用设备和专用设备如下。

(1)分析天平：感量为 0.1 mg。

(2)坩埚：铂金、石英或瓷质，不含钾、钠，内层光滑没有被腐蚀，上部直径为 4～6 cm，下部直径 2～2.5 cm，高 5 cm 左右，使用前用 6 mol/L 盐酸溶液煮沸。

(3)硬质玻璃器皿。使用前用 6 mol/L 盐酸溶液煮沸，并用水冲洗净。

(4)电热板。

(5)高温电阻炉：温度能控制在(550±15)℃。

(6)原子吸收分光光度计：带有空气-乙炔火焰和背景校正功能。

(7)Ca、Cu、Fe、K、Mg、Mn、Na、Zn 空心阴极灯或无极放电灯。

(8)定量滤纸。

(四)试样的制备

试样粉碎粒度应通过 0.45 mm 分析筛。

(五)分析步骤

1. 检查是否含有机物

用平勺取一些试样在火焰上加热。如果试样融化没有烟，即不存在有机物。如果试料颜色有变化，并且不融化，即试样含有机物。

2. 试料

根据估计含量称取 1～5 g(精确到 1 mg)试样放入坩埚中。含有机物的试样，从干灰化步开始操作。不含有机物的试样，直接从溶解步开始操作。

3. 干灰化

将坩埚放在电热板上加热，直到试样完全炭化(要避免试样燃烧)。将坩埚转到 550 ℃预热 15 min 以上的高温电阻炉中灰化 3 h。冷却后用 2 mL 水湿润坩埚内料。如果有炭粒，则将坩埚放在电热板上缓慢小心蒸干，然后放到高温电阻炉中再次灰化 2 h，冷却后加 2 mL 水湿润坩埚内试样。

注：含硅化合物可能影响复合预混合饲料灰化效果，使测定结果偏低。此时称取试样后宜

从溶解步开始操作。

4. 溶解

取 10 mL 6 mol/L 盐酸溶液，开始慢慢一滴一滴加入，边加边旋动坩埚，直到不冒泡为止（可能产生二氧化碳），然后再快速加入，旋动坩埚并加热直到内容物接近干燥，在加热期间避免内容物溅出。用 5 mL 6 mol/L 盐酸溶液加热溶解残渣后，分次用 5 mL 左右的水将试样溶液转移到 50 mL 容量瓶。冷却后用水稀释定容并用滤纸过滤。

注意：同时做空白溶液。

5. 铜、铁、锰、锌的测定

(1)测量条件　调节原子吸收分光光度计的仪器测试条件，使仪器在空气-乙炔火焰测量模式下处于最佳分析状态。Cu、Fe、Mn、Zn 的测量波长如下：① Cu，324.8 nm；② Fe，248.3 nm；③Mn，279.5 nm；④Zn，213.8 nm。

(2)标准曲线　用 0.6 mol/L 盐酸溶液稀释标准溶液，配制一组适宜的标准工作溶液。测量盐酸溶液的吸光度和标准溶液的吸光度。用标准溶液的吸光度减去盐酸溶液的吸光度，以吸光度校正值分别对 Cu、Fe、Mn、Zn 的含量绘制标准曲线。

(3)试样溶液的测定　在同样条件下，测量试样溶液和空白溶液的吸光度，试样溶液的吸光度减去空白溶液的吸光度，由标准曲线求出试样溶液中元素的浓度，按式(4-6-4)计算含量。必要时用盐酸溶液稀释试料溶液和空白溶液，使其吸光度在标准曲线线性范围之内。

注：①原子吸收分光光度计多具有自动计算试样溶液中元素浓度的功能。

②背景校正不是必需的。如果存在背景值，采用背景校正能提高测定数据的准确性。

6. 钙、镁、钾、钠的测定

(1)测量条件　调节原子吸收分光光度计的仪器测试条件，使仪器在空气-乙炔火焰测量模式下处于最佳分析状态。Ca、K、Mg、Na 的测量波长如下：①Ca，422.6 nm；②K，766.5 nm；③Mg，285.2 nm；④Na，589.6 nm。

(2)标准曲线　用水稀释标准溶液，每 100 mL 标准溶液加 5 mL 的硝酸镧溶液、5 mL 氯化铯溶液和 5 mL 6 mol/L 盐酸溶液，配制一组适宜的标准工作溶液。

测量镧/铯空白溶液的吸光度。测量标准溶液吸光度并减去镧/铯空白溶液的吸光度。以校正后的吸光度分别对 Ca、K、Mg、Na 的含量绘制标准曲线。

(3)试样溶液的测定　用水定量稀释试样溶液和空白溶液，每 100 mL 溶液加 5 mL 硝酸镧溶液、5 mL 氯化铯溶液和 5 mL 6 mol/L 盐酸溶液。

在相同条件下，测量试样溶液和空白溶液的吸光度。用试样溶液的吸光度减去空白溶液的吸光度。

如果必要，用镧/铯空白溶液再稀释试样溶液和空白溶液，使其吸光度在标准曲线线性范围之内。

(六)结果计算

试样中 Ca、Cu、Fe、Mn、Mg、K、Na 和 Zn 元素以质量分数 W 计，数值以 mg/kg 或 g/kg 表示，按式(4-6-4)计算，按照表 4-6-1 修约：

$$W = \frac{(c - c_0) \times 50 \times N \times 1\,000}{m \times D} \tag{4-6-4}$$

式中：c——试样溶液中元素的浓度，μg/mL；

c_0——空白溶液元素的浓度，μg/mL；
N——稀释倍数；
m——试样的质量，g；
D——数值以 mg/kg 表示时：10^3；以 g/kg 表示时：10^6。

表 4-6-1 结果计算的修约

含量	修约到
5～10 mg/kg	0.1 mg/kg
10～100 mg/kg	1 mg/kg
100～1 g/kg	10 mg/kg
1～10 g/kg	100 mg/kg
10～100 g/kg	1 g/kg

(七)精密度

1. 重复性

同一操作人员在同一实验室，用同一方法使用同样设备对同一试样在短期内所做的两个平行样结果之间的差值超过表 4-6-2 或表 4-6-3 中重复性限 r 的情况不大于 5%。

表 4-6-2 预混料的重复性限(r)和再现性限(R)

元素	含量/(mg/kg)	r	R
Ca	3 000～300 000	$0.07\times\overline{W}$	$0.20\times\overline{W}$
Cu	200～20 000	$0.07\times\overline{W}$	$0.13\times\overline{W}$
Fe	500～30 000	$0.06\times\overline{W}$	$0.21\times\overline{W}$
K	2 500～30 000	$0.09\times\overline{W}$	$0.26\times\overline{W}$
Mg	1 000～100 000	$0.06\times\overline{W}$	$0.14\times\overline{W}$
Mn	150～15 000	$0.08\times\overline{W}$	$0.28\times\overline{W}$
Na	2 000～250 000	$0.09\times\overline{W}$	$0.26\times\overline{W}$
Zn	3 500～15 000	$0.08\times\overline{W}$	$0.20\times\overline{W}$

注：$\overline{W}$ 为两个结果的平均值(mg/kg)。

表 4-6-3 其他饲料的重复性限(r)和再现性限(R)

元素	含量/(mg/kg)	r	R
Ca	5 000～50 000	$0.07\times\overline{W}$	$0.28\times\overline{W}$
Cu	10～100	$0.27\times\overline{W}$	$0.57\times\overline{W}$
Cu	100～200	$0.09\times\overline{W}$	$0.16\times\overline{W}$
Fe	50～1 500	$0.08\times\overline{W}$	$0.32\times\overline{W}$
K	5 000～30 000	$0.09\times\overline{W}$	$0.28\times\overline{W}$
Mg	1 000～10 000	$0.06\times\overline{W}$	$0.16\times\overline{W}$
Mn	15～500	$0.06\times\overline{W}$	$0.40\times\overline{W}$
Na	1 000～6 000	$0.15\times\overline{W}$	$0.23\times\overline{W}$
Zn	25～500	$0.11\times\overline{W}$	$0.19\times\overline{W}$

注：$\overline{W}$ 为两个结果的平均值(mg/kg)。

注：表 4-6-2 和表 4-6-3 给出的重复性限和再现性限对各元素和范围用一个计算式表示。式中的系数是实验室测定结果的平均值。某些样品的测定值偏高，在统计时没有包括这些偏高的数据。大多数情况下，这些离群值可能是由于样品的均匀度不好引起的。

2. 再现性

不同分析人员在不同实验室，用不同设备使用同一方法对同一试样所得到的两个单独试验结果之间的绝对差值超过表 4-6-2 和表 4-6-3 中再现性限 R 的情况不大于 5%。

【技能训练】

实训　饲料磷元素含量的测定

一、样品的采集与制备

制备的过程描述：____

二、试样前处理过程

____

三、上机前的操作

____

四、上机测定

(一)标准曲线图

(空白处作标准曲线图。)

(二)测定原始记录

将测定的原始数据填入表 4-6-4。

表 4-6-4　测定原始记录

样品编号	样品名称	检验方法	仪器名称/编号	检验地点	室温/℃	检验日期

称皿号	样品质量 m/g	定容体积 V_1/mL	移取体积 V/mL	吸光度 A	A 值对应浓度 c /μg	测定值 /(mg/L)	平均值 /(mg/L)	偏差 /%	允许范围 (≤)/%
1									
2									

续表 4-6-4

标准曲线	含量/μg						
	吸光度 A						
	相关系数：						
计算公式	含量(mg/L)$=W=\frac{m_1\times V}{m\times V_1\times 10^6}\times 100\%$				备注：		

检验人：　　　　　　校核人：　　　　　　审核人：

【任务成果】

1. 知识测试

(1)饲料矿物质含量测定的方法包括哪些？

(2)原子吸收法测定饲料矿物质元素的原理是什么？

2. 实训成果

测定某一饲料矿物质元素的含量，完成实验报告。

●思政花园

人之为学，不可自小，又不自大。

——明·顾炎武《日知录》

释义：学习时不要在渊博浩瀚的知识前自卑，也不能因为学到一点点知识而骄傲自满。

项目七

饲料有毒有害物质分析

【项目分析】

本项目通过饲料中有毒有害物质分析的学习，让学生掌握饲料中有毒有害物质的种类以及主要危害，学会饲料中有毒有害物质的测定方法。

【技能目标】

1. 掌握原子吸收分光光度法测定微量元素的方法，并学会用该方法测定动植物饲料及添加剂用料中微量元素的含量；
2. 掌握酶联免疫法测定饲料中黄曲霉毒素含量的方法，学会酶联免疫试剂盒的使用。

【知识目标】

1. 了解饲料中有毒有害物质的种类、常见有毒有害物质的主要危害；
2. 掌握饲料中有毒有害物质的测定方法。

【素质目标】

1. 培养学生把握全局的能力；
2. 培养学生团结协作的能力；
3. 培养学生求真务实的观念。

【知识学习】

一、饲料中有毒有害物质的种类

饲料中有毒有害物质多种多样，种类复杂。从来源看，主要有以下几个方面：饲料中天然存在的有毒有害物质，生物性污染产生的有毒有害物质，化学性污染产生的有毒有害物质。

(1)天然有毒有害物质，很多动植物性饲料中本身就有有毒有害物质存在。这些有毒有害物质不是其中主要成分，虽然成分含量不高，但大多数具有强烈的生物活性，能对动物产生各种毒害作用。例如，棉酚、苷类、胰蛋白酶抑制剂等。

(2)生物性污染产生的有毒有害物质，饲料中的有毒有害物质有相当一部分是来源于饲料的生物性污染，即饲料在生产、收获、加工、运输和贮藏过程中受到微生物、寄生虫及昆虫的侵害，并产生生物毒素。例如，霉菌与霉菌毒素、细菌与细菌毒素等。

(3)化学性污染产生的有毒有害物质对畜禽的危害非常普遍而且非常明显，饲料的化学性污染涉及范围较大，情况复杂。例如，人为添加违禁药物，超量加入饲料添加剂，农药使用不当，重金属和有毒非金属，亚硝基化合物、多环芳烃类化合物、二噁英等有毒有害物质。

二、一些常见的饲料有毒有害物质及其危害

(一)霉菌和霉菌毒素

霉菌属于真菌类，粮食和饲料在生产、收获、储存及加工过程中，都容易受到霉菌的污染引发霉变。饲料中的霉菌多数是在潮湿温暖的环境下生长的。目前全球粮食谷物中约有25%受到不同程度的霉菌毒素污染。

有研究发现，即使是超低剂量的霉菌毒素摄入，也可以造成霉菌毒素及其代谢物在生物体内积蓄，通过食物链进入人体后危害人体健康，造成严重的食品安全事故。目前已发现了400多种霉菌毒素及其类似物，其中有一小部分会给畜牧生产造成影响。在粮食谷物中较为常见，因对动物和人类有严重毒性作用而备受关注的有黄曲霉毒素、赭曲霉毒素、脱氧雪腐镰刀菌烯醇(呕吐毒素)、玉米赤霉烯酮、伏马毒素等。

黄曲霉毒素是由黄曲霉和寄生曲霉通过聚酮途径产生的有毒代谢产物，其基本结构为二呋喃环和香豆素。黄曲霉毒素是迄今发现的污染农产品毒性最强的一类生物毒素，其对食物及食品原料污染具有普遍性，花生、棉花、大豆、玉米及核桃等粮食谷物类食品在生产、加工、存储过程中很容易受到曲霉真菌感染，携带一定量的黄曲霉毒素。粮食谷物中较为常见的是黄曲霉毒素 B_1、B_2、G_1、G_2，其中毒性最强的是黄曲霉毒素 B_1。黄曲霉毒素具有免疫抑制、细胞毒性、生殖毒性、肝毒性和肾毒性等多种毒副作用，具有致癌、致畸、致突变性，最为致命的是其强致癌毒性，其与多环芳烃和亚硝胺被列为最重要的三类致癌物质。

玉米赤霉烯酮是一种镰刀毒素，如禾谷镰刀菌、三线镰刀菌等菌株污染的玉米、燕麦、小麦等谷物中产生的代谢产物。该类毒素具有雌激素样活性，玉米赤霉烯酮大量聚集可导致流产和死胎，其具有生殖毒性、肝毒性和细胞毒性，有潜在的致癌性。玉米赤霉烯酮污染主要存在于饲料、豆类、谷物、玉米的收割、储藏、运输过程中，是污染原粮和饲料的最常见霉菌毒素。

脱氧雪腐镰刀菌烯醇在小麦、大麦、燕麦、玉米等农作物中多见，是一种分布面广、影响较大的单端孢霉烯族化合物。脱氧雪腐镰刀菌烯醇对人体和动物均有较强毒性，影响生命体正常发育，对脾脏、心脏和肝脏等造成潜在危害。

(二)有毒重金属

饲料中重金属元素污染的来源有植物受土壤和岩石中重金属的污染，工业三废和农用化学物质的污染，饲料加工机械和路面的污染，质量不合格的饲料添加剂使用。

重金属元素超量有可能导致畜禽病变等毒副作用，这些难以分解的重金属元素在动物体内进行富集，通过食物链，被人类食用后，会对人身体健康带来严重危害。

饲料中的有毒重金属元素主要有铅(Pb)、镉(Cd)、铬(Cr)、汞(Hg)等。

铅是重金属污染中毒性较大的一种，一旦进入人体将很难排除，铅能够抑制动物体内血红蛋白的合成，导致神经系统损伤以及机体免疫功能的减退。中毒后，动物会表现出食欲不振、腹泻、痉挛、神经麻痹等运动和感觉异常等症状。铅可以通过胎盘屏障传递给胎儿，对胎儿造成危害。

镉在体内积累引起急性、慢性中毒。急性中毒可出现呕血、腹痛，最后导致血压上升、休克和死亡；慢性中毒能使肾功能损伤，破坏骨骼，致使骨痛、骨质软化、瘫痪。镉元素的中毒通常

与铁、钙和锌等的拮抗作用有关。

铬具有加强胰岛素对糖和脂类的作用，但其可在肝、肾、肺中积聚，三价铬、六价铬对人体健康都有害，六价铬的毒性最强，比三价铬要高100倍，是强致突变物质。大剂量的铬对皮肤、黏膜、消化道有刺激和腐蚀性，进而可导致皮肤充血、糜烂、溃疡等发生，严重可导致皮肤癌。

汞主要影响动物神经系统，对大脑组织，神经破坏极大。中毒初期表现为神经性的症状，如头晕，肢体麻木，肌肉震颤等，随着中毒程度加深，动物会出现视野变窄、听力困难等症状，丧失听觉和视觉，出现运动失调，进一步使脑部受损，甚至因心力衰竭而死亡。

【技能训练】

实训1　饲料中黄曲霉毒素 B_1 的测定——酶联免疫吸附法

一、原理

样品中的黄曲霉毒素 B_1 与酶标板上固定的抗原特异性竞争抗体，酶标物催化显色，根据颜色的深浅来判断样品中黄曲霉毒素 B_1 的含量。显色深，含量少；显色浅，含量多。

二、黄曲霉毒素 B_1 酶联免疫试剂盒中的试剂

注意：不同测试和制造商间的产品组成和操作会有细微的差别，应严格按说明书要求规范操作。

(1)黄曲霉毒素 B_1 标准品工作液6瓶，浓度分别为0 ppb、0.03 ppb、0.09 ppb、0.27 ppb、0.81 ppb、2.43 ppb。

(2)酶标板一块。

(3)抗体工作液1瓶。

(4)酶标记物工作液1瓶。

(5)浓缩样品稀释液1瓶。

(6)浓缩洗涤液1瓶。

(7)底物A液、底物B液各1瓶。

(8)终止液1瓶。

按照试剂盒说明书配制所需浓度溶液。

注意事项：试剂盒使用前，需将盒内各组分置于实验台上恢复至室温[(25±2)℃]。

三、设备

(1)酶标仪(检测波长为450 nm，参考波长为630 nm)。

(2)均质器。

(3)离心机。

(4)天平。

(5)涡旋振荡器。

(6)微量移液器。

(7)计时器。

四、试验步骤

(一)样品前处理

饲料(稀释系数:30)。

按照说明书,称取(1±0.01)g均质后的饲料样品,加5 mL样品提取液,高速涡动1 min;4 000 g以上,离心5 min;取100 μL上清液加400 μL样品稀释液,高速涡动30 s,取50 μL进行检测。

(二)检测

将板条插入酶板架上并记录下各标准品和样品的位置,建议均做双孔平行,未使用的板条,用自封袋密封后,保存于2～8 ℃环境中。

将50 μL各标准品工作液/样品溶液分别加入对应的标准品/样品孔中;在每孔加入50 μL酶标记物工作液;盖好盖模板,轻轻振荡酶标板10 s,充分混匀,在室温[(25±2)℃]下,避光反应30 min;揭开盖模板,倒掉板孔中液体,每孔中加入260 mL洗涤工作液,充分洗涤4次,每次浸泡15～30 s,倒掉液体,将酶标板倒置于吸水纸上,拍干;每孔中加入100 μL底物A、B混合液,盖好盖模板,轻轻振荡酶标板10 s,充分混匀,在室温[(25±2)℃]下,避光反应30 min;揭开盖模板,每孔中加入50 μL终止液,轻轻振荡酶标板10 s,充分混匀;终止后,5 min内用酶标仪在双波长450 nm、630 nm下读取酶标板吸光度值。

五、计算

吸光度百分比按下式计算:

$$吸光度百分比=\frac{B}{B_0}\times 100\% \tag{4-7-1}$$

式中:B——标准品(或样品)的平均吸光度值;

B_0——浓度为0 ppb的标准品的平均吸光度值。

以标准品的吸光度百分比为纵坐标,以各标准品浓度的对数为横坐标,绘制标准曲线;将待测样品的吸光度百分比带入标准曲线,可得出待测样品对应的残留浓度,再乘以相应样品的稀释倍数,可得待测样品中药物的实际残留量。

试剂盒吸光度板内误差小于5%;回收率范围为90%±30%。

注:将标准品(或样品)的吸光度值、标准品浓度、对应样品的稀释倍数输入分析软件,软件将自动进行标准曲线拟合及结果分析。

六、黄曲霉毒素B_1测定实验记录

实验项目:________________________________

试剂盒厂家:________________________________

试剂盒批号:________________;试剂盒有效期:________________

检验波长:________________________________

室温:　　　　　　;湿度:

(1)样品的处理:称取样品,按照试剂盒提供的处理程序对样品进行处理。

(2)阳性对照样品的制备：

标准品名称：______________________；纯度：______________________

阳性对照样品：应用移液器精密量取标准工作液________ μL，置于空白样品中，使之成为阳性对照，则添加浓度。

(3)酶联免疫法检验步骤：按照试剂盒提供的检验步骤检验。

(4)结果：用数据分析软件对结果进行分析，绘制标准曲线，得出样品中对应的黄曲霉毒素 B_1 含量。

添加浓度实测浓度回收率：______________________

阳性对照：______________________

阴性对照：______________________

回收率(%)=(阳性对照实测浓度－阴性对照实测浓度)/阳性对照添加浓度×100

样品编号：______________________；含量(ng/g)：______________________

实训2　饲料中铅的测定——火焰原子吸收光谱法

一、原理

试样经干灰化、酸溶或湿消化后，使铅溶出，用原子吸收光谱仪在 283.3 nm 处测定吸光度值，并与标准曲线进行比较定量。

二、试剂

(1)盐酸溶液(6 mol/L)：量取 50 mL 盐酸，用水稀释至 100 mL，混匀。

(2)硝酸溶液(6 mol/L)：量取 43 mL 硝酸，用水稀释至 100 mL，混匀。

(3)铅标准储备溶液(1.0 mg/mL)：准确称取 1.598 g 硝酸铅[$Pb(NO_3)_2$]，加入 10 mL 硝酸溶液，全部溶解后，转移至 1 000 mL 容量瓶中，加水稀释定容至刻度混匀。贮存于聚四氟乙烯瓶中，4 ℃保存，有效期为 6 个月。或购置有证标准物质配置相应浓度。

(4)铅标准中间溶液(10.0 μg/mL)：准确移取 1.00 mL 铅标准储备溶液于 100 mL 溶液瓶中，加水稀释至刻度，混匀。临用现配。

(5)乙炔：符合 GB 6819—2004 中 3.1 的要求。

三、仪器设备

(1)原子吸收分光光度计：附火焰原子化器，铅的空心阴极灯。

(2)分析天平：感量为 0.000 1 g。

(3)马弗炉：(550±15)℃。

(4)瓷坩埚。

(5)无灰滤纸。

(6)可调式电热板或可调式电炉。

(7)玻璃器皿。

四、试验步骤

(一)试样处理(干灰化法)

适用于含有机物较多的饲料原料、配合饲料、浓缩饲料和精料补充料。

平行做两份试验。称取试样 5 g(精确到 0.000 1 g)于瓷坩埚中,在 100～300 ℃可调式电炉上缓慢加热使试样炭化至无烟产生,将坩埚移入 550 ℃的马弗炉中,灰化 2～4 h,冷却后用 2 mL 水将炭化物润湿。如果仍有少量炭粒,可滴入硝酸溶液使残渣润湿,将坩埚移至可调式电热板或可调式电炉上小火干燥,再移至马弗炉中灰化 2 h,冷却后沿坩埚壁加 2 mL 水。

吸取 5 mL 盐酸溶液,逐滴加入坩埚中,边加边转动坩埚,直到溶液无气泡溢出,然后将剩余盐酸溶液全部加入,再加入 5 mL 硝酸溶液,转动坩埚并用可调式电热板或可调式电炉小火加热,直到消化液至 2～3 mL(注意防止溅出),取下。冷却后用水将消化液转移至 50 mL 容量瓶中,加少许水多次冲洗坩埚,洗液并入容量瓶中,并稀释至刻度,摇匀,用无灰滤纸过滤,待用。同时制备试剂空白溶液。

(二)标准曲线绘制

将仪器设置为扣背景模式,分别吸取 0 mL、1.0 mL、2.0 mL、4.0 mL、8.0 mL 铅标准中间溶液于 50 mL 容量瓶中,加入盐酸溶液 1 mL,用水定容至刻度,摇匀,导入原子吸收分光光度计,用水调零,在 283.3 nm 波长处测定吸光度值,以吸光度值为纵坐标、浓度为横坐标,绘制标准曲线。

(三)测定

在相同试验条件下,测定试剂空白和试样溶液的吸光度值,并与标准曲线进行比较定量。

五、试验数据处理

试样中铅的含量以质量分数 w 计,数值以 mg/kg 表示,按下式计算:

$$w=\frac{(\rho_1-\rho_2)\times V}{m} \qquad (4\text{-}7\text{-}2)$$

式中:ρ_1——试样溶液中铅的质量浓度,μg/mL;

ρ_2——空白试剂中铅的质量浓度,μg/mL;

V——试样溶液总体积,mL;

m——试样质量,g。

以两个平行样品测定结果的算术平均值报告结果,结果应表示至小数点后两位。

六、精密度

在重复性条件下获得的两次独立测定结果之间的相对偏差应符合表 4-7-1 中要求。

表 4-7-1　火焰原子吸收光谱法试验允许相对偏差

铅含量范围/(mg/kg)	分析允许相对偏差/%	铅含量范围/(mg/kg)	分析允许相对偏差/%
≤5	≤20	15～30	≤10
5～15	≤15	≥30	≤5

七、铅测定实验记录

火焰原子吸收光谱法测定铅含量填入表 4-7-2。

表 4-7-2　火焰原子吸收光谱法测定铅含量原始记录表

<table>
<tr><td rowspan="3">器皿编号</td><td rowspan="3">样品质量 m/g</td><td rowspan="3">定容体积 V/mL</td><td colspan="2" rowspan="2">吸光度 A</td><td colspan="2" rowspan="2">A 值对应浓度 c/(μg/mL)</td><td colspan="2" rowspan="2">铅含量 /(mg/kg)</td><td rowspan="3">相对偏差 /%</td><td rowspan="3">允许范围 (≤)/%</td></tr>
<tr></tr>
<tr><td>试样</td><td>空白</td><td>试样 ρ_1</td><td>空白 ρ_2</td><td>测定值</td><td>平均值</td></tr>
<tr><td>1</td><td></td><td></td><td></td><td></td><td></td><td></td><td></td><td></td><td></td><td></td></tr>
<tr><td>2</td><td></td><td></td><td></td><td></td><td></td><td></td><td></td><td></td><td></td><td></td></tr>
<tr><td rowspan="2">标准曲线</td><td colspan="2">铅浓度/(μg/mL)</td><td>0.0</td><td>0.2</td><td>0.4</td><td>0.8</td><td colspan="4">1.6</td></tr>
<tr><td colspan="2">吸光度 A</td><td></td><td></td><td></td><td></td><td colspan="4"></td></tr>
<tr><td colspan="11">相关系数：$r=$</td></tr>
<tr><td>计算公式</td><td colspan="10">铅含量(mg/kg)$=\frac{\rho_1-\rho_2\times V}{m}$</td></tr>
</table>

【任务成果】

1. 知识测试

(1)饲料中的天然有毒有害物质有哪些？

(2)饲料中的无机有毒有害物质有哪些？

(3)饲料中的有机有毒有害物质有哪些？

2. 实训成果

检测饲料中的一种毒素，写出实验报告单。

●思政花园

禁微则易，救末者难。

——南朝宋·范晔《后汉书·桓荣丁鸿列传》

释义：在萌芽阶段抑制不良之事很容易，等到酿成大祸时再来挽救就困难了。

项目八

饲料加工品质分析

粒度是指饲料原料与饲料成品的粗细度。水生动物及畜禽的配合饲料，通常由许多种不同量加入的原料混合而成。如1粒250～400 μm鱼虾饲料会有50种原料。因此，要求在每一微粒饲料中都应含有按配方的比例组成的50种原料，这便要求每一种原料的粒子直径大小都要根据其在配方中用量来决定。配合饲料粒度是制造配合饲料中很重要的控制指标。

【项目分析】

衡量饲料加工质量的主要指标包括混合均匀度、粉碎粒度、颗粒硬度、颗粒粉化率、淀粉糊化度、水中稳定性和体外消化率等。本项目主要让同学们通过对氟离子选择电极法和甲基紫法测定饲料产品混合均匀度和饲料粉碎粒度方法的学习，了解饲料加工品质的测定。

【技能目标】

1. 会用氟离子选择电极法和甲基紫法测定饲料产品混合均匀度；
2. 会测定饲料粉碎粒度。

【知识目标】

1. 掌握氟离子选择电极法测定饲料产品混合均匀度的步骤；
2. 掌握甲基紫法测定饲料产品混合均匀度的步骤；
3. 掌握饲料粉碎粒度测定方法的步骤。

【素质目标】

培养学生细心的品质。

【知识学习】

要生产一个质优价廉的饲料产品，仅仅靠选用优质稳定的原料，并根据原料的实际蛋白质、氨基酸和主要矿物元素钙、磷等养分的含量，设计一个科学合理的配方是不够的，还必须通过合理的加工工艺，才能达到预期的目标。衡量饲料加工质量的主要指标通常包括混合均匀度、粉碎粒度、颗粒的硬度、颗粒粉化率、颗粒料的淀粉糊化度等。

一、加工品质指标介绍

(一)粉碎粒度

谷物原料需经粉碎后才能制造配合饲料,不粉碎或粉碎粒度太粗,因与消化液接触的面积太小,影响动物营养物质的消化吸收,粒度过粗也会影响饲料的混合均匀度和制造颗粒的黏结性。相反,若加工过细也不好,这不仅使电耗增加,产量降低,粉尘增多,损耗高,而且在饲喂时因黏口而降低了饲料的适口性,同时产品自流性能降低,在自动采食的情况下会影响畜禽的采食量,长期饲养还会导致畜禽消化道及呼吸道发炎,严重时会导致消化道的溃疡,从而影响畜禽对饲料的消化吸收。

一般认为,生长育肥猪的饲料,平均粒径以 1.0 mm 左右为好,这相当于用锤片式粉碎机时的筛板孔径 3.0～4.0 mm,家禽则特别喜爱较粗的饲料,故蛋鸡饲料一般应加工的稍粗一些,但对鸡颗粒饲料则粉碎粒度不宜过粗,否则会影响颗粒饲料的质量,但鱼饲料由于其消化及物理特殊性,一般应加工的细一些,以提高消化及颗粒料的水中稳定性。各种添加剂也因其在配合饲料中的特殊性或其添加量而对粒度有不同的要求,否则易影响其在配合饲料产品中的均匀分布。表 4-8-1 是我国各种饲料产品对粒度的要求。

表 4-8-1　我国各种饲料产品的粒度规格要求

饲料产品	粒度规格
仔猪、生长猪、肉用仔鸡前期;产蛋后备鸡前期配合饲料	99%通过 2.80 mm 编织筛,1.40 mm 编织筛筛上物不得大于 15%
肉用仔鸡中期;产蛋后备鸡中、后期配合饲料	99%通过 3.35 mm 编织筛,1.70 mm 编织筛筛上物不得大于 15%
产蛋鸡配合饲料	全部通过 4.00 mm 编织筛,2.00 编织筛筛上物不得大于 15%
产蛋鸡、肉用仔鸡、仔猪、生长猪微量元素预混合饲料	全部通过 40 目分析筛,80 目分析筛筛上物不得大于 20%
产蛋鸡、肉用仔鸡、仔猪、生长猪维生素预混合饲料及复合预混合饲料	全部通过 16 目分析筛,30 目分析筛筛上物不得大于 10%
产蛋鸡、肉用仔鸡、仔猪、生长猪浓缩饲料	全部通过 8 目分析筛,16 目分析筛筛上物不得大于 10%

测定饲料粉碎粒度的方法一般为筛析法,以 100 g 样品在摇筛机上筛至最小筛上物质量达到稳定为止(每 5 min 间隔期间最小筛上物质量变化在 0.2%以下),从称量出各层筛上物质量后作粒度曲线或计算其几何平均粒径和反映粒度变异性的参数几何标准差,由这两个参数反映出一种饲料粒度的全面情况。

(二)混合均匀度

一种理想的配合饲料或混合饲料,其所有的组分应该均匀地分布于饲料中,再取一份样品检查,其各组分之间的比例应该符合配方要求,这样才能保证畜禽每天所需养分的均衡供应,但是,在配合饲料的加工中,即使能按照配方的要求进行各种原料的投料,但同一批样品之间的组成常常也并不完全一致,亦即存在某种程度的不均匀性,这种不均匀性除了和混合机性能有关外，其他配料、计量、混合、中间产品及成品的输送与处理等设备不够完善、工艺不够合理及操作不好等都有影响，必须严格加以控制。

成品混合均匀度不好即意味着每只畜禽实际采食的一份日粮之间的组分不一致，亦即其营养成分不够一致，这不仅会影响到成品化学成分检测的结果，而且也会对饲养直接发生影响。例如，现代营养学已经证明，赖氨酸等限制性氨基酸，在供应不足时对饲养影响很大，而供应太多在营养上并无好处。另外，它们在供应的时间上也有一定的要求，即供应时间稍有延误也会产生不良的影响。对一只畜禽来说，今日少吃某种组分，而明日又多吃，其平均值虽然能达到饲养标准，但仍会影响饲养的效果。据研究，对于单胃动物来说，B族维生素的供应，每日的供应量也最好能相对地保持平衡才好。对于某些安全剂量与中毒剂量相差不大的微量元素及药物，成品的均匀度不好会影响饲用的安全性，特别是过量的药物和微量元素的有害影响必须防止。

在饲料工业中常常需要确定混合机的操作条件，测定饲料的混合均匀度，以检查混合机的性能，确定混合机的操作条件，检查饲料厂某些设备与工艺的性能，以确保产品的质量，有时候要对饲料成品进行定期的检测。

配合饲料的混合均匀度测定应该以配合饲料中某一组成成分含量之间的差异性来直接反映。例如，最好能直接测定样品中鱼粉的含量或其中磷酸氢钙的含量，但在实际的分析工作中，如鱼粉含量，无法加以精确地定量。有的项目如维生素 B_2、铜的含量等虽能测定但检测要求较高。实际工作中常用一些间接的测定方法加以代替。例如，沉淀法是检查饲料中矿物添加剂及石粉等比重较大的组分的含量，氯离子法是检查食盐及某些含氯组分的含量，还有测定饲料中某些药物的含量。另一类方法是在配合饲料中故意加入某些容易检测的微量“示踪物”，因这些示踪物的分布与含量和其他组分的分布含量有相关关系，检查样品中示踪物的含量即可反映饲料中各组分的差异性，这类外加的示踪物大多为生物染色剂如甲基紫、甲基蓝、品红等。

在国外，一般认为均匀度差异系数大于10%时表示混合不良，而小于5%时表示混合很好。因此，一般配合饲料的混合均匀度要求为小于10%，预混合饲料在国外要求为差异系数小于5%，而在我国则定为小于7%。饲料的混合均匀度虽然是一项很重要的指标，但在配合饲料厂中，它并不是一个经常测定的项目，因为不仅测定的工作量很大、花费较多，更主要的是它和设备性能、工艺流程、操作规程及管理水平等关系比较密切。一般对于新建的饲料厂，对混合机不仅要做混合均匀度的测定，还要做混合性能和时间的测定，以确定最佳的混合时间，另外还要测定混合后的物料在后面的工序中是否分级，并由此调节相应的工序，在设备调试好后，如能严格按制订的操作规程进行生产，其混合均匀度的水平大致是稳定的。由此可见，在设备设计制造、新厂的建设、调试、验收中，这是一项极为重要的指标，需要花大力气加以测定调试，在正常生产时一般只要进行定期的测定即可，但在生产新产品、原料有较大的变化或改动工艺设备时也要进行再测定。

(三)颗粒质量

颗粒饲料的质量除了以上的一些指标外，还要测定和颗粒物理性质有关的一些指标，这些指标有耐久性或粉化率、颗粒的硬度、颗粒的耐水性等。

颗粒的耐久性与粉化率：颗粒饲料在贮藏运输等过程中抵抗外力而保持其完整性的能力称为颗粒的耐久性，一般采用一定量的完整颗粒，装入粉化率测定器中，不断旋转，以使颗粒经摩擦、下落、撞击等作用，部分颗粒破碎，一定时间后用筛析法测定筛上物与筛下物的质量，筛上物重相对完整粒重的比例表示颗粒的耐久性，相反，筛下物重相对完整颗粒重的比例表示颗粒的粉化率。

颗粒硬度是指颗粒饲料对外力所引起变形的抵抗能力，一般以硬度计测定颗粒直径方向上的压碎力，通常测定10～20粒，取平均值表示。一般颗粒硬度高者则耐久性好，不易散碎，因硬度测定方法简单，因此也常用于代替颗粒耐久性的测定。从使用的角度而言，颗粒饲料的耐久性好，粉化率低，有助于保持颗粒饲料特性，提高饲养效果。但是硬度过大的颗粒，会降低动物的适口性，降低消化率，用以饲喂肉鸡时还会因需增加饮水而易形成软便，喂鱼时，过硬颗粒食入鱼口后甚至会吐出。据资料报道，颗粒硬度一般以0.8～1.0 kg/cm^2 比较适宜，因此如何保证颗粒有合适的硬度及较好的耐久性，还是需要进行进一步研究。

(四)颗粒的其他特性

作鱼饵使用的颗粒饲料，除测定粉化率及硬度以外，有时还需要测定颗粒的沉降性能，在水中的漂浮性以及水中的稳定性，即“耐水性”，后者常以在水中无明显变形的时间作为耐水性的指标，对于膨化颗粒及膨化的压片等也可以测定其表观比重作为膨化度的指标。

二、饲料加工品质测定方法

(一)饲料混合均匀度的测定

1. 氯离子选择电极法(仲裁法)

(1)测定原理　通过氯离子选择电极的电极电位对溶液中氯离子的选择性响应来测定氯离子的含量，以同一批次饲料的不同试样中氯离子含量的差异来反映饲料的混合均匀度。

(2)试剂

1)硝酸溶液：浓度约为0.5 mol/L，吸取浓硝酸35 mL用水稀释至1 000 mL。

2)硝酸钾溶液：浓度约为2.5 mol/L，称取252.75 g硝酸钾于烧杯中，加水微热溶解，用水稀释至1 000 mL。

3)氯离子标准溶液：称取经550 ℃灼烧1 h冷却后的氯化钠8.244 0 g于烧杯中，加水微热溶解，转入1 000 mL容量瓶中，用水稀释至刻度，摇匀，溶液中含氯离子5 mg/mL。

(3)仪器

1)氯离子选择电极。

2)双盐桥甘汞电极。

3)酸度计或电位计：精度为0.2 mV。

4)磁力搅拌器。

5)烧杯：100 mL，250 mL。

6)移液管：1 mL，5 mL，10 mL。

7)容量瓶：50 mL。

8)分析天平：感量为0.000 1 g。

(4)样品采集　同一批饲料产品抽取10个有代表性的原始样品，每个样品的采样量约200 g，取样点的确定应考虑各方位的深度、袋数或料流的代表性，但每一个样品应由一点集中取样。取样时不允许有任何翻动或混合。

(5)样品的制备　将每个样品在实验室内充分混合。颗粒饲料样品需粉碎通过1.40 mm筛孔。

(6)测定步骤

1)标准曲线绘制 分别精确量取氯离子标准工作溶液 0.1 mL、0.2 mL、0.4 mL、0.6 mL、1.2 mL、2.0 mL、4.0 mL 和 6.0 mL 于 50 mL 容量瓶中，加入 5 mL 硝酸溶液和 10 mL 硝酸钾溶液，用水稀释至刻度，摇匀，即可得到 0.50 mg、1.00 mg、2.00 mg、3.00 mg、6.00 mg、10.00 mg、20.00 mg 和 30.00 mg/50 mL 的氯离子标准系列，将它们倒入 100 mL 的干燥烧杯中，放入磁力搅拌子一粒，以氯离子选择电极为指示电极，甘汞电极为参比电极，搅拌 3 min。在酸度计或电位计上读取电位值(mV)，以溶液的电位值为纵坐标，氯离子浓度为横坐标，在半对数坐标纸上绘制出标准曲线。

2)试液制备 准确称取试样(10.00±0.05)g 置于 250 mL 烧杯中，准确加入 100 mL 水，搅拌 10 min，静置澄清，用干燥的中速定性滤纸过滤，滤液作为试液备用。

3)试液的测定 准确吸取试液 10 mL 置于 50 mL 容量瓶中，加入 5 mL 硝酸溶液和 10 mL 硝酸钾溶液，用水稀释至刻度，摇匀，然后倒入 100 mL 的干燥烧杯中，放入磁力搅拌子一粒，以氯离子选择电极为指示电极，甘汞电极为参比电极，搅拌 3 min，在酸度计或电位计上读取电位值(mV)，从标准曲线上求得氯离子浓度的对应值 X。按此步骤依次测定出同一批次的 10 个试液中的氯离子浓度 $X_1, X_2, X_3, \cdots, X_{10}$。

(7)结果计算

1)试液氯离子浓度平均值 $\overline{X}$ 按下式计算：

$$\overline{X} = \frac{X_1 + X_2 + X_3 + \cdots + X_{10}}{10} \tag{4-8-1}$$

2)试液氯离子浓度的标准差 S 按下式计算：

$$S = \sqrt{\frac{(X_1 - \overline{X})^2 + (X_2 - \overline{X})^2 + (X_3 - \overline{X})^2 + \cdots + (X_{10} - \overline{X})^2}{10 - 1}} \tag{4-8-2}$$

3)混合均匀度值以同一批次的 10 个试液中氯离子浓度的变异系数 CV 值表示，CV 值越大，混合均匀度越差。

10 个试液中氯离子浓度的变异系数 CV 值(%)按下式计算：

$$CV = \frac{S}{\overline{X}} \times 100\% \tag{4-8-3}$$

计算结果精确到小数点后两位。

2. 甲基紫法

(1)测定原理 本法主要适用于混合机和饲料加工工艺中混合均匀度的测定。不适用于添加有苜蓿粉、槐叶粉等含色素组分的饲料产品混合均匀度的测定。

本法以甲基紫色素作为示踪物，在大批饲料加入混合机后，再将甲基紫与添加剂一起加入混合机，混合规定时间，然后取样，以比色法测定样品中甲基紫的含量，以同一批次饲料的不同试样中甲基紫含量的差异来反映饲料的混合均匀度。

(2)试剂

1)甲基紫(生物染色剂)。

2)无水乙醇。

(3)仪器

1)分光光度计：带 5 mm 比色皿。

2)标准筛:筛孔净孔尺寸为 100 μm。

3)分析天平:感量为 0.000 1 g。

4)烧杯:100 mL,250 mL。

(4)样品采集　同一批饲料产品抽取 10 个有代表性的原始样品,每个样品的采样量约 200 g,取样点的确定应考虑各方位的深度、袋数或料流的代表性,但每一个样品应由一点集中取样。取样时不允许有任何翻动或混合。

(5)样品的制备　将每个样品在实验室内充分混合。颗粒饲料样品需粉碎通过 1.40 mm 筛孔。

(6)测定步骤

1)示踪物的制备与添加。将测定用的甲基紫混匀并充分研磨,使其全部通过净孔尺寸为 100 μm 的标准筛。按照混合机混一批饲料量的十万分之一的用量,在大批饲料加入混合机后,再将其与添加剂一起加入混合机,混合规定时间。

2)称取试样(10.00±0.05)g 放在 100 mL 的小烧杯中,加入 30 mL 无水乙醇,不时地加以搅动,烧杯上盖一表面皿,30 min 后用滤纸过滤(定性滤纸,中速)。以无水乙醇作空白调节零点,用分光光度计,以 5 mm 比色皿在 590 nm 的波长下测定滤液的吸光度。

(7)结果计算　以同一批次 10 个试样测得的吸光度值为 $X_1,X_2,X_3,\cdots,X_{10}$,按式(4-8-1)至式(4-8-3)分别计算平均值 $\overline{X}$、标准差 S 和变异系数 CV 值。结果计算精确到小数点后两位。变异系数 CV 值越小,混合均匀度越好。

(二)配合饲料粉碎粒度的测定

1. 测定原理

本方法适用于配合饲料、浓缩饲料、精料补充料、添加剂预混合饲料、单一饲料的粉碎粒度测定,也可用于饲料添加剂粉碎粒度的测定。

用规定的标准试验筛在振筛机上或人工对试料进行筛分,测定各层筛上留存物料质量,计算其占试料总质量的百分数。

2. 仪器

(1)标准试验筛　采用金属丝编织的标准试验筛,筛框直径为 200 mm,高度为 50 mm。

根据不同饲料产品、单一饲料等的质量要求,选用相应规格的两个标准试验筛、一个盲筛(底筛)及一个筛盖。

(2)振筛机　采用拍击式电动振筛机,筛体振幅(35±10)mm,振动频率为(220±20)次/min,拍击次数为(150±10)次/min,筛体的运动方式为平面回转运动。

(3)天平　感量为 0.01 g。

3. 测定步骤

(1)标准试验筛和盲筛按筛孔尺寸由大到小上下叠放。

(2)称取试样 100.0 g,放入叠放好的组合试验筛的顶层筛内。

(3)将装有试样的组合试验筛放入电动振筛机上,开动振筛机,连续筛 10 min。在无电振筛机的条件下,可用手工筛理 5 min。筛理时,应使试验筛做平面回转运动,振幅为 25～50 mm,振动频率为 120～180 次/min。

(4)筛分完后,将各层筛上物分别收集、称重(精确到 0.1 g),并记录结果。

4. 结果计算

各层筛上物的质量分数按下式计算：

$$P_i=\frac{m_i}{m}\times 100 \tag{4-8-4}$$

式中：P_i——某层试验筛上留存物料质量占试料总质量的百分数（$i=1,2,3$），%；

m_i——某层试验筛上留存的物料质量（$i=1,2,3$），g；

m——试样的总质量，g。

每个试样平行测定两次，以两次测定结果的算术平均值表示，保留至小数点后一位。

筛分时，若发现有未经粉碎的谷粒、种子及其他大型杂质，应加以称重并记入实验报告。

5. 允许误差

试料过筛的总质量损失不得超过1%。

第二层筛筛下物质量的两个平行测定值的相对误差不超过2%。

6. 注意事项

(1)测定结果以统一型号的电动摇筛机为准，在该摇筛机未定型和普及前，可暂用测定面粉粗细度的电动筛筛理（或手工筛5 min计算结果）。

(2)筛粉时若发现有未经粉碎的谷粒与种子时，应加以称重并记载。

(4)本试验方法是国家标准中规定的配合饲料粉碎粒度测定方法。它不宜用于粉碎机的粉碎性能的评定。

【技能训练】

实训 饲料粉碎粒度的测定

一、样品的采集与制备

制备的过程描述：________________

____

二、测定原始记录

将测定的原始数据填入表4-8-2。

表4-8-2 饲料粉碎粒度测定原始记录

样品编号	样品名称	检验方法	检验地点	室温/℃	检验日期

称样号	样品质量 m/g	筛层上留存粉料质量 m_0/g	粒度 /%	平均值 /%	相对偏差 /%	允许范围 (≤)/%
1						
2						
计算公式		粒度$=\frac{m-m_0}{m}\times 100\%$	备注：			

检验人：　　　　校核人：　　　　审核人：

【任务成果】

1. 知识测试

(1)饲料加工品质包括哪些方面?

(2)饲料混合均匀度测定的原理是什么?

2. 实训成果

在饲料加工厂进行配合饲料粉碎粒度的测定,或测定 30～60 kg 生长育肥猪配合饲料的粉碎粒度,并写出实习报告。

●思政花园

一语不能践,万卷徒空虚。

——明·林鸿《饮酒》

释义:假如一句话都不能付诸实践,纵然读万卷诗书也是枉然。此句旨在阐述知与行的关系,强调读书的目的在于指导实践,只会死读书而不能有效运用的人,学问再多也是纸上谈兵。

饲料营养成分及作用介绍

国际饲料分类标准

饲料样品采集基本知识

鱼粉质量比重法测定

鱼粉掺入石粉贝壳粉素鉴别方法

鱼粉中掺入淀粉鉴别方法

纤维素测定仪

筛分法测定饲料粒度

参考文献

[1]刘丰茂．农药质量与残留实用检测技术．北京:化学工业出版社,2011.

[2]刘善江．化肥的质量标准与检测．北京:中国计量出版社,2003.

[3]梁红,周清．工业分析．北京:中国环境科学出版社,2010.

[4]刘春雨．动物营养与饲料．银川:阳光出版社,2013.

[5]余潮,葛刚．现代生物学导论．南昌:江西高校出版社,2012.

[6]张廷荣．家畜育种学．青岛:中国海洋大学出版社,2013.

[7]田青,谭仕旦,宋博利．动物营养学．天津:天津科学技术出版社,2018.

[8]刘永田．畜禽养殖员培训教程．南昌:江西科学技术出版社,2014.

[9]张子仪．中国饲料学．北京:中国农业出版社,2000.

[10]刘进远．饲料安全基础知识．成都:四川科学技术出版社,2017.

[11]李军,王利琴．动物营养与饲料．重庆:重庆大学出版社,2007.

[12]张丽英．饲料分析及饲料质量检测技术．北京:中国农业大学出版社,2016.

[13]农业部全国农作物种子质量监督检验测试中心．农作物种子检验员考核学习读本．北京:中国工商出版社,2006.

[14]GB/T 3543.1～7—1995　农作物种子检验规程．